CorelDRAW 2024 中文全彩铂金版案例教程

吕祯 李雪雪 段留波 编著

中国青年出版社

图书在版编目（CIP）数据

CorelDRAW 2024中文全彩铂金版案例教程 / 吕祯，李雪雪，段留波编著. — 北京：中国青年出版社，
2025.1. — ISBN 978-7-5153-7519-9
I.TP391.412
中国国家版本馆CIP数据核字第2024AW4498号

CorelDRAW 2024中文全彩铂金版案例教程

编　　著：吕祯 李雪雪 段留波

出版发行：中国青年出版社
地　　址：北京市东城区东四十二条21号
电　　话：010-59231565
传　　真：010-59231381
网　　址：www.cyp.com.cn
编辑制作：北京中青雄狮数码传媒科技有限公司

责任编辑：张君娜
策划编辑：张鹏
执行编辑：张沣
封面设计：乌兰

印　　刷：天津融正印刷有限公司
开　　本：787mm×1092mm　1/16
印　　张：13
字　　数：392千字
版　　次：2025年1月北京第1版
印　　次：2025年1月第1次印刷
书　　号：978-7-5153-7519-9
定　　价：69.90元

本书如有印装质量等问题，请与本社联系
电话：010-59231565
读者来信：reader@cypmedia.com
投稿邮箱：author@cypmedia.com

前言

首先，感谢您选择并阅读本书。

CorelDRAW是一款使用广泛且功能强大的图形设计软件，作为平面设计与印刷工作中最常用的软件之一，在广告制作方面深受用户的喜爱。

本书系统并全面地讲解了CorelDRAW 2024图形处理与设计的相关功能与技能应用。在内容安排上，以理论知识结合实际案例操作的方式编写，分为基础知识篇和综合案例篇两部分。

内容提要

基础知识篇内容包括CorelDRAW入门知识、绘图工具应用、对象编辑与造型设计、颜色应用与效果填充、文本处理、表格处理以及特效工具应用等。每章在介绍 CorelDRAW功能的同时，会根据介绍功能的重要程度，辅以具体的实例帮助读者理解。在每章内容结束后，会以“上机实训”的形式对本章所学内容进行综合应用，使读者可以快速熟悉软件功能，巩固所学知识点并学以致用。最后，再辅以“课后练习”来加强巩固，以“上机题”的形式让读者独立进行操作，帮助读者更好地理解CorelDRAW功能具体的应用。

在综合案例篇，笔者根据CorelDRAW软件的应用热点，有针对性地挑选了一些可供读者学习的实用案例，内容包括海报设计、标志设计、宣传单设计和书籍装帧设计的相关知识和实操案例，通过对这些案例的学习，读者能够对CorelDRAW的学习和应用达到融会贯通。

适用读者群体

为了帮助读者更加直观地学习本书，随书附赠的光盘中包含了大量的辅助学习资料：

- 书中全部案例的素材文件和效果文件，方便读者更高效地学习。
- 案例操作的多媒体有声教学视频，详细地展示了各个案例效果的实现过程，扫除初学者对新软件的陌生感。
- 全书内容的精美PPT电子课件，高效辅助教师进行授课，提高教学效果。
- 赠送海量设计素材，拓展学习深度和广度，极大地提高学习效率。

全书内容安排由浅入深，语言写作通俗易懂，实例题材丰富多样，每个操作步骤的介绍都清晰准确。特别适合广大计算机培训学校作为相关专业的教材用书，同时也可作为广大CorelDRAW 2024初学者和设计爱好者的学习参考书。

本书在写作过程中力求谨慎，但因时间和精力有限，不足之处在所难免，敬请广大读者批评指正。

编　者

CorelDRAW

目录

第一部分　基础知识篇

第1章　CorelDRAW 2024入门

第2章　绘图工具

CorelDRAW

第3章　对象编辑与造形工具

第4章　颜色应用与效果填充

第5章　文本处理

第6章 表格工具

第7章 特效应用

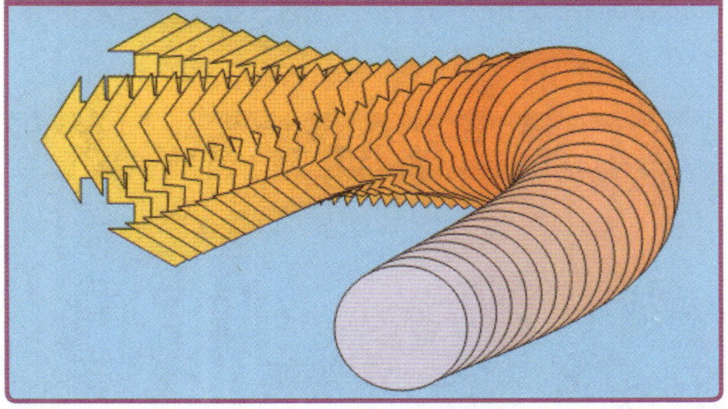

第二部分　综合案例篇

第8章　海报设计

第9章　标志设计

第10章　宣传单设计

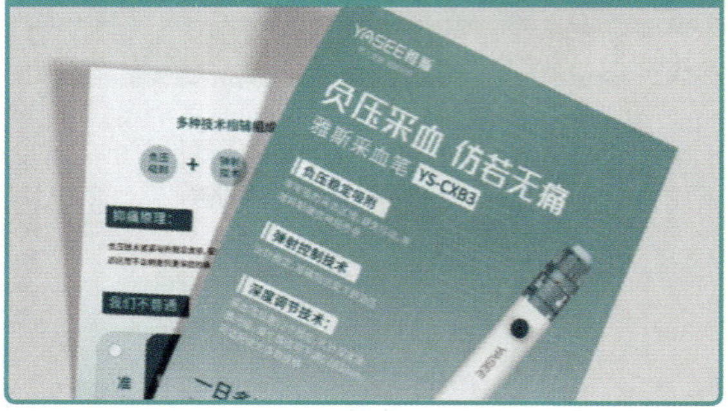

第11章　书籍装帧设计

第一部分

基础知识篇

CorelDRAW是加拿大Corel软件公司开发的一款功能强大的平面设计和计算机绘图功能为一体的矢量绘图工具，是国内外最流行的平面设计专业软件之一。本篇将对CorelDRAW 2024的基础知识和功能应用进行全面介绍，同时配以丰富的实战案例，读者可以对CorelDRAW有一个深刻的认识，为以后的独立创作打下良好的基础。

第1章 CorelDRAW 2024入门

本章概述

本章将对CorelDRAW软件的应用领域和基本功能进行介绍。CorelDRAW的功能十分强大，通过学习操作界面、基础操作的应用等知识，为后续图像的编辑和处理打下基础。

核心知识点

1. 了解CorelDRAW的应用领域
2. 掌握CorelDRAW的基础知识
3. 熟悉CorelDRAW的工作界面
4. 掌握CorelDRAW的页面设置

1.1 CorelDRAW的应用领域

CorelDRAW Graphics Suite是加拿大Corel公司出品的矢量图形制作软件，其强大的功能和广泛的应用已经涵盖了各个领域。

CorelDRAW在平面设计方面的应用包括平面广告设计、标志设计、海报设计、网页美工设计、包装设计、书籍画册设计等。CorelDRAW支持Windows和Mac两种操作系统，具有直观的操作界面，易于上手。接下来，我们将对CorelDRAW软件的应用进行介绍。

（1）在平面广告设计中的应用

CorelDRAW在平面广告设计中扮演着重要角色。因强大的图形处理能力、灵活的版面布局功能、丰富的颜色管理系统以及精确的印刷控制等特点，CorelDRAW被设计师用于创建各种广告材料。下左图为使用CorelDRAW进行的奶油泡芙广告灯箱设计。

（2）在标志设计中的应用

标志是品牌形象的核心部分，是表明事物特征的识别符号。CorelDRAW因强大的矢量图形编辑、精确的形状工具、丰富的颜色和渐变管理，以及出色的文字处理能力，在标志设计领域的应用非常广泛。下右图为使用CorelDRAW进行的3D立体效果标志设计。

（3）在海报设计中的应用

海报设计是一项创意与技术相结合的工作，其目的是通过视觉元素传达特定信息、推广某一产品或活动。CorelDRAW在海报设计中的应用主要体现在其强大的矢量绘图功能、文字排版能力以及位图编修功能上。下左图为使用CorelDRAW进行的咖啡平面海报设计。

（4）在网页美工设计中的应用

网页美工设计需要定位软件使用者、使用环境、使用方式并且最终为软件用户服务，他们进行的是集科学性与艺术性于一身的设计，CorelDRAW在网页美工设计领域应用十分广泛。下右图为使用CorelDRAW进行的西藏旅游网站设计。

（5）在包装设计中的应用

包装不仅能够保护商品、传达商品信息，还能促进销售和提高产品的附加值。包装设计是一项关键的商业活动，在产品包装设计过程中，CorelDRAW为设计师提供了一系列强大的工具和功能，可以帮助他们实现创意并打造出吸引人眼球的包装设计作品。下左图为使用CorelDRAW进行的荔枝包装设计。

（6）在书籍设计中的应用

书籍设计是一项将艺术与工艺相结合的创造性工作，不仅包括封面设计，还涉及版式设计、排版设计以及插图创意设计等多个方面。下右图为使用CorelDRAW进行的敦煌书籍封面设计。

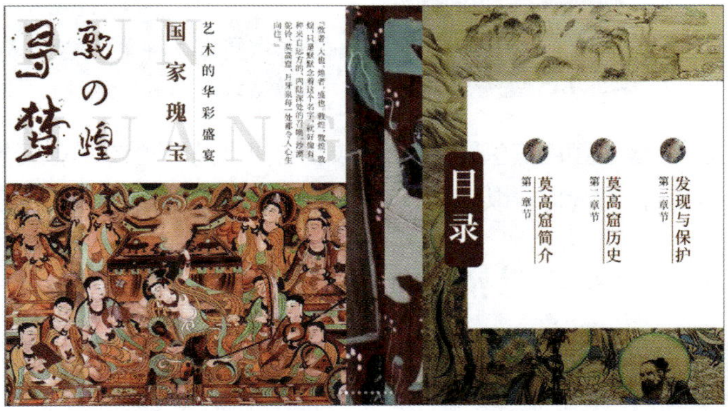

1.2 图像的概念

在学习CorelDRAW 2024前，我们需要对CorelDRAW的图像概念进行理解，以便图形绘制。接下来，我们将对矢量图与位图、图像与分辨率以及色彩模式进行介绍。

1.2.1 矢量图与位图

矢量图与位图是两种基本的图像类型，其特性和应用有所不同。矢量图适合需要清晰线条和几何形状的设计场景，而位图则适用于有丰富色彩和细节的图像。下面分别进行介绍。

（1）矢量图

矢量图由矢量定义的直线和曲线组成，CorelDRAW、Adobe Illustrator、AutoCAD等软件主要以矢量图形为基础进行创作。矢量图形根据轮廓的几何特性进行描述。图形的轮廓画出后，被放在特定位置并填充颜色。移动、缩放或更改颜色不会降低矢量图的品质。将矢量图缩放到任意大小，以任意分辨率在输出设备上打印，都不会影响清晰度。左图为原矢量图，右图为放大后的矢量图形效果，可以看到放大后的图形清晰度没有受到影响。

（2）位图

位图由像素点构成，也称为像素图或点阵图。这些像素点是组成计算机屏幕上图像的基本单位，用于表现色彩和细节。位图注重色彩的表现，能够模拟逼真的自然色彩，但当图像放大到一定程度，会出现由一个个像素点形成的锯齿状边缘。下左图为原始位图图像。下右图为放大后的位图图像，可以看到放大后图像锯齿状的边缘，图像变得模糊。

位图图像的颜色信息是固定的，如果需要更改颜色或其他元素，可能需要重新绘制整个图像。 而矢量图则非常灵活，我们可以轻松地进行编辑和修改，而不会影响图形质量。

1.2.2 像素与分辨率

像素与分辨率是图像处理的核心概念，像素构建了图像，而分辨率决定了图像的清晰度。下面分别进行介绍。

（1）像素

像素是构成数码影像的基本单元，它是图像中的最小单位。像素的排列和数量决定了图像的分辨率，即图像的清晰度和细节表现能力。下左图是100%显示的图像效果，下右图是放大后显示的像素效果。

（2）分辨率

分辨率又称解析度、解像度，泛指量测或显示系统对细节的分辨能力，决定了位图图像细节的精细程度，通常用于图像、视频或显示设备中所显示的细节和清晰度的度量。

在CorelDRAW中选中图像，状态栏会显示所选择位图的分辨率，如下左图所示。若要打印图像，需执行“位图>转换为位图”命令，如下中图所示。在打开的对话框中查看并确认图像的分辨率，如下右图所示。这对于图像处理和打印前的准备是非常重要的。

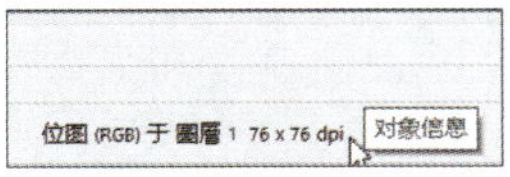

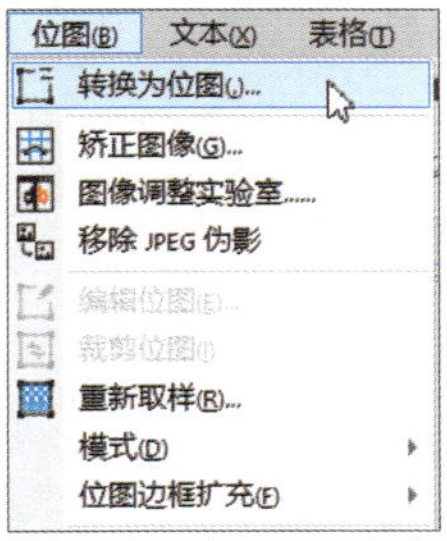

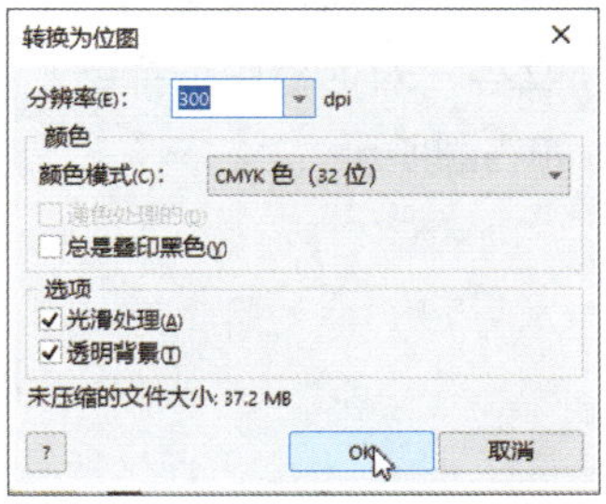

分辨率描述了图像或视频中像素的数量和密度，以及显示设备能够呈现的细节水平，具体可以细分为显示分辨率、图像分辨率、打印分辨率和扫描分辨率等。

- **显示分辨率：** 是显示器在显示图像时的分辨率，分辨率是用点来衡量的，显示器上这个“点”就是指像素（pixel）。显示分辨率的数值是指整个显示器所有可视面积上水平像素和垂直像素的数量。例如800×600的分辨率，是指在整个屏幕上水平显示800个像素、垂直显示600个像素。
- **图像分辨率：** 指图像中存储的信息量，是每英寸图像内有多少个像素点。
- **打印分辨率：** 又称为输出分辨率，是指在打印输出时横向和纵向两个方向上每英寸最多能够打印的点数。
- **扫描分辨率：** 指的是多功能一体机在进行图像扫描时，每英寸（或每厘米）内能够捕捉到的像素点数。

提示：设置合适的打印分辨率

实际工作中，打印文件的效果受图像分辨率和打印机分辨率中的低值影响的同时也与二者的匹配性有关，打印时需要使用合适分辨率的图像。我们可以先了解所使用的打印机的分辨率（dpi），用它的2倍作为当前打印用图像的分辨率（ppi），将高分辨率的设计文件保存，再保存当前打印用分辨率的副本，进行打印。

1.2.3 色彩模式

CorelDRAW 2024支持多种颜色模式，包括但不限于RGB模式、CMYK模式、Lab模式、位图模式、灰度模式、索引颜色模式、双色调模式和多通道模式等。这些颜色模式各有特点和用途。在实际工作中，用户可以根据制作要求确定色彩模式或进行转化。用户可以将CMYK模式的颜色转换为RGB模式，或者反之，以适应不同的使用场景。这种灵活性使得CorelDRAW成为设计师进行图形图像设计时的强大工具。

- **RGB模式：** 基于红、绿、蓝三基色，通过不同亮度值的组合产生各种颜色，适用于屏幕显示。
- **CMYK模式：** 以青、洋红、黄和黑四种颜色为基础，通过增减墨水量来表现颜色的深浅，适用于印刷。
- **Lab模式：** 与设备无关，旨在解决不同显示或打印设备造成的颜色差异问题。
- **位图模式：** 用黑色和白色表示图像，适用于黑白图像或简单的二值图像。
- **灰度模式：** 在黑色和白色之间引入不同级别的灰色，用于表现灰度图像。
- **索引模式：** 使用256种颜色，适用于需要减少颜色数量的情况，如网页设计。
- **双色调模式：** 使用尽量少的颜色表示尽量多的颜色层次，减少印刷成本。
- **多通道模式：** 将多个通道转变为单个专色通道，减少印刷成本。

在使用CorelDRAW软件作图前，可以在“创建新文档”对话框中选择合适的色彩模式，如右图所示。

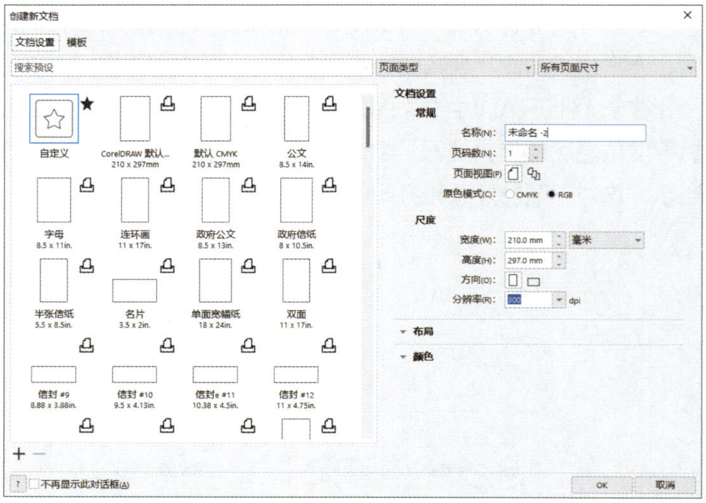

1.3 CorelDRAW 2024的基础操作

本节将对CorelDRAW软件的启动和退出，以及工作界面的组成进行详细介绍。

1.3.1 CorelDRAW 2024的启动和退出

在使用CorelDRAW绘制矢量图形前，软件的启动与关闭是用户必须掌握的操作。

（1）启动CorelDRAW 2024

CorelDRAW 2024可通过双击软件图标启动，也可通过在软件图标上单击鼠标右键，在弹出的快捷菜单中选择“打开”命令来启动。此外，用户还可以通过以下方式启动CorelDRAW 2024。

- 单击桌面右下角的“开始”按钮，在打开的选项列表中选择CorelDRAW 2024选项，打开软件，如右图所示。

● 在开始菜单列表中右击软件图标，执行“固定到‘开始’屏幕”命令，如下左图所示。下次可直接单击“开始”按钮，在开始屏幕单击CorelDRAW图标进行软件启动，如下右图所示。

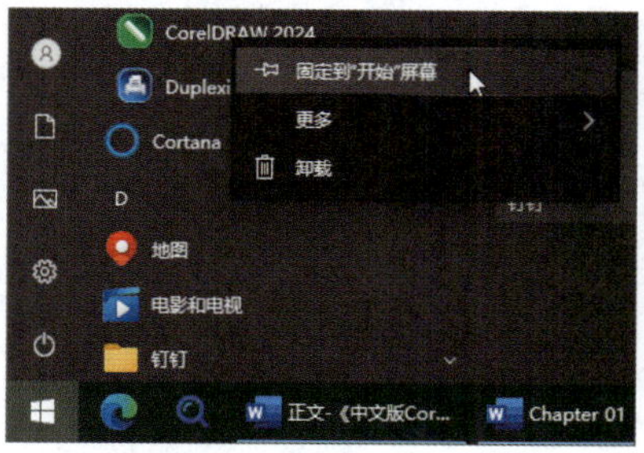

(2) 退出CorelDRAW 2024

退出CorelDRAW 2024程序，用户可以通过以下三种方式来实现。

第一种：单击标题栏右上角的“关闭”按钮，如下图所示。

第二种：在菜单栏中执行“文件>退出”命令，退出程序，如右图所示。

第三种：按快捷键Alt+F4，退出程序。

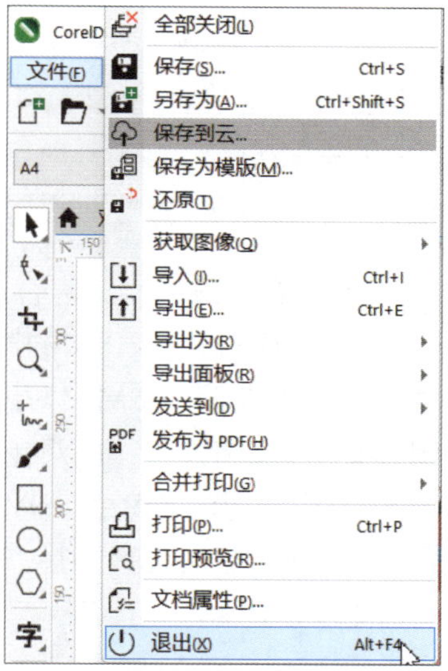

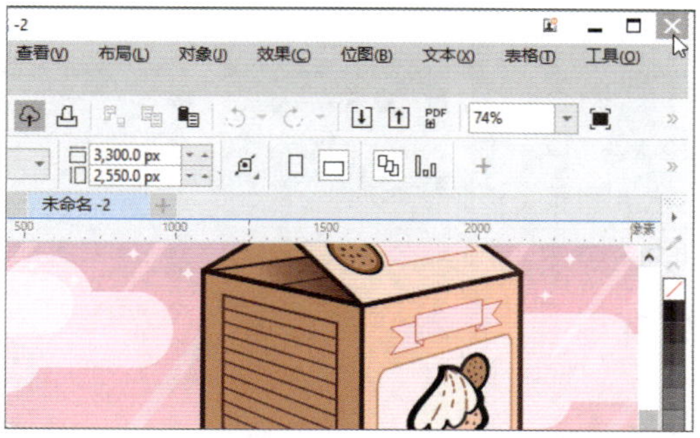

提示：修改自动备份时间

自动备份功能主要是为了预防停电、死机、奔溃等情况导致数据丢失，一般根据实际情况来设置。在菜单栏中执行“工具>选项>CorelDRAW”命令，如下图所示。在打开的“选项”对话框中，根据需要设置自动备份的时间间隔，可设置为5分钟、10分钟、20分钟、30分钟或60分钟。设置完成后单击“OK”按钮，修改自动备份时间，如右图所示。

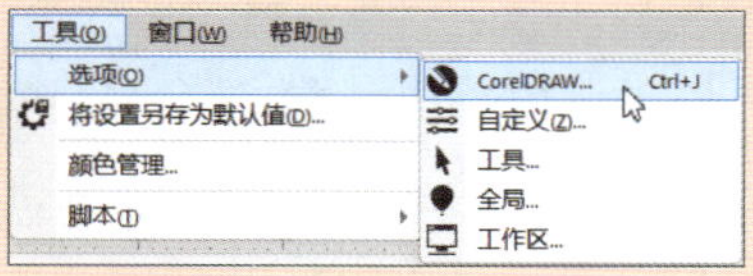

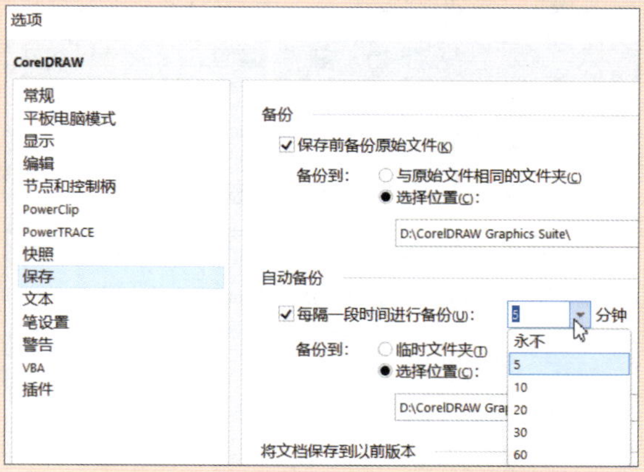

1.3.2 CorelDRAW 2024的工作界面

为了能够熟练地使用CorelDRAW 2024，我们来了解一下它的工作界面。CorelDRAW 2024的工作界面由标题栏、菜单栏、工具栏、属性栏、工具箱、文档导航器、状态栏、工作区、泊坞窗和调色板等组成，如下页图所示。接下来我们将对软件工作界面的主要组成部分的功能进行介绍。

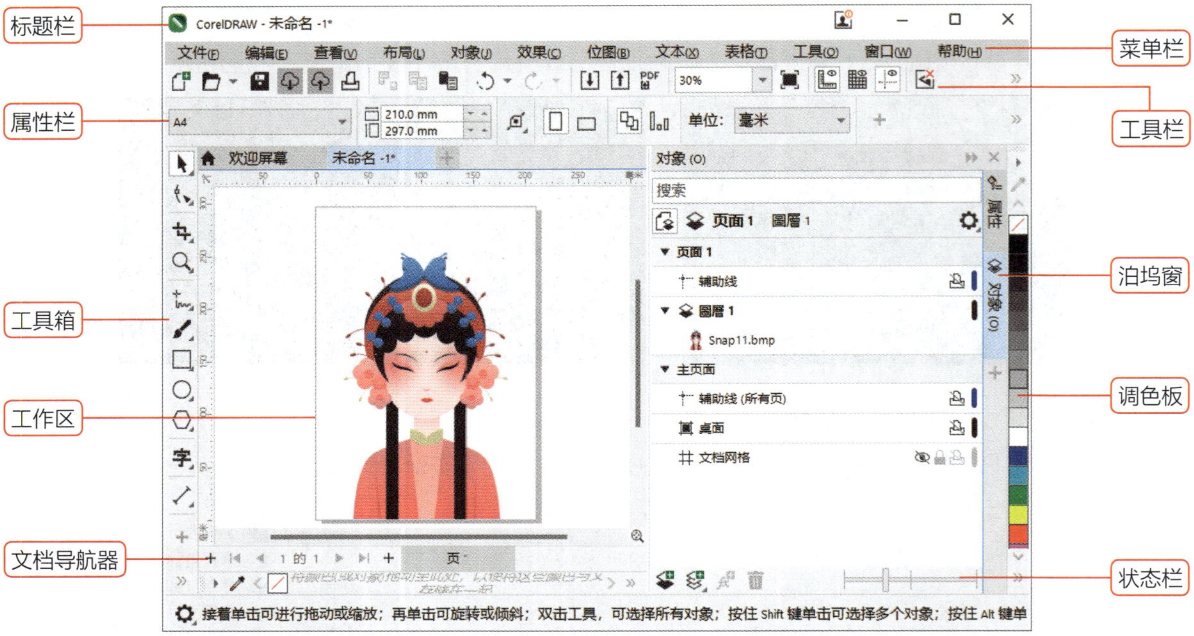

（1）菜单栏

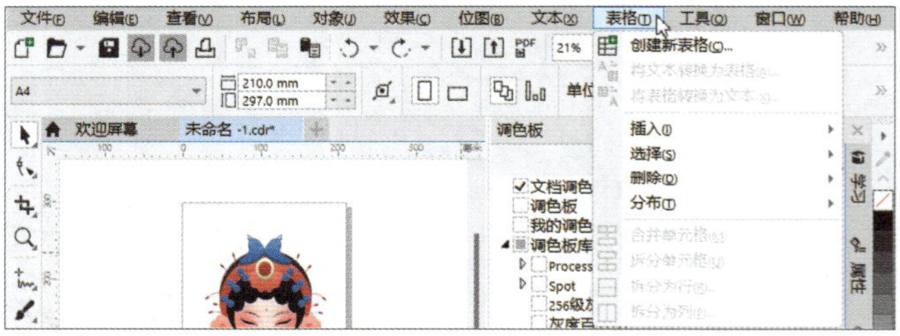

CorelDRAW 2024的菜单栏包括文件、编辑、查看、布局、对象、效果、位图、文本、表格、工具、窗口、帮助等菜单，如右图所示。CorelDRAW中的命令按照类别排列在这些菜单栏中，每一个菜单下均有对应的子菜单。

（2）工具栏

工具栏位于菜单栏下方，用户可以使用工具栏中的快捷按钮进行基本的操作，如下图所示。

（3）属性栏

在CorelDRAW中，属性栏是一个重要的界面元素，位于工具栏下方，它显示并允许用户编辑所选对象的各种属性，用户可以通过不同的选项卡来进行不同类型的属性设置。选择“选择”工具后，属性栏出现对应的对象属性，如下图所示。

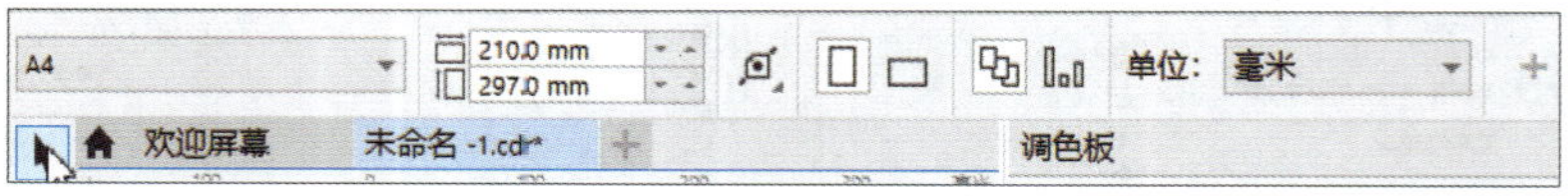

（4）工具箱

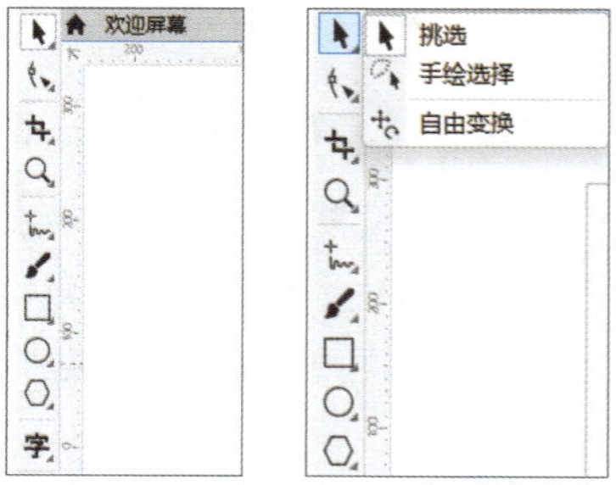

工具箱是包含一系列绘图和编辑工具的区域，这些工具可以用于创建和修改矢量图形。工具箱通常位于工作区的左侧，提供了从简单的选择工具到复杂的绘图和修饰工具的快捷访问。单击所选工具右下角小三角按钮，可以查看工具栏中一系列不同作用的工具，如右图所示。

（5）文档导航器

文档导航器允许用户更方便地在多页文档中导航和管理页面，如下图所示。通过文档导航器，用户可以快速跳转到不同的页面，查看页面缩略图，以及执行添加、删除或重命名页面等操作。

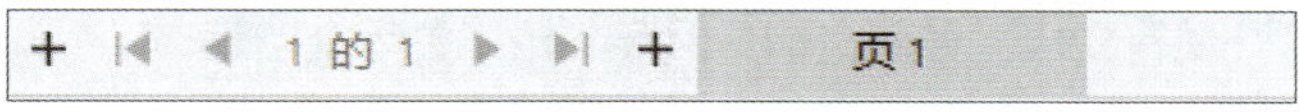

（6）状态栏

状态栏在CorelDRAW中显示对象的信息，例如颜色、填充类型和轮廓、光标位置以及相关命令的状态，如下图所示。状态栏还提供了文档颜色信息，如文档颜色预置和颜色校样状态，帮助用户在编辑过程中保持对当前状态的了解和控制。

（7）绘图页面

绘图页面是用户进行设计和创作的虚拟画布，是用户在软件中创建和编辑图形、文本及其他设计元素的基础区域，如下左图所示。

（8）泊坞窗

泊坞窗默认情况下在页面的右侧，提供了与对话框相似的控件，如命令按钮、选项和列表框。与传统对话框不同，泊坞窗可以在操作文档时保持打开状态，方便用户随时使用各种命令和功能，如下中图所示。

（9）调色板

调色板通常位于软件界面的右侧，用户可以通过它轻松地为图形对象选择填充颜色或轮廓颜色，如下右图所示。调色板中的颜色可以是RGB模式或CMYK模式，用户可以根据不同的打印或屏幕显示需要选择合适的颜色模式。

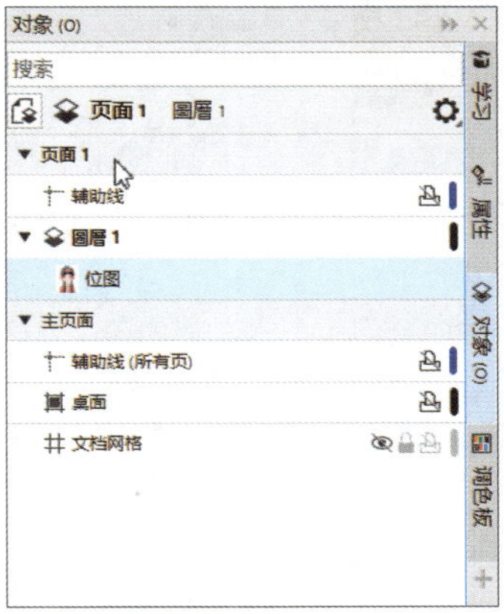

提示：显示调色板

在使用CorelDRAW软件绘图中，会出现调色板莫名不见的情况，这时我们可以在菜单栏中执行“窗口 > 调色板 > 默认调色板”命令，重新调出调色板，如右图所示。

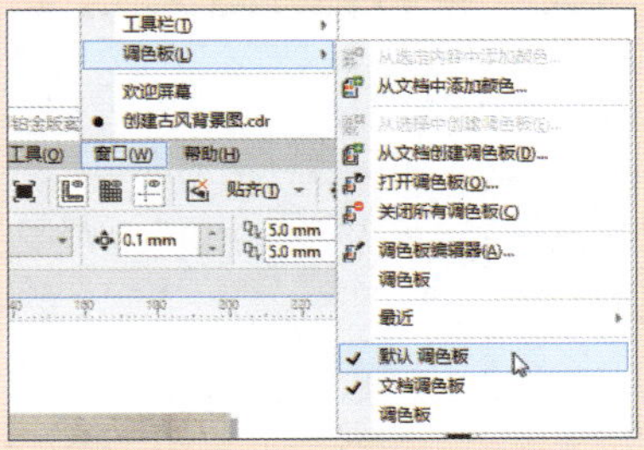

1.4 文档操作

为了能够熟练地使用CorelDRAW 2024进行平面设计，接下来我们一起来了解一下其文档的基本操作，包括文档的新建、打开现有文档、导入文档、保存文档和关闭文档等。

1.4.1 新建文档

使用软件进行绘图前，需要创建一个新文档。在CorelDRAW中，创建新文档可以通过以下4种方法来实现。

方法1： 打开CorelDRAW软件，用户可以通过执行“文件>新建”命令，创建新文档，如下左图所示。

方法2： 用户可以在欢迎屏幕界面单击“立即开始”后单击“新文档”，进行文档创建，如下中图所示。

方法3： 单击工具栏左侧的“新建”按钮，创建新文档，如下右图所示。

方法4： 按下快捷键Ctrl＋N，快速创建一个新的CorelDRAW文档。

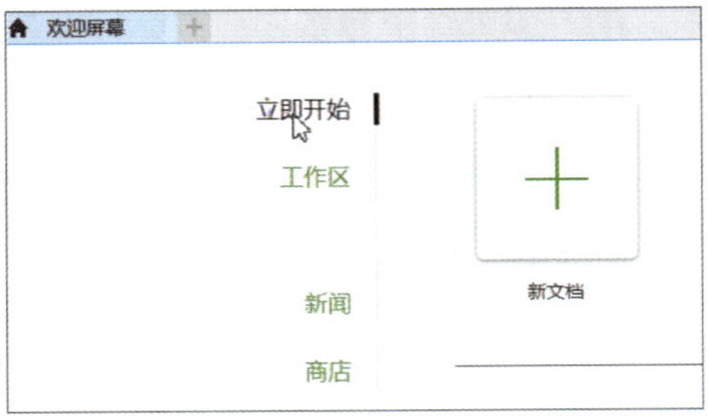

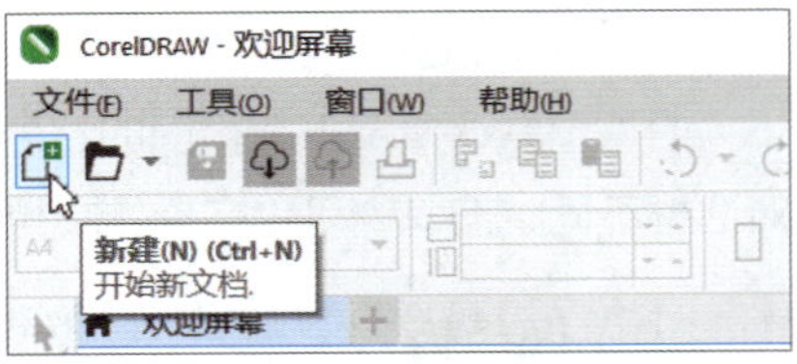

执行上述操作都将打开“创建新文档”对话框，用户可以选择预设的模板或设置自定义的画布大小、分辨率等参数，如下图所示。然后单击“OK”按钮来创建文档。

提示：在已打开文件的情况下再次创建新文档

在CorelDRAW 2024中，即使已经打开了一个文件，用户仍然可以创建一个全新的文档。在菜单栏中执行“文件>新建”命令创建新文档的操作，允许我们在不中断当前工作流程的情况下快速开始一个新项目。

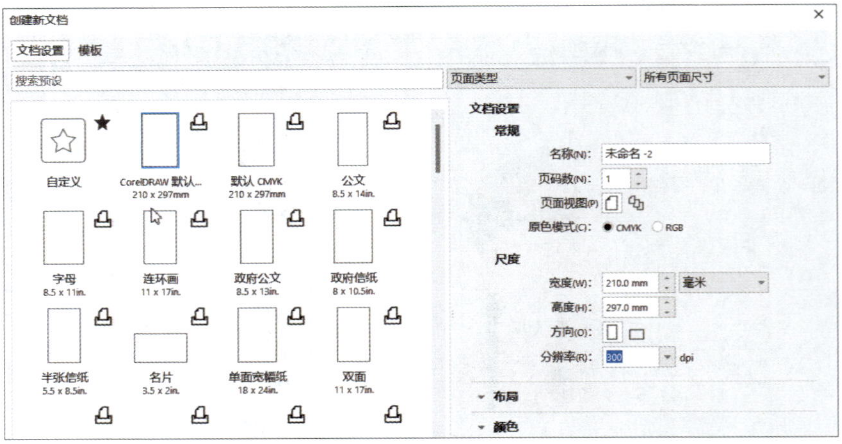

1.4.2 打开现有文档

在CorelDRAW 2024中，打开现有文档常用的方法有以下4种。

方法1： 在欢迎屏幕界面单击“立即开始”后单击“打开文件”即可，如下页左图所示。

方法2： 打开CorelDRAW 2024软件后，执行“文件>打开”命令，即可打开文档，如下页中图所示。

方法3： 在工具栏左侧单击“打开”按钮，打开文档，如下页右图所示。

方法4： 按下快捷键Ctrl＋O，快速打开文档。

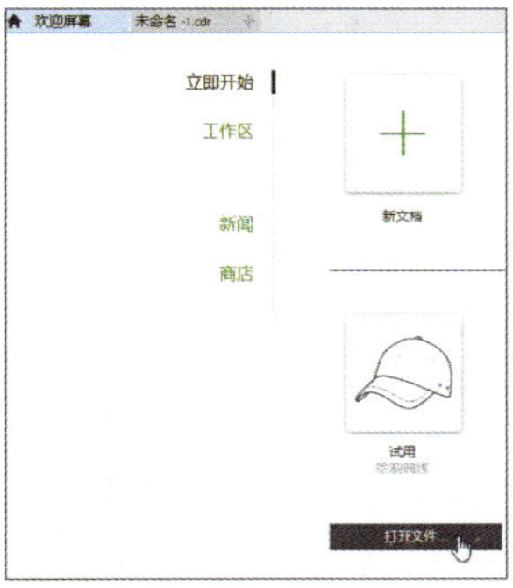

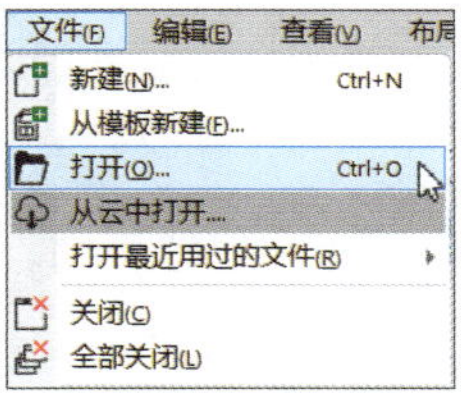

1.4.3 导入文件

在已创建新文档的条件下，选择参考图片并需要导入到软件时，用户可以通过以下3种方法实现文件的导入。

方法1：创建新文档后，执行“文件>导入”命令，导入文件，如下左图所示。

方法2：在CorelDRAW 2024绘图页面右击，在弹出的快捷菜单中选择“导入”命令，如下右图所示。

方法3：直接按下快捷键Ctrl+I，进行文件的导入。

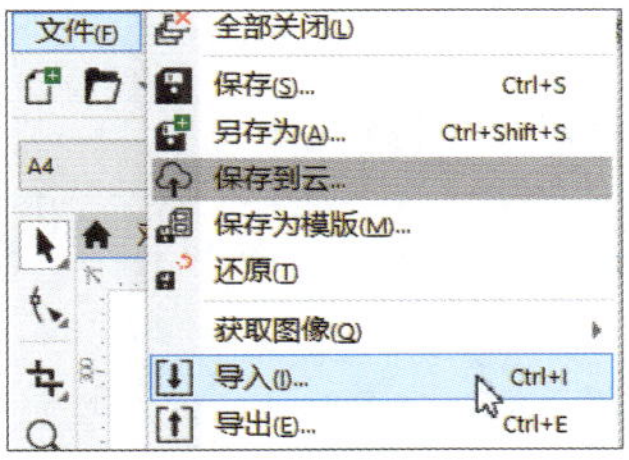

1.4.4 导出文件

在CorelDRAW 2024中需要进行文件导出时，可以按照以下方法进行操作。

方法1：打开CorelDRAW软件，加载想要导出的CDR文件，在菜单栏中执行“文件>导出”命令，如下左图所示。在弹出的对话框中选择想要保存导出文件的位置，单击“导出”按钮，如下右图所示。

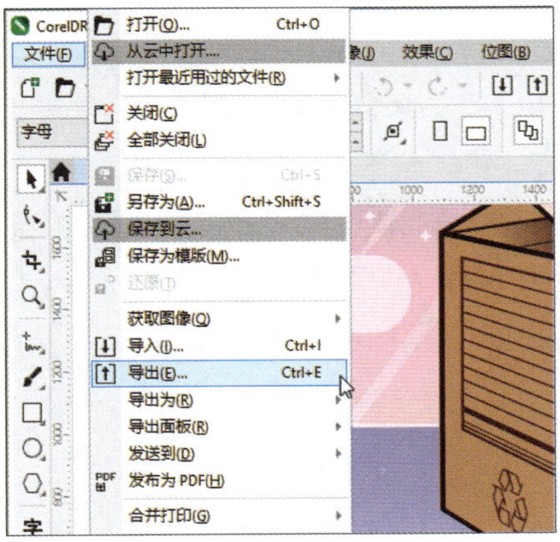

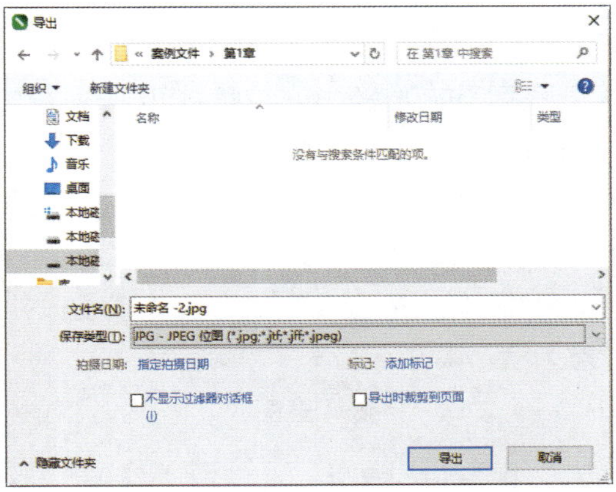

方法2：直接按下快捷键Ctrl+E进行文件的导出。

执行“导出”命令后，从文件格式列表中选择需要的文件格式，例如JPEG、PNG、GIF或其他矢量格式，如下页左图所示。然后输入文件名，并根据需要勾选“只是选定的”“不显示过滤器对话框”等复选框。单击“导出”按钮，设置导出选项，如分辨率、颜色模式、压缩质量等，确认设置无误后，单击“导出”按钮。下右图为导出JPEG格式示例。

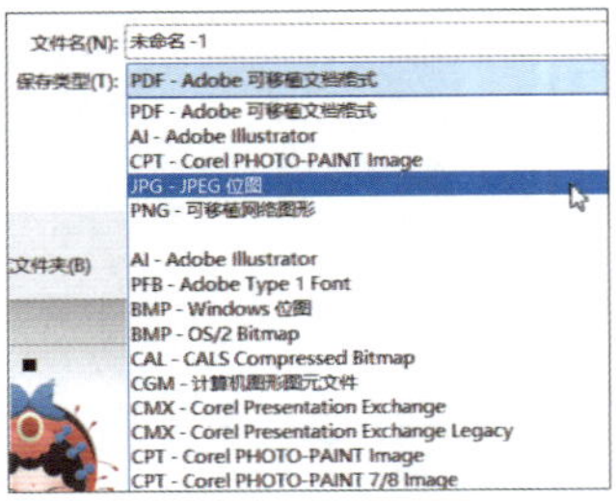

1.4.5 保存文件

在CorelDRAW 2024中保存文件时，可以按照以下方法进行操作。

方法1： 完成设计工作后，单击软件界面左上角的“文件”菜单，在下拉菜单中能看到“保存”和“另存为”两个选项。如果是第一次保存文件或想要以不同的文件名和位置进行保存，选择“另存为”选项，如下左图所示。在弹出的“保存绘图”对话框中选择文件的保存位置，输入文件名，并确保文件类型为CDR-CorelDRAW，单击“保存”按钮，如下右图所示。保存完成后，下次在编辑后可直接执行“文件＞保存”命令。

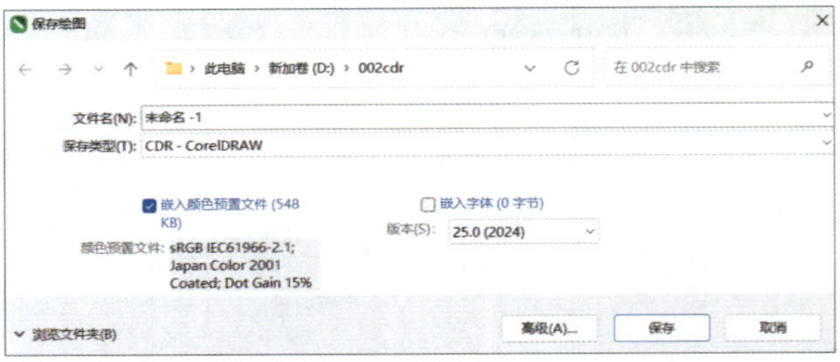

方法2： 按下快捷键Ctrl＋S进行保存或按下快捷键Ctrl＋Shift＋S进行文件的另存为。在CorelDRAW 2024绘图中，用户可以常按快捷键保存文件，以防软件崩溃、计算机死机等情况造成数据的丢失。

1.4.6 关闭文件

在CorelDRAW 2024软件中，用户可以通过以下方法执行文件的关闭操作。

方法1： 要关闭当前正在编辑的文件，可以在菜单栏中执行“文件＞关闭”命令，如下左图所示。

方法2： 要关闭所有打开的文件，可以选择“文件”菜单下的“全部关闭”选项。

方法3： 用户可以直接单击程序窗口标题栏右侧的关闭按钮，关闭当前激活的文件或整个程序。

方法4： 关闭包含未保存更改的文件时，系统会提示用户保存这些更改，如下右图所示。单击“是”按钮，保存文件并关闭；单击“否”按钮，放弃更改并直接关闭。用户也可以单击“取消”按钮，保持文件的打开状态。

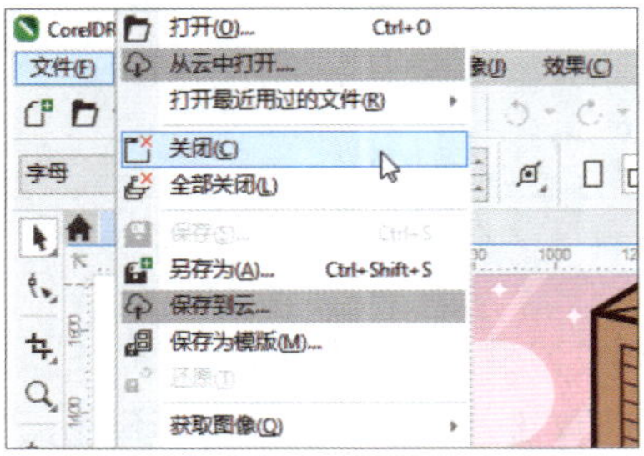

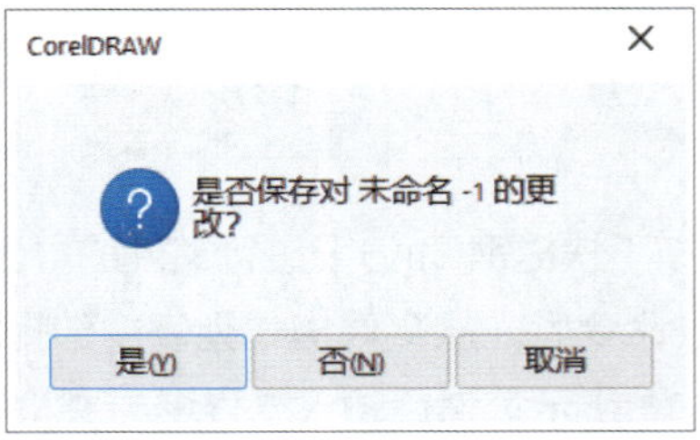

1.5 CorelDRAW 2024的页面设置

进行页面设置是确保文档或设计项目在视觉表现和功能性方面达到预期目标的关键步骤，在CorelDRAW中进行图形绘制前，需要对页面尺寸、页面布局以及页面背景进行设置。接下来，让我们一起来学习页面设置的相关知识。

1.5.1 设置页面尺寸

新建文档后，若要再次修改文档的页面尺寸，包括对页面的大小、方向、渲染分辨率以及出血等进行设置，需要在菜单栏中执行“布局＞文档选项”或“布局＞页面大小”命令，如下左图所示。在打开的“选项”对话框中对页面尺寸等进行修改，如下右图所示。

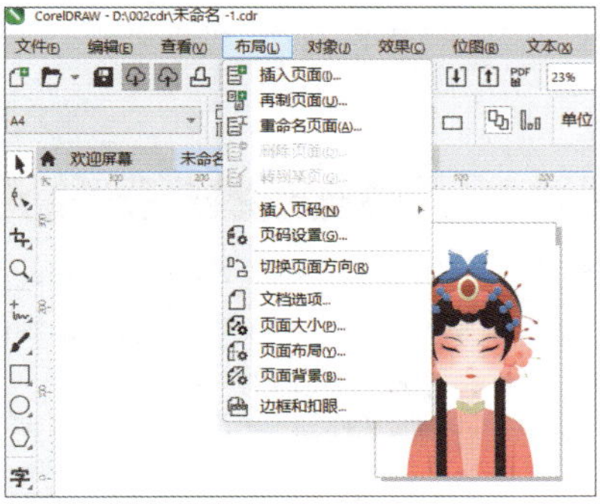

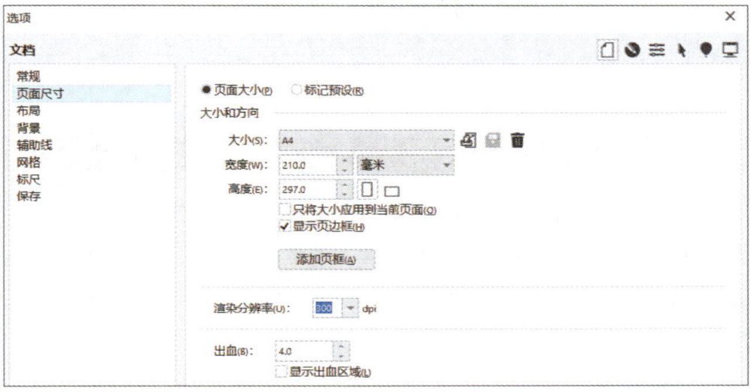

提示：出血的含义

“出血”是指在设计时故意将背景或图案扩展到页面边缘之外的部分。这个额外的空间通常设置为3毫米宽，目的是在印刷和裁切过程中补偿机械误差，确保最终产品的边缘不会露出未印刷的白色边缘。

出血线是在设计稿中标示出血区域的虚拟线条，它们帮助设计师和印刷厂理解哪些部分应该包含在最终的裁剪尺寸内。在CorelDRAW中设置出血线是确保印刷品质的重要步骤。

1.5.2 设置页面布局

当作品用于打印时，用户需要选择合适的页面版式，方便打印。此时在菜单栏中执行“布局＞页面布局”命令，在打开的“选项”对话框中进行修改，如下图所示。页面布局包括全页面、活页、屏风卡、帐篷卡、侧折卡、顶折卡和三折小册子7种不同的版式。

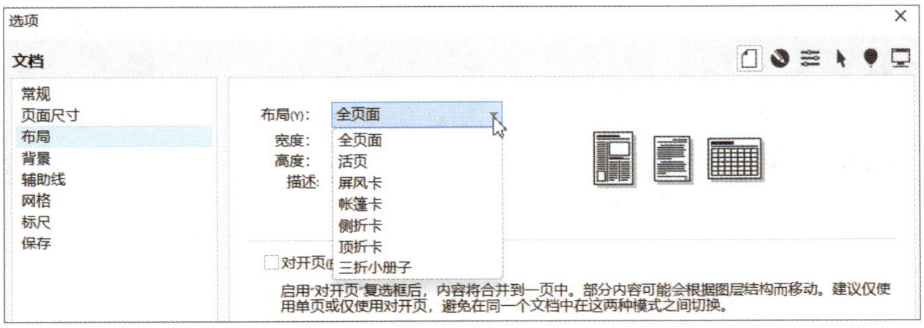

1.5.3 设置页面背景

为使页面背景更加丰富，用户可以对页面背景进行设置。在CorelDRAW 2024中，用户可以通过选择背景颜色或使用位图作为背景来对页面背景进行设置。

打开文件后，执行“布局>页面背景”命令，弹出“选项”对话框，默认为无背景状态，选择“纯色”背景时，“背景”面板中“纯色”右侧下拉按钮，在打开的颜色面板中选择背景颜色，如下左图所示。同理，若使用位图作为背景，则在“背景”面板中单击“位图”单选按钮，单击右侧的“浏览”按钮，如下右图所示。然后在打开的“导入”对话框中，选择需要导入作为背景的位图图像。

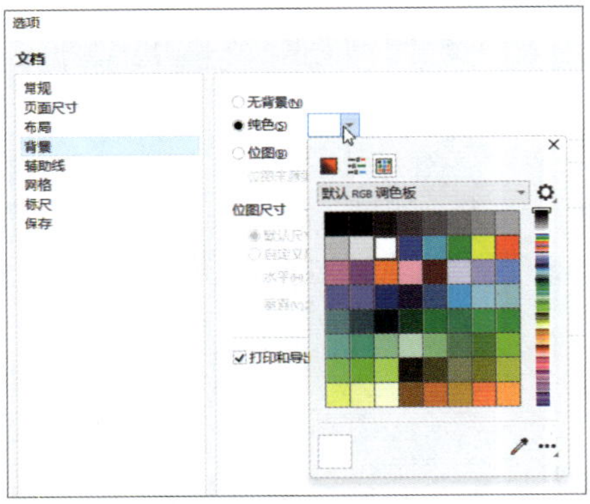

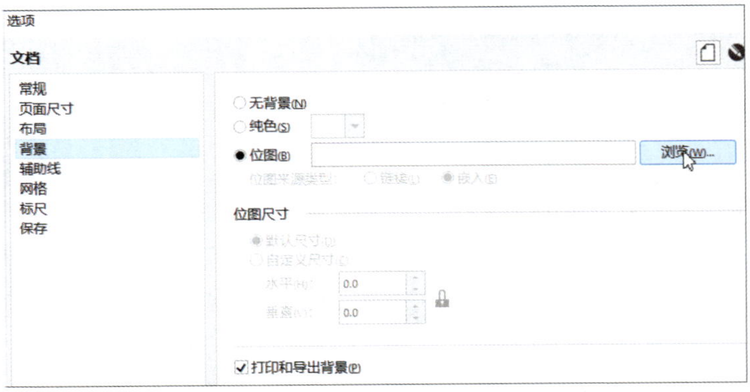

提示：链接和嵌入位图的区别

链接的图片与其源文件保持联系，如果源文件中的图片被修改，链接的图片也会显示修改后的效果。如果链接的源文件不在原位置或无法找到，链接的图片可能会显示为缺失。嵌入的图片是CDR文件的一部分，不依赖外部文件，即使原始图片文件丢失或被修改，嵌入在CDR文件中的图片仍保持不变，但是嵌入的图片会增加CDR文件的大小。

知识延伸：使用辅助工具进行精准定位

在CorelDRAW中处理图像时，使用辅助工具可以帮助用户在进行图形设计和排版时提高精确度和效率。这些工具包括但不限于标尺、网格、辅助线。下面将详细介绍常用的辅助工具。

(1) 标尺

使用CorelDRAW软件进行设计工作时，标尺是非常重要的辅助工具，它允许用户精确地绘制、缩放和对齐对象。执行“查看>标尺”命令或按下快捷键Alt+Shift+R，可以快速调出标尺，如下图所示。

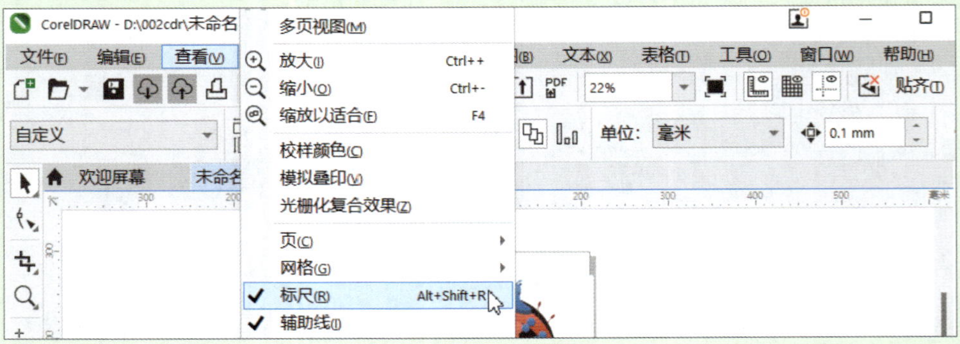

(2) 网格

在CorelDRAW，网格分为3种，即文档网格、像素网格和基线网格。在菜单栏中执行“查看>网格”命令，即可调出网格，如下页左图所示。接下来，我们将详细介绍这3种网格的特点。

- **文档网格：**提供了一个均匀分布的线条网络，如下右图所示。文档网格可以帮助设计师在绘制和对齐图形时保持精确度，适用于一般的图形排列和对齐，尤其是在需要整齐排列多个元素时非常有用。

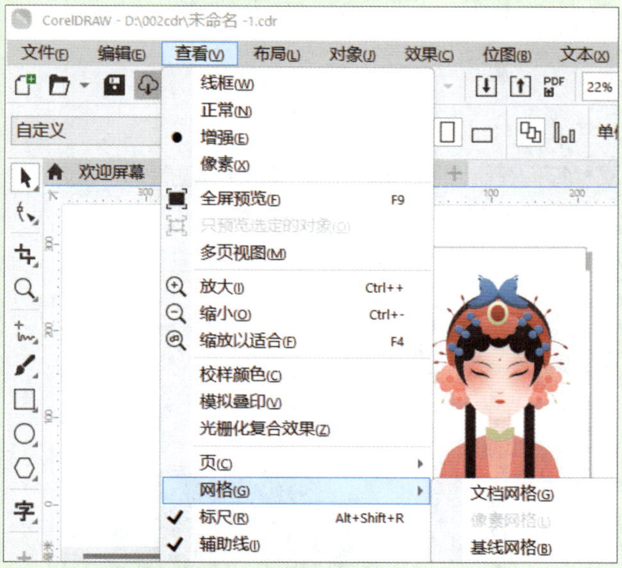

- **像素网格：**是一系列显示文档中的个别像素的相交线，特别适合在以像素为单位进行设计时使用。在网页设计或其他屏幕显示相关的设计工作中，使用像素网格可以帮助设计师精确放置元素，确保设计在屏幕上的显示效果。
- **基线网格：**通常只包含水平线，没有垂直线，主要用于帮助用户对齐文本。输入文字后，基线网格可以帮助用户观察文本的对齐情况。 在排版设计中，基线网格有助于确保文本在页面中的水平对齐，从而提高设计作品整体的专业性和美观性。

（3）辅助线

辅助线是一种虚拟的线条工具，用于帮助设计师在绘制和对齐图形时定位对象。辅助线可以放置在任意位置，包括水平、垂直或特定角度，并且可以根据需要进行调整和修改。

将光标定位在标尺上，通过拖动水平标尺和左侧标尺，可以拉出水平和垂直辅助线。双击辅助线，可以进行旋转操作，调整到特定角度，如下左图所示。同时泊坞窗出现辅助线的属性，用户可以对其颜色等进行修改，如下右图所示。单击辅助线，按下Delete键，可以删除选定的辅助线。

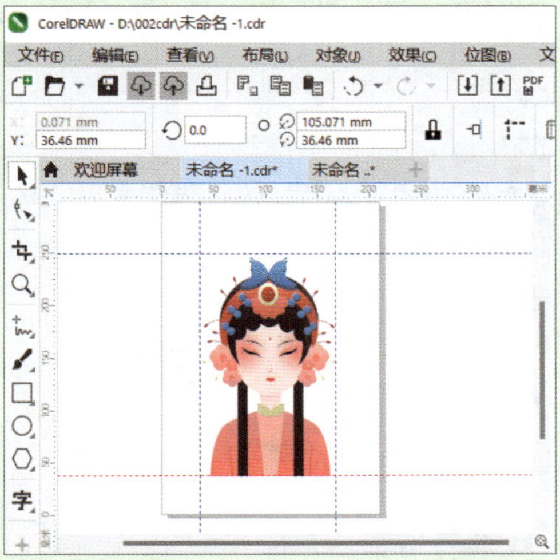

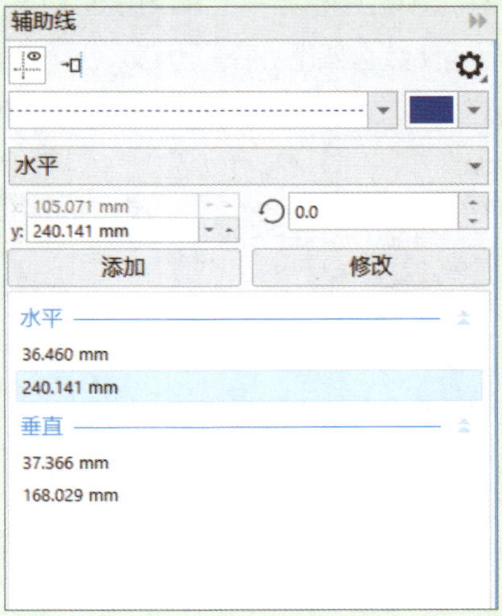

（4）对齐辅助线

对齐辅助线是在创建对象、调整对象大小或相对于其他对象移动时出现的临时辅助线。对齐辅助线默认为关闭状态，用户可以通过执行“查看 > 对齐辅助线”命令轻松开启或禁用。启用对齐辅助线的效果如下左图所示。

（5）动态辅助线

动态辅助线为创建技术图解提供精确的衡量结果，它们在绘制图形时显示一些字符和虚线，帮助用户更准确地定位和排列元素。动态辅助线不是固定的，而是根据用户的绘制动作动态出现，提供实时的对齐辅助信息。执行“查看 > 动态辅助线”命令后拖动对象，即可出现动态辅助线，效果如下右图所示。

上机实训：创建古风背景图

学习了CorelDRAW的界面操作、文档创建、布局设置等内容后，下面我们通过创建古风背景图的操作对所学知识进行巩固，具体步骤如下。

扫码看视频

步骤 01 打开CorelDRAW软件，在“文件”菜单中选择“新建”选项，在打开的对话框中设置相应的参数，这里我们创建的文档只用于显示，因此选用RGB颜色模式，如下左图所示。

步骤 02 在菜单栏中执行“布局>页面大小”命令，在打开的对话框中设置页面的宽度、高度、分辨率以及出血边距等参数，如下右图所示。

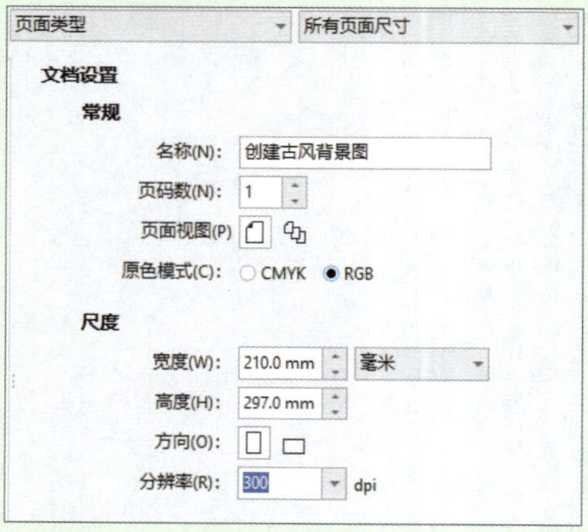

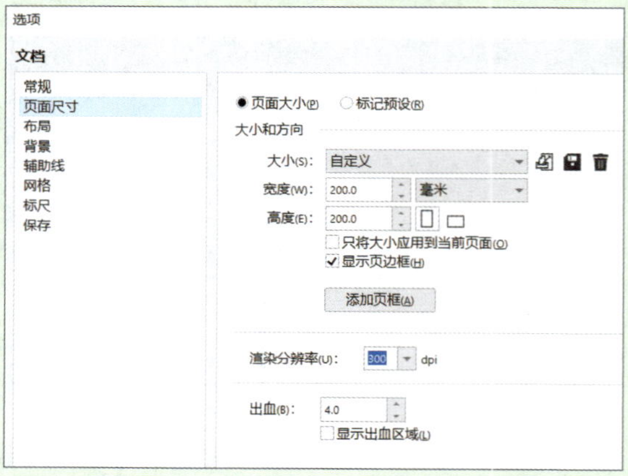

步骤 03 在“选项”对话框中切换到“背景”选项面板，单击“位图”单选按钮后，单击后面的“浏览”按钮，如下左图所示。

步骤 04 在打开的“导入”对话框中选择合适的位图作为页面背景，单击“导入”按钮，如下右图所示。

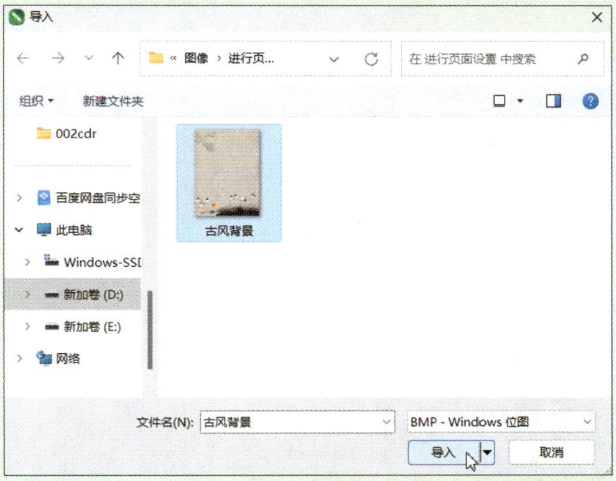

步骤 05 将位图嵌入到文档中，如下左图所示。然后在菜单栏中执行“文件＞导入”命令。

步骤 06 在打开的“导入”对话框中选择要导入的图片，单击“导入”按钮，如下右图所示。

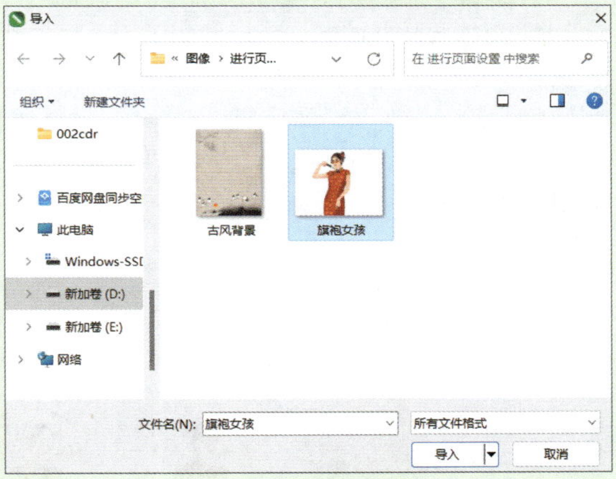

步骤 07 返回工作界面，按住鼠标左键不放，绘制图像的尺寸，如下左图所示。

步骤 08 松开鼠标后，工作区会出现插入的位图，如下右图所示。

步骤 09 在菜单栏中执行“位图＞轮廓描摹＞剪贴画”命令，如下左图所示。

步骤 10 在弹出的对话框中选择指定的背景色，按住Shift键单击滴管工具，吸取白色背景，剪切图片，如下右图所示。

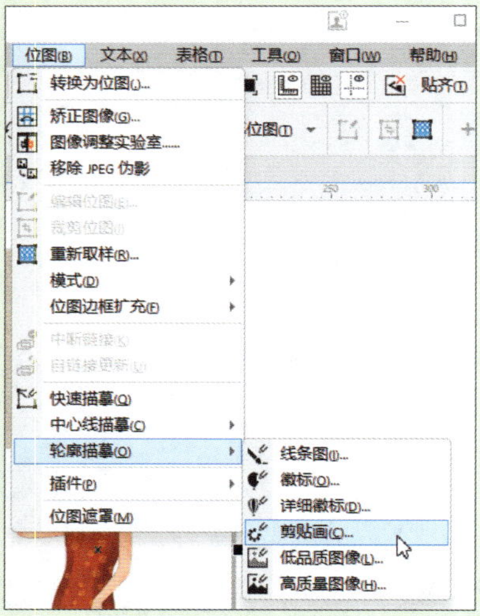

步骤 11 单击“OK”按钮返回到工作界面，然后将原位图删除，如下左图所示。

步骤 12 调整剪切图片的位置和大小，如下右图所示。

步骤 13 执行“文件＞保存”命令，如下左图所示。

步骤 14 打开“保存绘图”对话框，将文件保存到合适的位置，重命名文件名后单击“保存”按钮，如下右图所示。

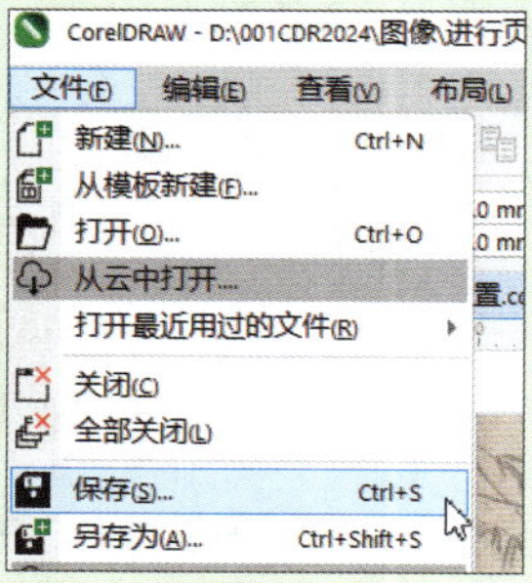

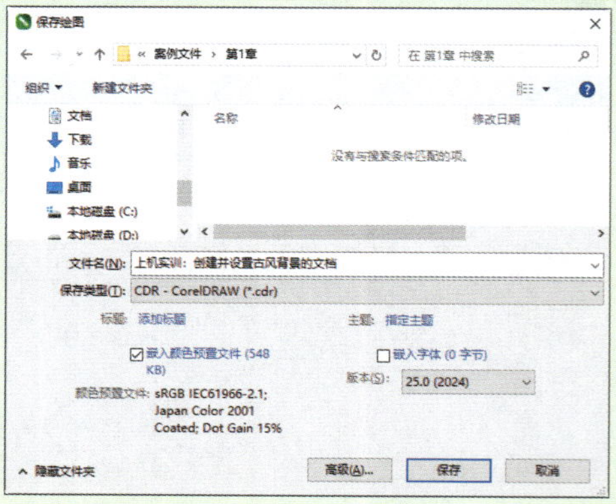

课后练习

一、选择题（部分多选）

（1）CorelDRAW一般用于（　　）等应用领域。

A. 平面广告设计　　B. 书籍设计

C. 网页美工设计　　D. 包装设计

（2）在（　　）菜单栏中执行相应的命令，能够对CorelDRAW 2024的页面进行设置。

A. 对象　　B. 布局　　C. 工具　　D. 查看

（3）执行（　　）操作，可以对文件进行保存。

A. Ctrl + S组合键　　B. 执行“文件 > 保存”命令

C. Ctrl + Shift + S组合键　　D. 以上都是

（4）关于矢量图的定义正确的是（　　）。

A. 矢量图缩放到任意大小都不会影响清晰度

B. 矢量图也称点阵图

C. 矢量图放大后，一个个像素点形成锯齿状边缘

D. 以上都错

二、填空题

（1）在CorelDRAW里导出位图时，使用的快捷键是__________。

（2）在CorelDRAW 2024中，常用辅助绘图工具有__________、__________、__________、__________、__________等。

（3）RGB色彩模式适用于__________，CMYK色彩模式适用于__________。

三、上机题

创建一个页面大小为210mm × 297mm的文件，设置页面方向为横向，并将页面背景颜色设置为幼蓝，然后保存文件。下图为创建完成的效果。

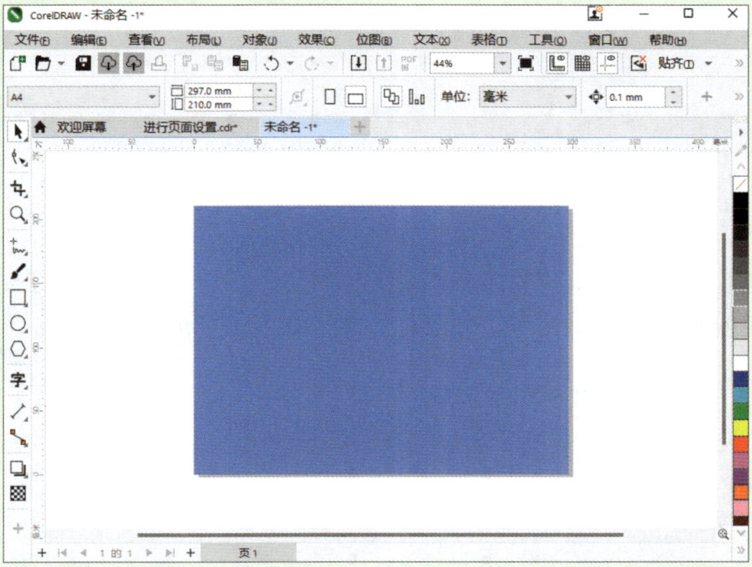

第2章 绘图工具

本章概述

本章将对CorelDRAW软件的绘图工具与效果应用进行介绍，绘图工具包括基础线条工具、艺术笔工具、几何图形绘制工具等。这些工具可以让用户轻松创建各种图形和线条，高效完成设计任务。

核心知识点

1. 掌握基础线条工具的应用
2. 掌握艺术笔工具的应用
3. 运用几何图形绘制工具绘图
4. 应用度量工具精确绘图

2.1 基础线条工具

绘制线条是矢量图形设计的基础操作之一，在CorelDRAW中，基础线条工具包括手绘工具、2点线工具、贝塞尔工具、钢笔工具、B样条工具、折线工具、3点曲线工具等，本章将对这些工具的应用进行详细介绍。

2.1.1 手绘工具

CorelDRAW的手绘工具是一种模拟传统手绘体验的矢量绘图工具。手绘工具能够自动识别用户绘制的各种形状，如直线、折现、曲线以及不规则形状等，并对不规则曲线进行处理和优化，从而快速转换成平滑的矢量线条或形状。

（1）使用手绘工具绘制直线

打开CorelDRAW 2024，选择工具箱中的手绘工具，如下左图所示。接下来，用户可以在工作区任意位置单击，然后移动到终点并单击来绘制直线，如下右图所示。若要绘制水平或者垂直的直线，用户只需在移动时按住Shift键进行绘制。

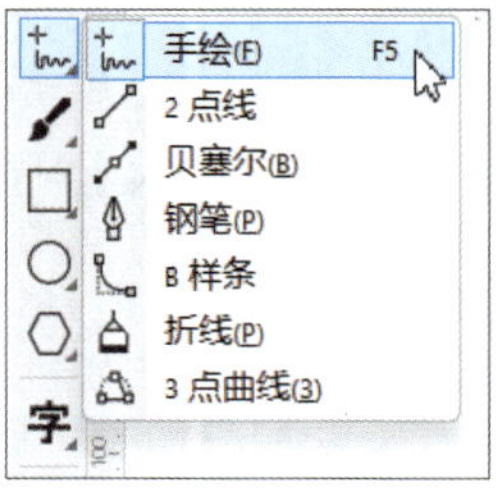

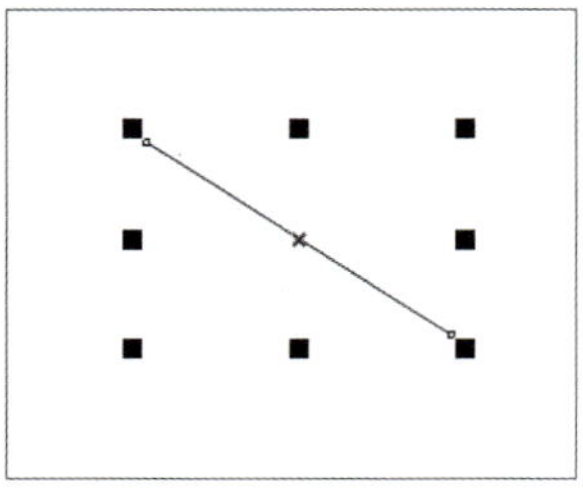

（2）使用手绘工具绘制折线

使用手绘工具绘制一条直线后，将光标移动到直线的终点，出现“节点”字样后单击，如下左图所示。接着移动光标到想要的位置并单击，即可完成折线的绘制，如下右图所示。

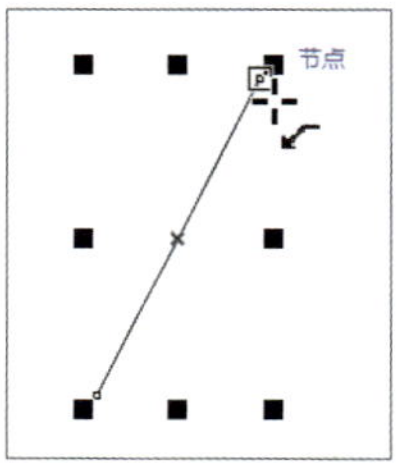

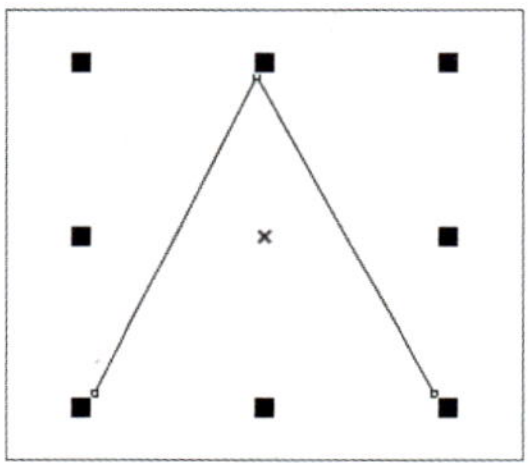

（3）使用手绘工具绘制曲线

选择工具箱中的手绘工具，通过在工作区任意拖动鼠标进行绘制，可以创建曲线线段。在使用手绘工具绘制曲线的过程中，线条会有粗糙或手抖的感觉，用户可以在属性栏中调节“手绘平滑”数值，平滑线条，如下左图所示。对比效果如下右图所示。

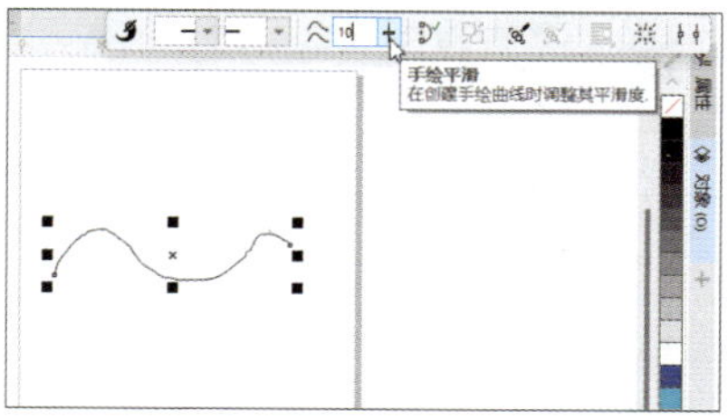

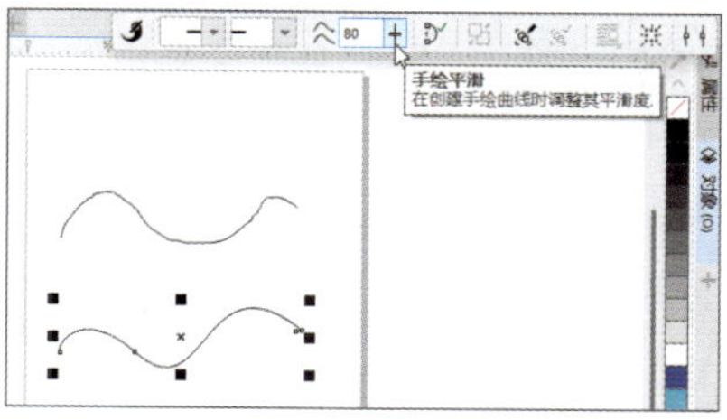

实例 使用手绘工具绘制简易台灯

下面讲解如何使用手绘工具绘制简易台灯。通过本案例的学习，希望用户能够熟练运用手绘工具进行图形绘制。具体操作步骤如下。

步骤 01 打开CorelDRAW 2024软件，在“欢迎屏幕”界面单击“新文档”按钮，在打开的对话框中对文档属性进行设置后，单击“OK”按钮，如下左图所示。

步骤 02 在工具箱中选择手绘工具，在工作区绘制台灯的轮廓后，绘制一个心形装饰图案，效果如下右图所示。

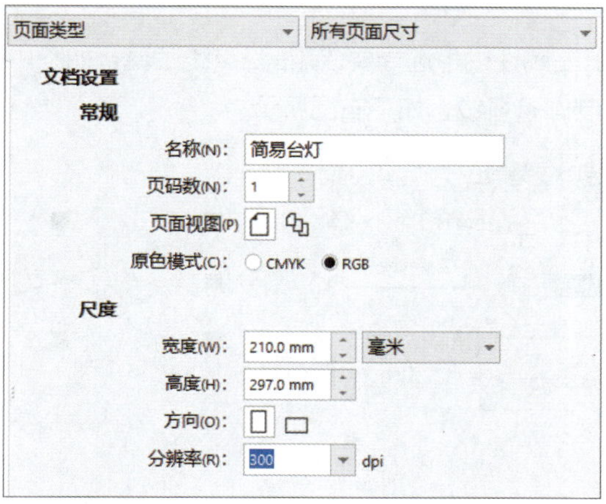

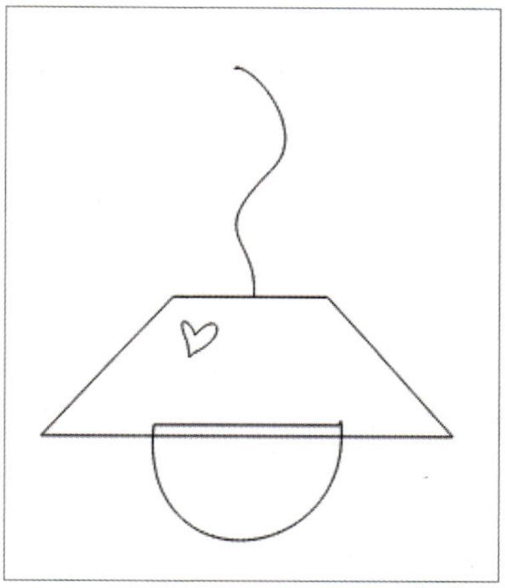

步骤 03 在工具箱中选择形状工具，调整半圆的位置和大小，如下左图所示。

步骤 04 在工具箱中选择“选择”工具，按住鼠标左键对图形进行修改。注意图层的排序，半圆曲线需在梯形下面，如下右图所示。

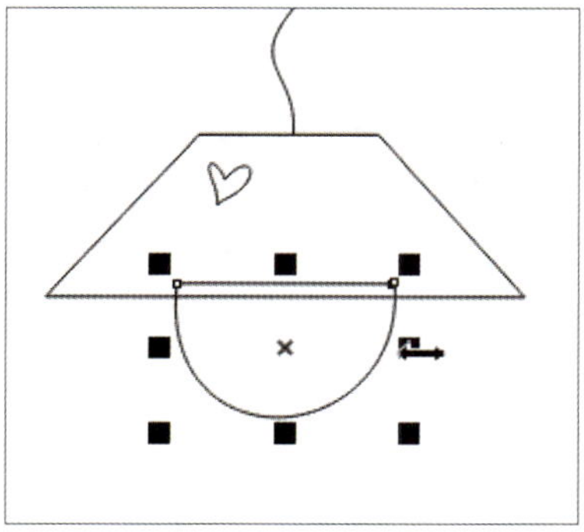

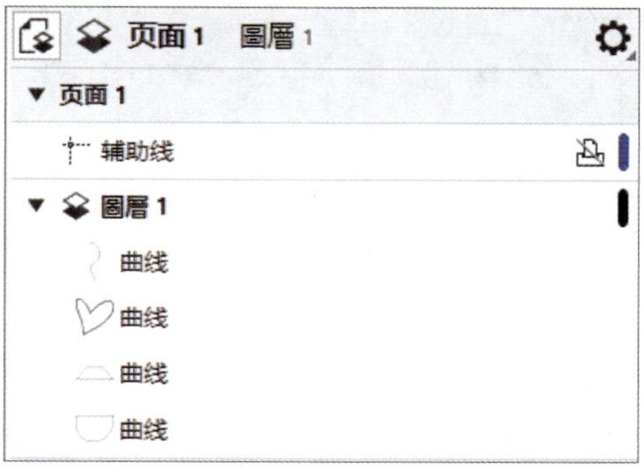

步骤 05 选择工具箱中的选择工具，选中要上色的闭合曲线，在调色板中选择合适的颜色进行填充，效果如下图所示。

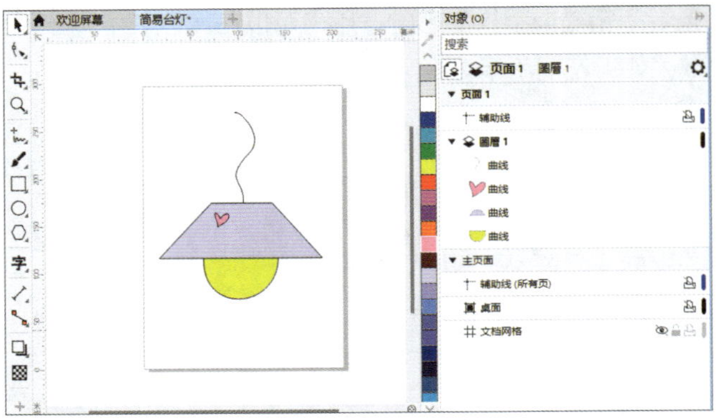

2.1.2 2点线工具

在CorelDRAW中，2点线工具允许用户通过指定两个点来绘制一条直线。2点线工具适用于快速创建规则的直线图形，通过拖动鼠标，可以调整直线的长度和方向。2点线工具的子工具包括常规的2点线工具、垂直2点线工具和相切的2点线工具，分别用于绘制水平直线、垂直直线和与现有线条或图形相切的直线。接下来，让我们详细了解2点线工具的应用。

（1）常规2点线

在工具箱中选择2点线工具，如下左图所示。在属性栏中选择要使用的2点线工具，如下中图所示。在工作区任意位置单击，通过连接起点和终点，绘制一条直线，如下右图所示。

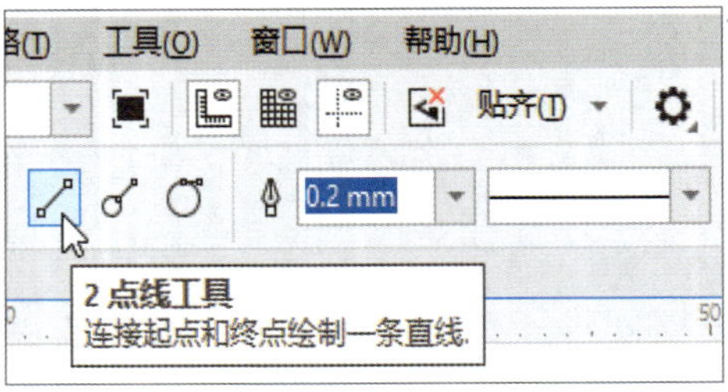

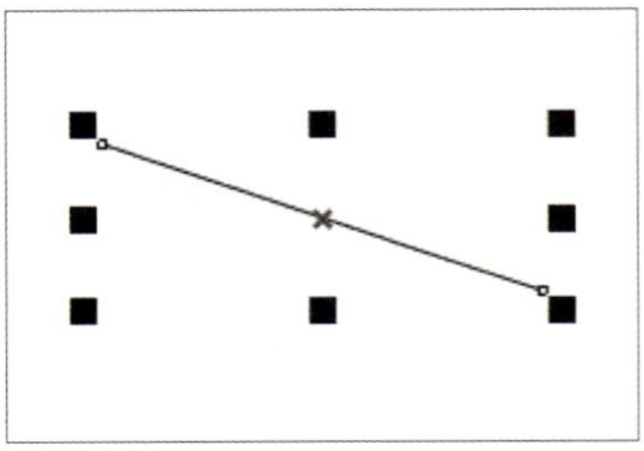

（2）垂直2点线

在工具箱中选择2点线工具后，选择属性栏中的垂直2点线工具，如下左图所示。将光标放置到已有五边形图形上，单击图形边缘并向外拖动，即可绘制一条与现有对象垂直的2点线，效果如下右图所示。

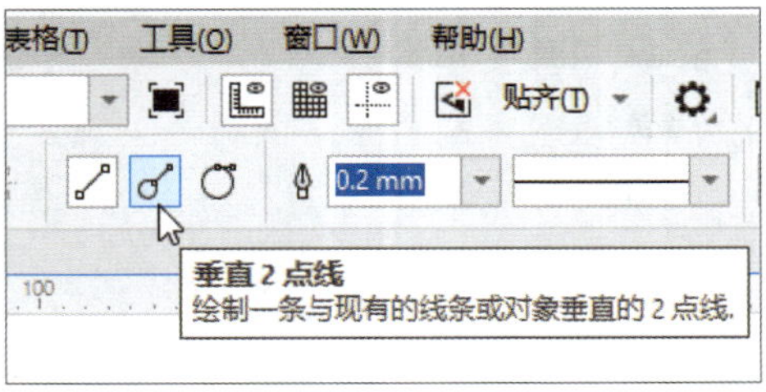

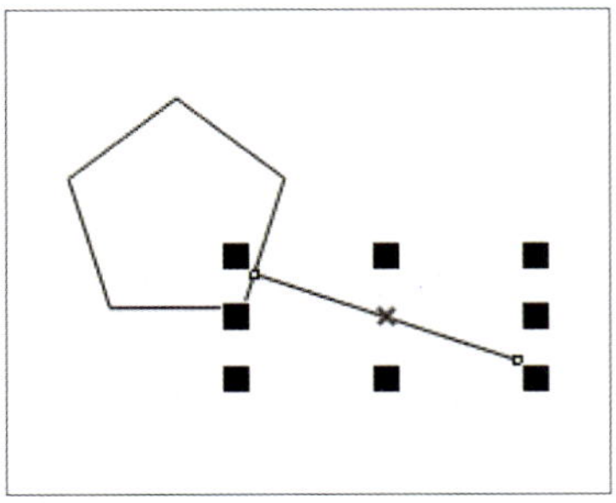

（3）切线2点线

在工具箱中选择2点线工具后，选择属性栏中的相切的2点线工具，如下页左图所示。将光标移动到已有对象边缘，单击图形边缘并向外拖动，即可绘制一条与现有对象相切的2点线，效果如下右图所示。

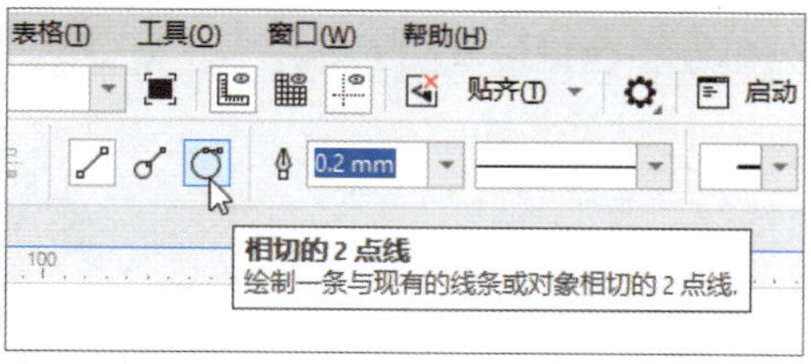

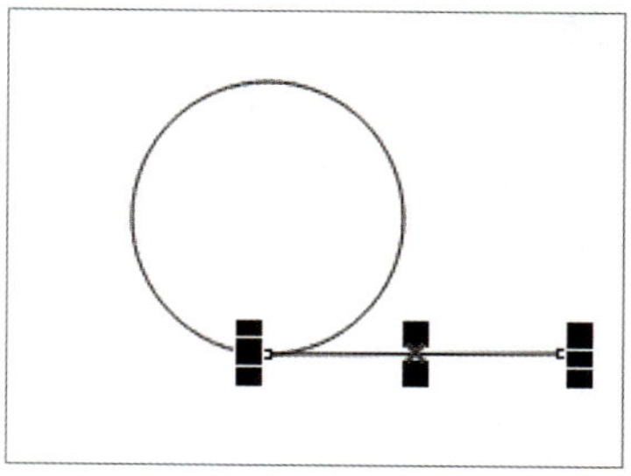

提示：2点线工具的拓展用途

2点线工具除以上三种用途外，还可以用来切割图形。用户可以使用2点线工具绘制直线穿过对象需要分离的部分，然后使用智能填充功能为不同的区域上色。

2.1.3 贝塞尔工具

贝塞尔工具是用于创建复杂曲线和形状的强大工具，它通过控制节点和节点之间的控制点来绘制平滑的曲线。用户可以通过单击和拖动来设置节点，或通过调整控制点来改变曲线的形状和方向。

在工具箱中选择贝塞尔工具后，在工作区单击创建一个节点，移动到另一个位置再次单击添加节点，创建直线段，如下左图所示。若单击创建第一个节点后不松开鼠标，拖动可以形成控制线，然后移动鼠标到下一个节点，将形成曲线，如下右图所示。

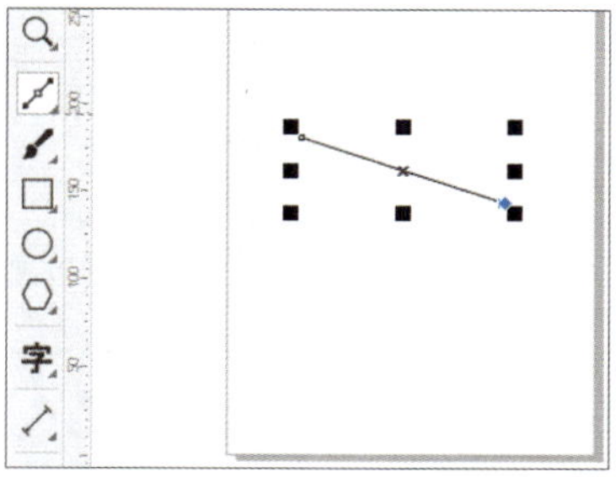

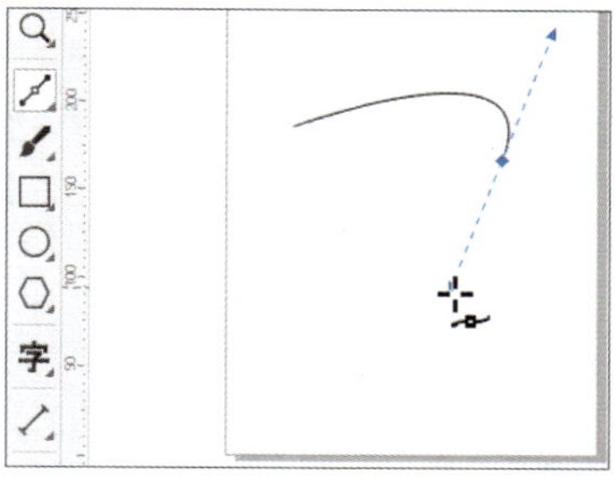

与手绘工具不同，贝塞尔工具只需在画布的起点和终点单击就可以连接线段，手绘工具则需要单击后长按拖动来绘制直线。

实例 绘制荷花图案

下面讲解如何使用贝塞尔工具绘制荷花图案。通过本案例的学习，希望用户能够熟练运用贝塞尔工具。具体操作如下。

步骤 01 打开CorelDRAW 2024软件，执行“文件＞新建”命令，创建一个200mm×200mm大小的页面，单击“OK”按钮，具体参数如右图所示。

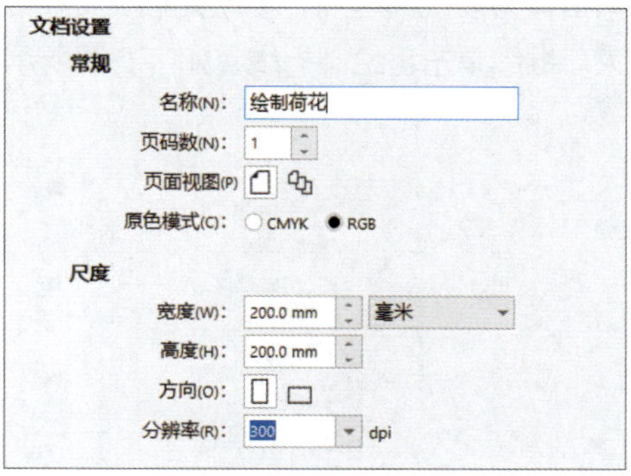

步骤 02 在工具箱中选择贝塞尔工具，在工作区绘制荷花轮廓，效果如下左图所示。

步骤 03 在工具箱中选择形状工具，选择要修改的线条并双击，在不移动节点的情况下，通过拖动句柄来改变曲线的弯曲程度，效果如下中图所示。

步骤 04 在工具箱中选择交互式填充工具为荷花上色，通过单击闭合曲线，再选择颜色，填充图形的效果如下右图所示。

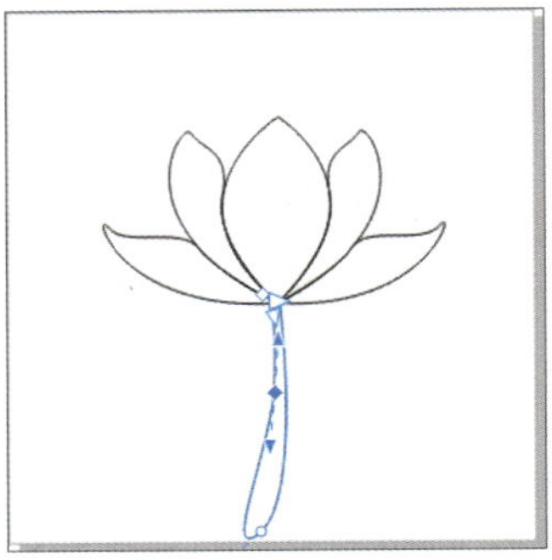

步骤 05 在工具箱中选择艺术笔工具为荷花的茎添加细节，如下左图所示。

步骤 06 至此，荷花图案的绘制就完成了，最终效果如下右图所示。

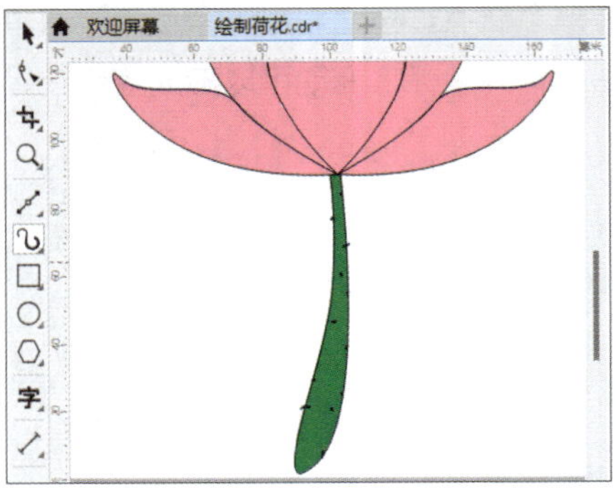

2.1.4 钢笔工具

在CorelDRAW中，钢笔工具是一种多功能的绘图工具，它允许用户通过单击和拖动来创建复杂的路径，通过添加锚点和控制手柄可以控制路径的形状，使用户可以精确地编辑路径的每个部分。接下来，我们将详细介绍钢笔工具的应用。

（1）使用钢笔工具绘制直线和折线

打开CorelDRAW 2024，在工具箱的手绘工具列表中选择钢笔工具后，用户可以在工作区任意位置单击作为直线的起点，移动光标在终点处单击来绘制直线，如下左图所示。此时钢笔工具绘制进程尚未结束，继续单击可绘制折线，如下右图所示。按Esc键或Enter键可结束绘制。

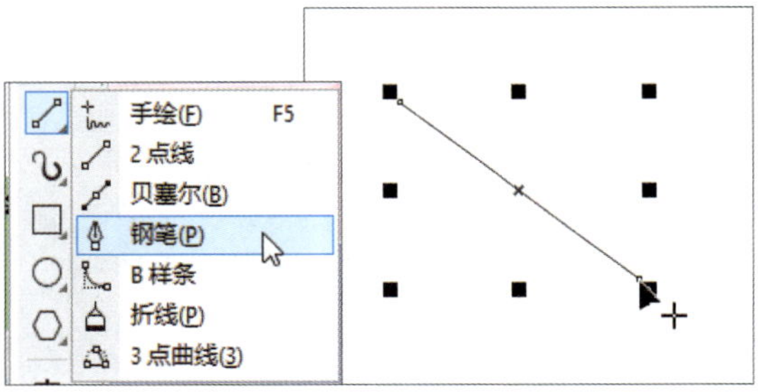

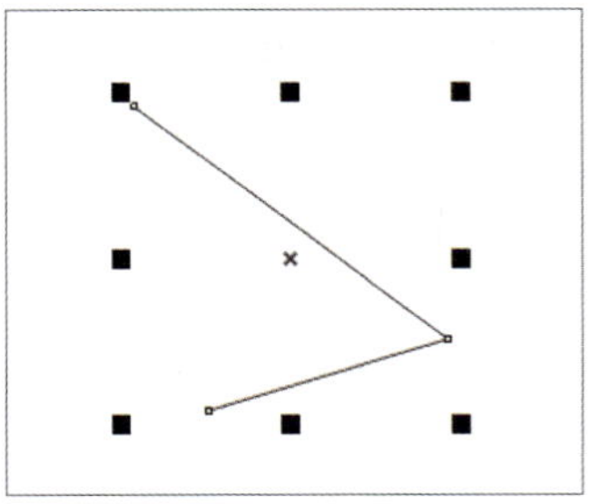

（2）使用钢笔工具绘制曲线

使用钢笔工具在工作区任意位置单击，按住鼠标左键不放并拖动，可以创建一条曲线。松开鼠标会看到控制线以及一条蓝色弧线，如下左图所示。按Enter键结束绘制，效果如下右图所示。

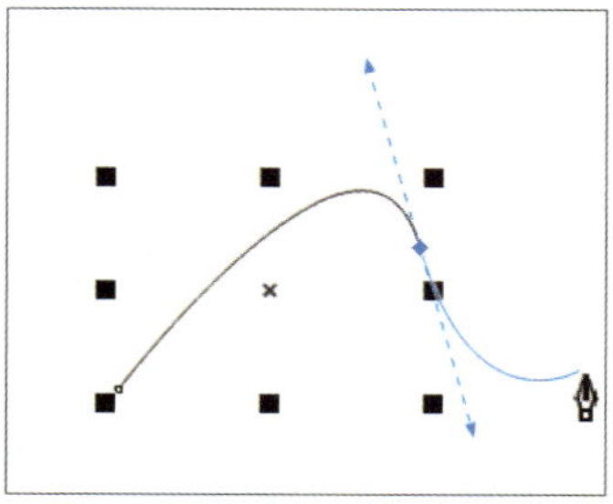

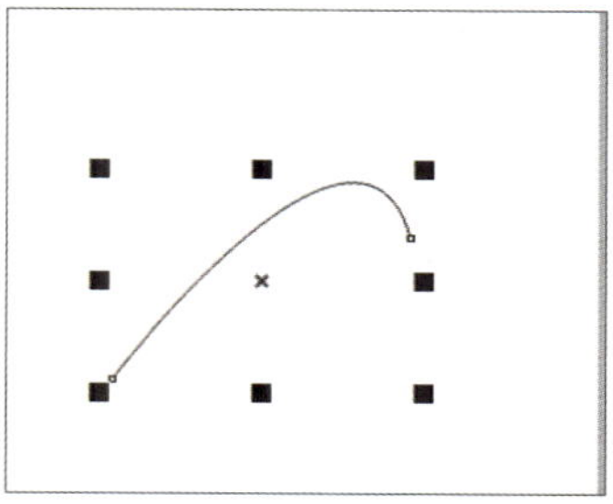

提示：使用钢笔工具编辑节点

若要用钢笔工具调整已有的线条，可以在工具栏中选择形状工具，然后单击要修改的节点并拖动节点或控制柄来调整。若要添加新节点，可以使用钢笔工具在线条上单击并拖动鼠标，调整节点到合适位置后，使用形状工具进行拖拽，修改线条。若要删除节点，可以选择节点后直接按 Delete 键。

实例 绘制西瓜图形

下面讲解如何使用钢笔工具绘制西瓜图形。通过本案例的学习，希望用户能够熟练地运用钢笔工具进行图形绘制。具体步骤如下。

步骤 01 打开CorelDRAW 2024软件，执行“文件 > 新建”命令，创建一个200mm × 200mm大小的页面，单击“OK”按钮，具体参数如下左图所示。

步骤 02 在工具箱的手绘工具类别中选择钢笔工具，运用钢笔工具在工作区绘制西瓜的轮廓，效果如下右图所示。

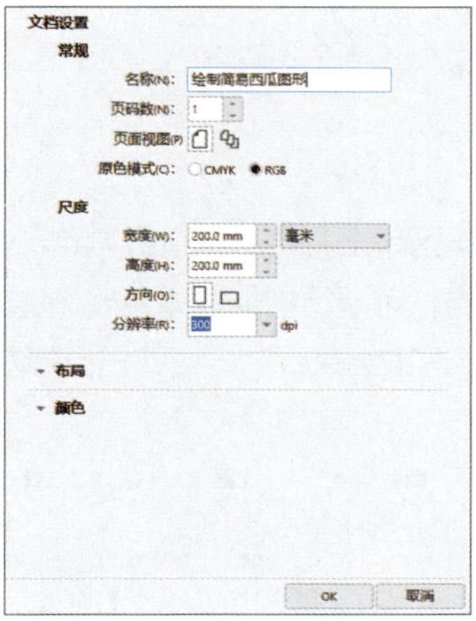

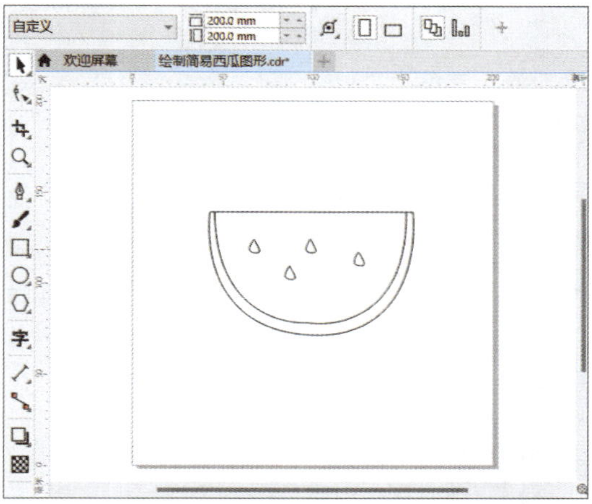

步骤 03 在工具箱中选择形状工具，双击线条增加节点，然后拖动节点，调整线条的位置，如下左图所示。

步骤 04 使用交互式填充工具为西瓜图形填色，效果如下右图所示。

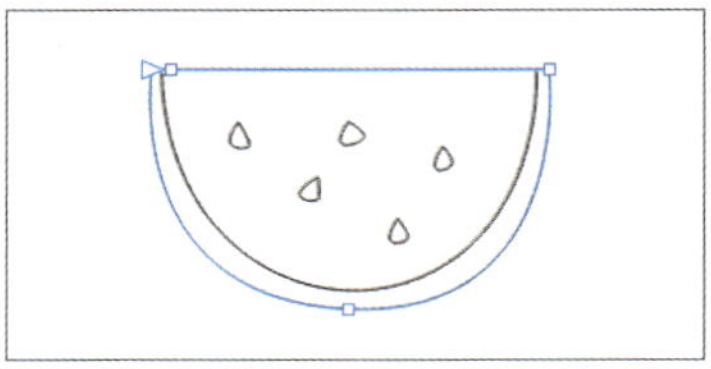

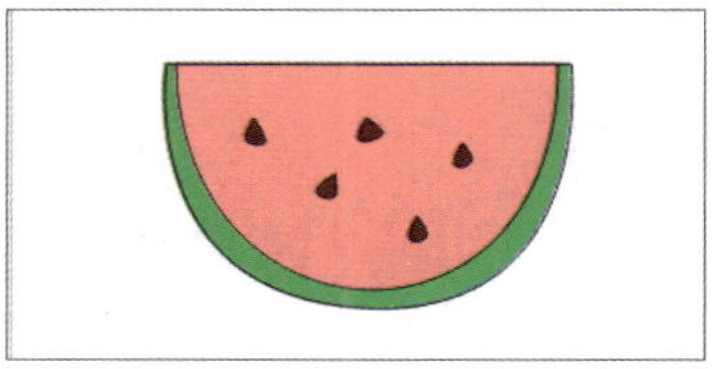

步骤 05 在泊坞窗中单击第一个图层，按住Shift键的同时单击最后一个图层，选中所有图层后，在属性栏将钢笔粗细改为“无”，如下左图所示。

步骤 06 到此，西瓜图形就绘制完成了，最终效果如下右图所示。

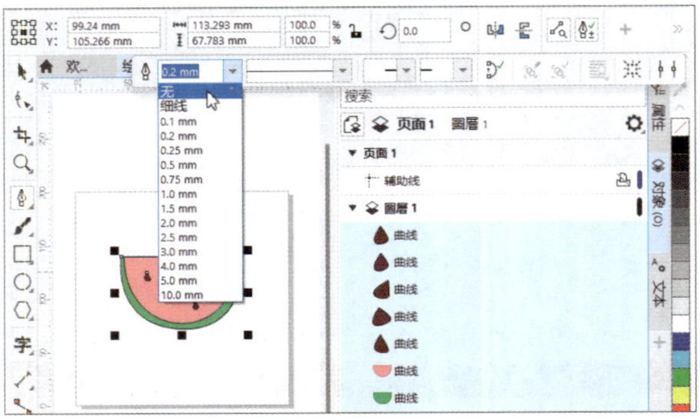

2.1.5 B样条工具

B样条工具是用于创建平滑曲线的工具，它通过设置控制点来控制曲线的形状。

选择工具箱手绘工具类别中的B样条工具后，单击工作区的任意位置开始绘制曲线，移动光标在需要变向的位置再次单击，如下左图所示。再拖动鼠标，会出现蓝色的控制线，表示控制点的位置和曲线的大致走向，如下中图所示。继续单击直至起点和终点闭合，形成闭合曲线，如下右图所示。

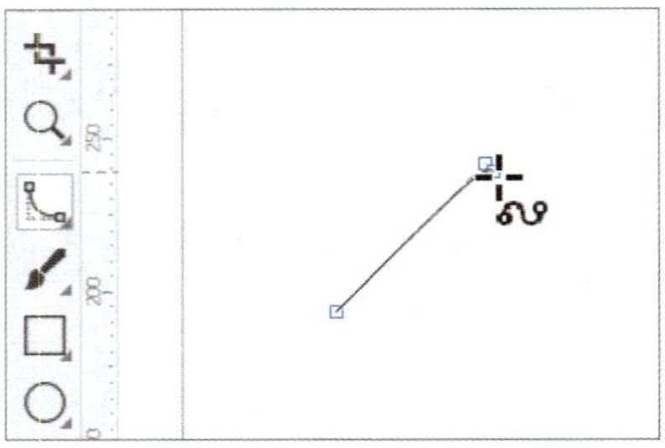

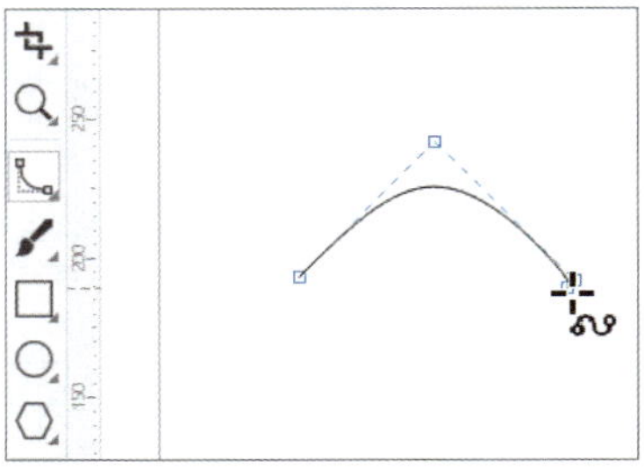

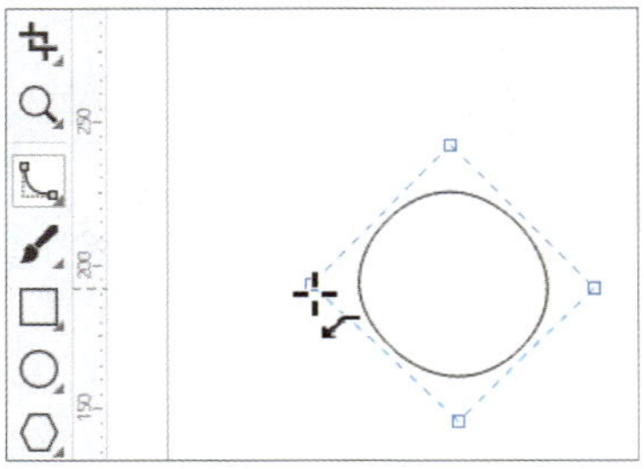

2.1.6 折线工具

在工具栏中找到手绘工具类别，然后选择折线工具，在工作区单击开始绘制直线，移动光标会出现一条直线，如下左图所示。接着继续移动光标在下一个节点处单击，可以绘制折线或更复杂的图形，如下右图所示。起点和终点连接将形成闭合图形，若在图形不闭合的情况下结束绘制，则双击鼠标左键即可。

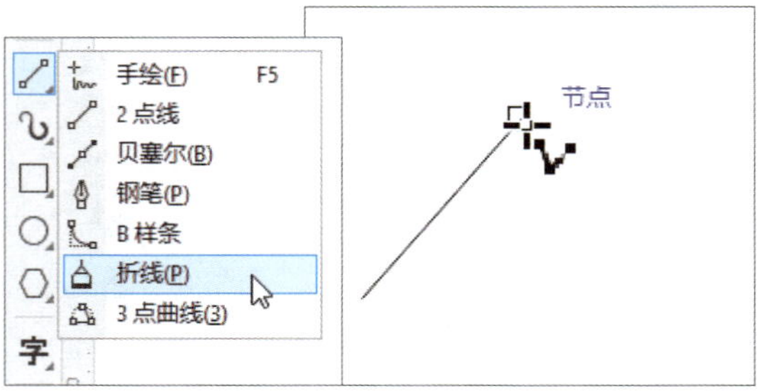

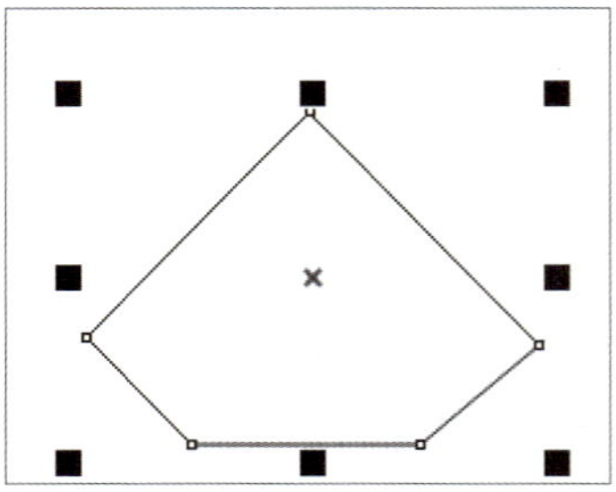

2.1.7 3点曲线工具

3点曲线工具允许用户通过指定三个点来创建一条简单的曲线，这个工具特别适合快速绘制弧形或其他曲线形状，而且不需要手动调整多个节点。

选择3点曲线工具后，在工作区单击确定第一个点，然后按住鼠标左键滑动到第二个点，如下左图所示。释放鼠标后，移动光标到第三个点并单击，即可完成曲线的绘制，如下右图所示。

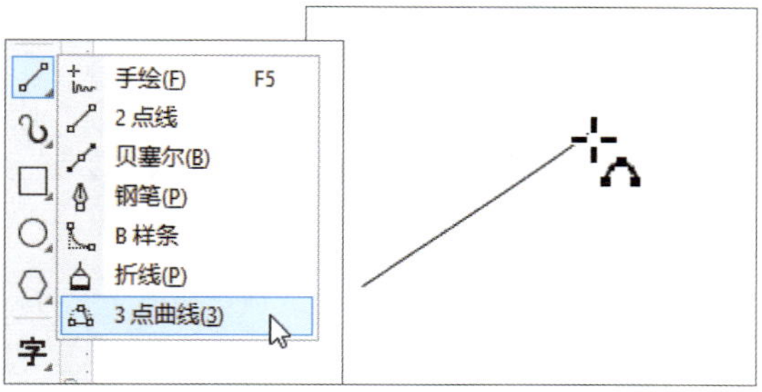

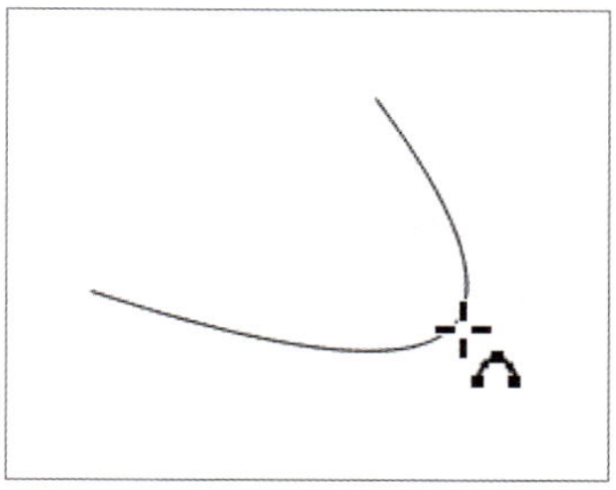

2.2 艺术笔工具

艺术笔工具在CorelDRAW中是一个非常有用的功能，它可以模拟手绘笔触。艺术笔工具的属性栏包括预设、笔刷、喷涂、书法和压力等效果，本节将对艺术笔工具的应用进行介绍。

2.2.1 预设工具

艺术笔工具的预设工具提供了多种线条类型，允许用户直接应用一系列预先设计的笔触样式来绘制图形。下图为艺术笔预设工具的属性栏。

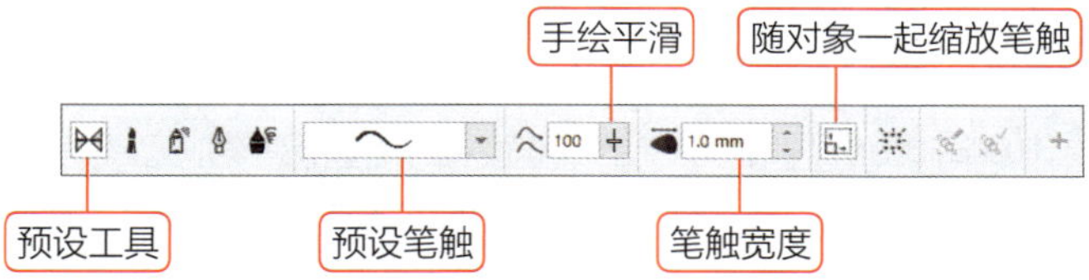

在艺术笔工具的属性栏中单击“预设”按钮，选择想要的预设笔触样式，然后在工作区绘制，会显示不同的笔触效果，如下左图所示。调整属性栏中的手绘平滑度和笔触宽度，产生的效果如下右图所示。

随对象一起缩放笔触应用时，缩放笔触，线条的宽度会随着缩放变化而变化。

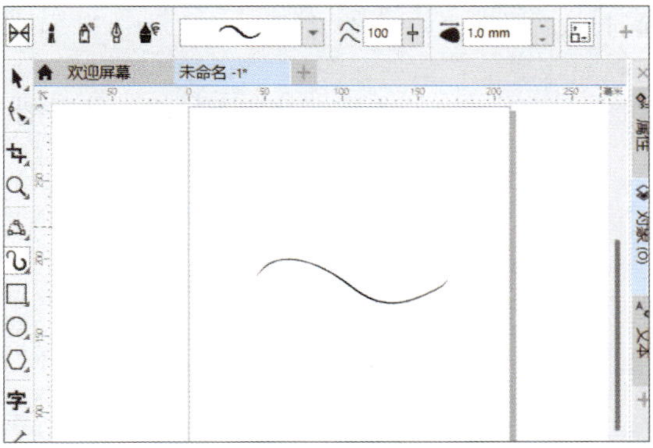

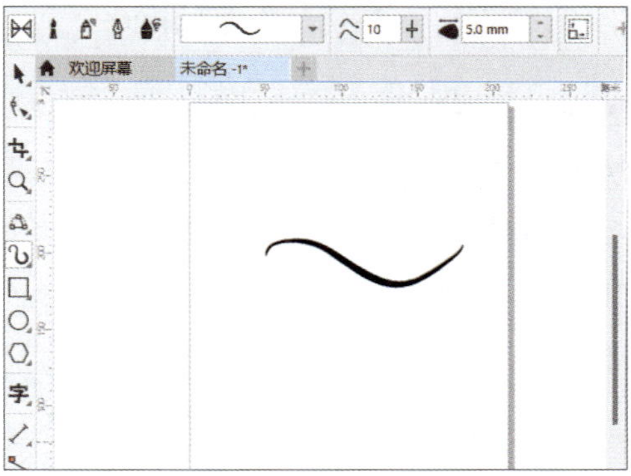

2.2.2 笔刷工具

在CorelDRAW 2024中，艺术笔工具提供了多种笔刷效果，这些笔刷可以模拟不同的绘画技法。用户可以通过艺术笔工具的笔刷工具属性栏来选择类别，然后调整笔刷的样式、宽度、平滑度等属性，从而达到理想的艺术效果。下页图为艺术笔工具中笔刷工具的属性栏。

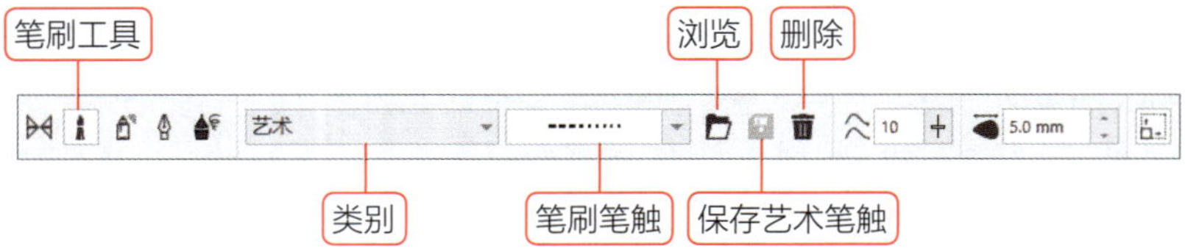

单击笔刷工具“类别”下三角按钮，能看到所有类别选项，如下左图所示。选择艺术笔刷笔触，然后在工作区绘制图形，效果如下右图所示。

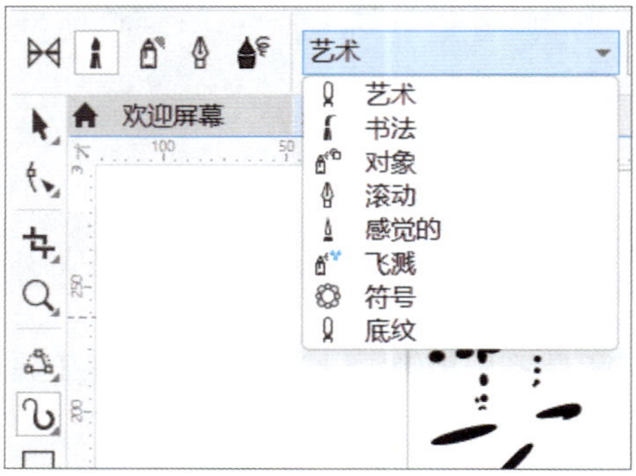

当笔刷笔触满足不了需求时，用户可以使用浏览功能，将外部笔刷笔触导进CorelDRAW里；也可以绘制图形，然后使用保存艺术笔触功能绘制笔刷笔触。当不需要某个笔刷笔触时，使用删除功能进行删除即可。

2.2.3 喷涂工具

在CorelDRAW中，用户可以通过选择不同的喷绘图案来模拟各种喷涂效果，这些效果可以增加设计的视觉冲击力和艺术感。下图为艺术笔工具中喷绘工具的属性栏。

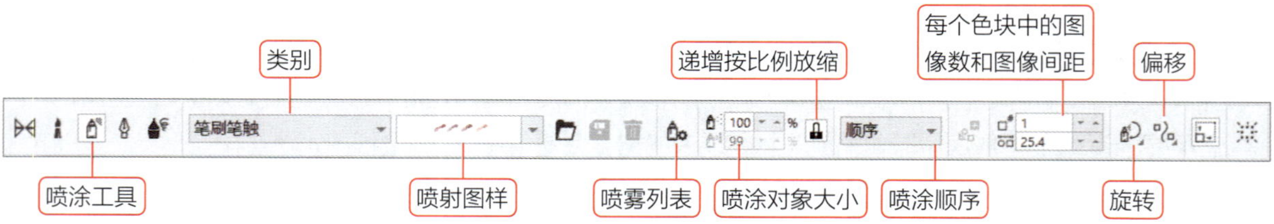

- **类别：** 喷涂工具的类别包括“笔刷笔触”“食物”“脚印”“其他”和“马赛克”等十种类别，如下左图所示。
- **喷射图样：** 使用不同的类别，对应的喷涂图案也不一样，下右图为使用“植物”对应喷涂图案绘制的文字。

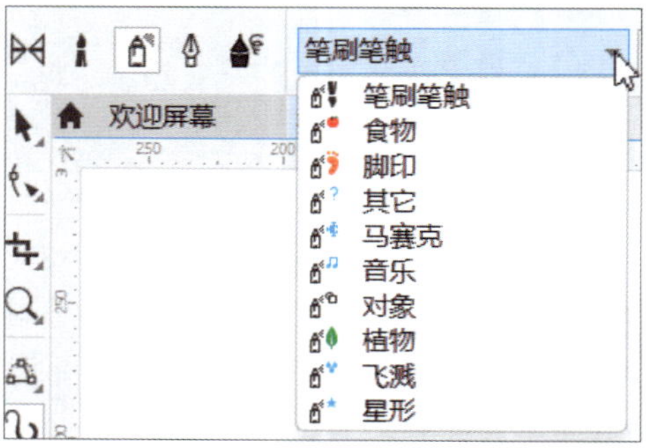

- **喷雾列表**：单击该按钮，将弹出“创建播放列表”对话框，用户可以通过添加、移除或重新排列喷射对象来编辑喷雾列表，如下左图所示。
- **喷涂对象大小**：上边的数值框调整到特定百分比，可以调整喷涂对象整体的大小。用户还可以设置喷涂列表中起始对象和结束对象的大小，从而使喷涂的对象按比例产生递增或递减的缩放效果。
- **递增按比例放缩**：单击该按钮可以解锁喷涂对象大小下方的数值框，在数值框中输入相应的百分比数值，可以将喷射对象大小调整为前一个对象大小的特定百分比，如下右图所示。

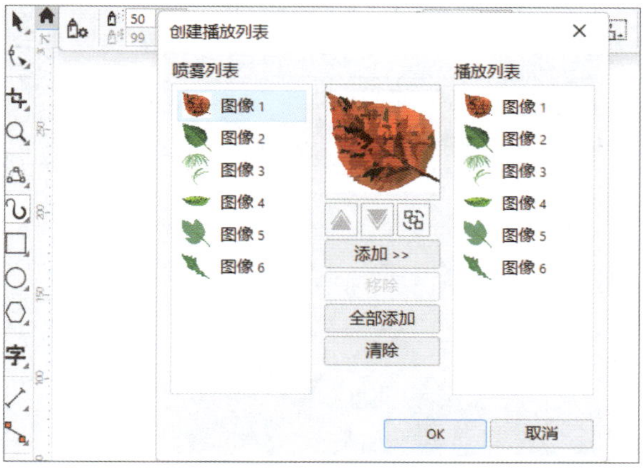

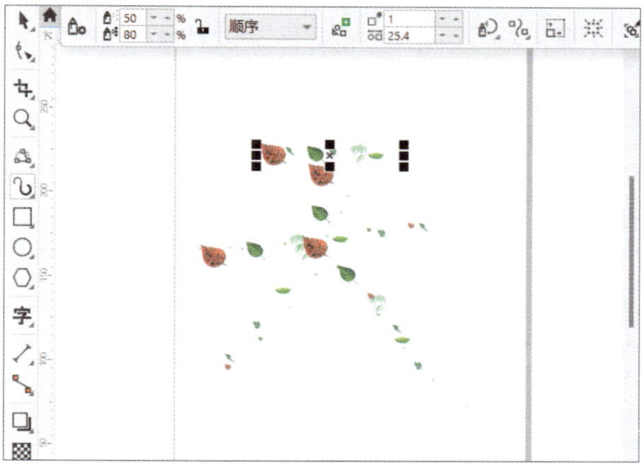

- **喷涂顺序**：包括“随机”“顺序”和“按方向”3种，使用“植物”类别进行演示，效果展示如下3图所示。

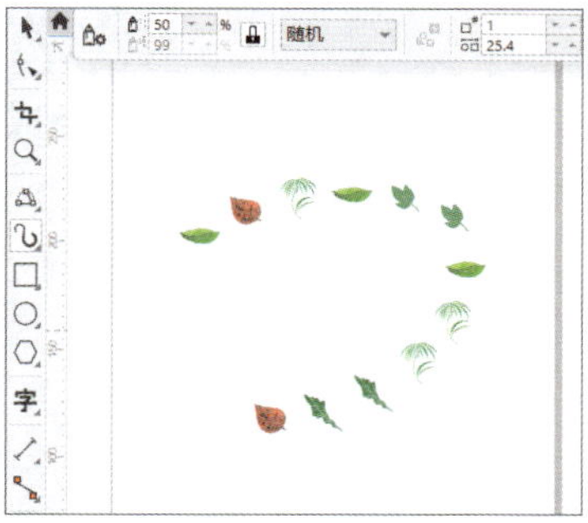

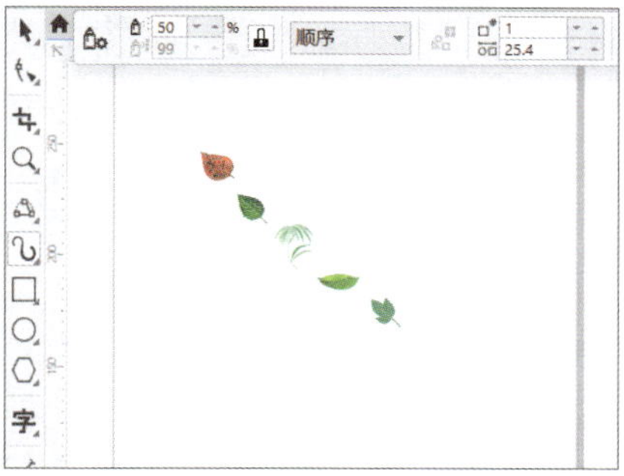

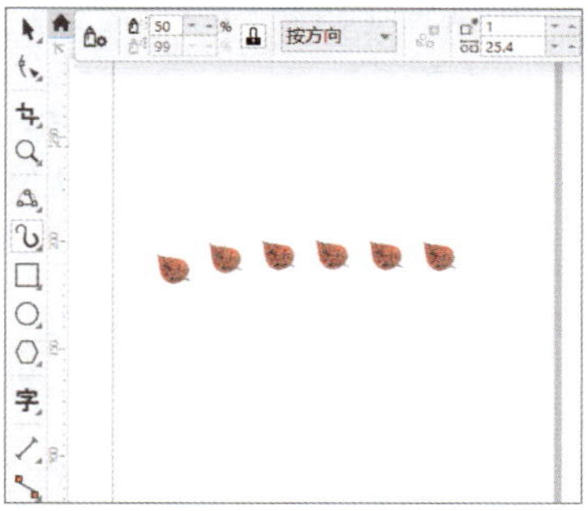

- **每个色块中的图像数和图像间距**：在位于上方的数值框中输入数值，可以设置每个色块中的图像数；在位于下方的数值框中输入数值，可以调整每个笔触长度中色块之间的距离。
- **旋转**：单击该按钮，在“旋转”选项面板中设置喷涂对象的旋转角度，如下左图所示。
- **偏移**：单击该按钮，在“偏移”选项面板中设置喷涂对象的偏移方向和距离，如下右图所示。

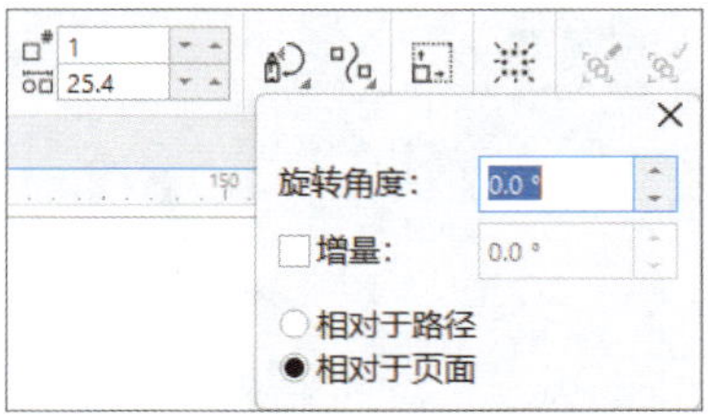

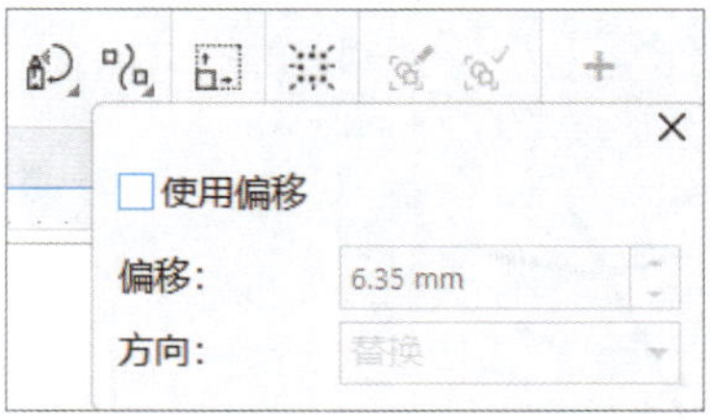

2.2.4 书法工具

艺术笔工具中的书法工具可以绘制类似书法笔触的曲线，用户可以手动调整曲线的平滑度、笔触宽度和角度。艺术笔工具中喷绘工具的属性栏如下页图所示。

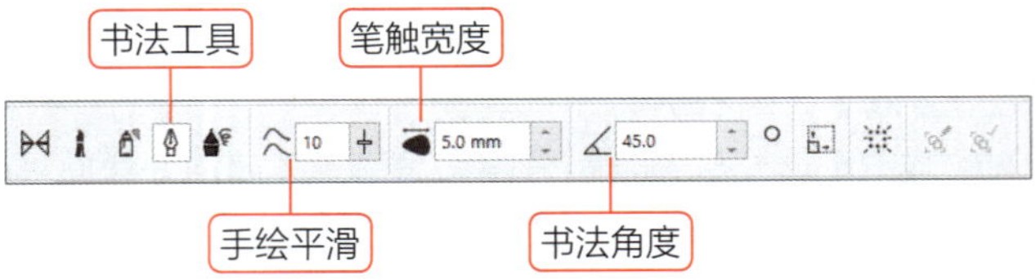

在默认属性下，“手绘平滑”值为10、“笔触宽度”值为5.0mm、“书法角度”值为45.0，使用书法工具在工作区绘图，效果如下左图所示。将“手绘平滑”值调为50、“笔触宽度”值调为10.0mm、“书法角度”值调为0，绘图效果如下右图所示。

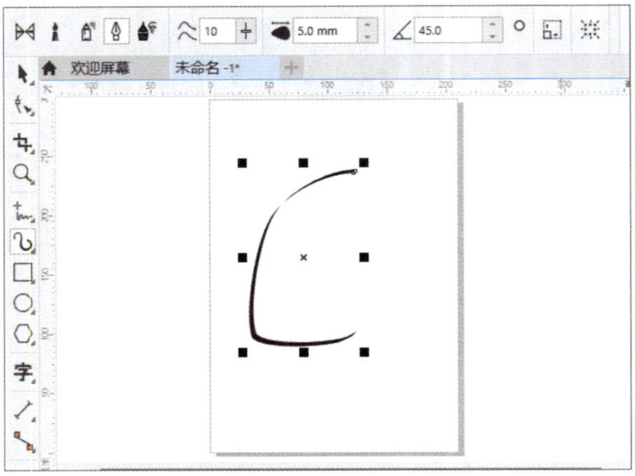

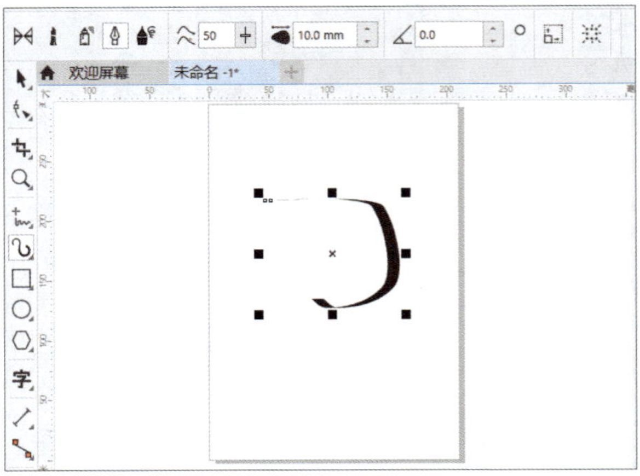

2.2.5 压力工具

艺术笔工具的压力设置允许用户根据使用的压感笔或数位板的压力变化来调整笔触的粗细，从而模拟自然画笔的效果。下图为艺术笔工具中压力工具的属性栏。

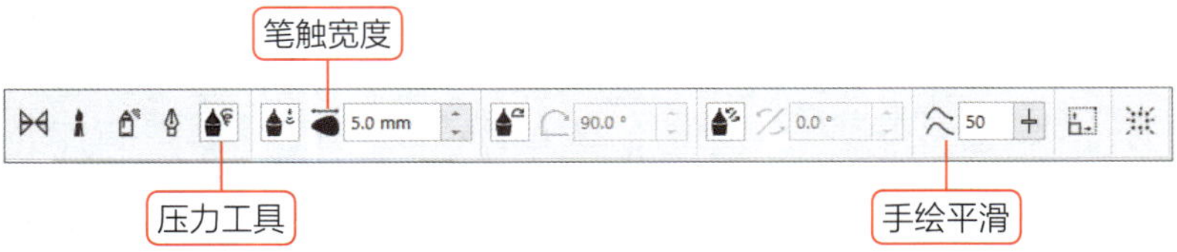

在默认属性下，“笔触宽度”值为5.0mm、“手绘平滑”值为50，使用压力工具在工作区绘图，效果如下左图所示。将“笔触宽度”值调为10.0mm、“手绘平滑”值调为100，使用压力工具绘图，绘图效果如下右图所示。

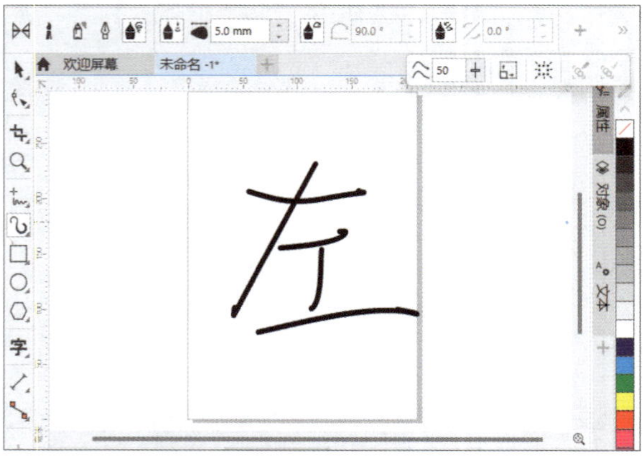

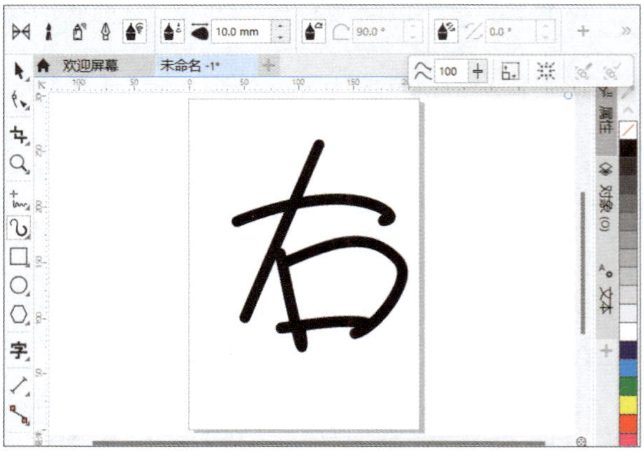

2.3 几何图形绘制工具

在CorelDRAW中，几何图形绘制工具是图形设计中不可或缺的基础功能，这些工具简化了设计过程，使创建各种基本形状变得快捷而直观。CorelDRAW 2024的几何图形绘制工具包括矩形工具、椭圆形工具、多边形工具、星形工具、螺纹工具等，具体工具类别如下3图所示。接下来，让我们详细了解各工具的应用。

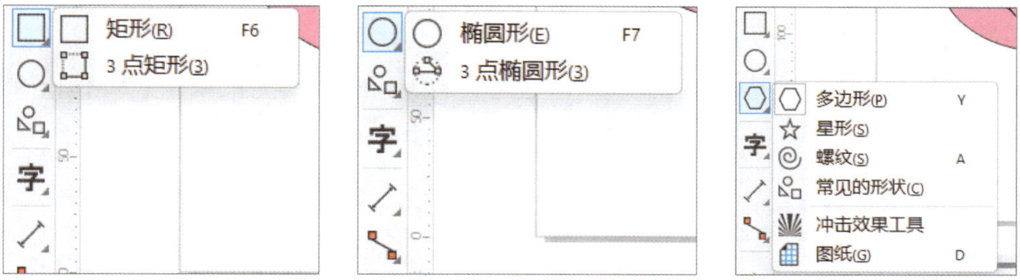

2.3.1 矩形工具组

在CorelDRAW软件中，矩形工作组包含“矩形”和“3点矩形”两种工具，用户可以使用这两种矩形工具绘制矩形。

（1）矩形工具

矩形工具通过沿对角线拖拽来绘制矩形。选择工具箱中的矩形工具，按住鼠标左键在工作区沿着对角方向进行拖拽，绘制矩形，如下左图所示。按住Ctrl键的同时沿着对角线进行拖拽，可以绘制正方形，效果如下右图所示。

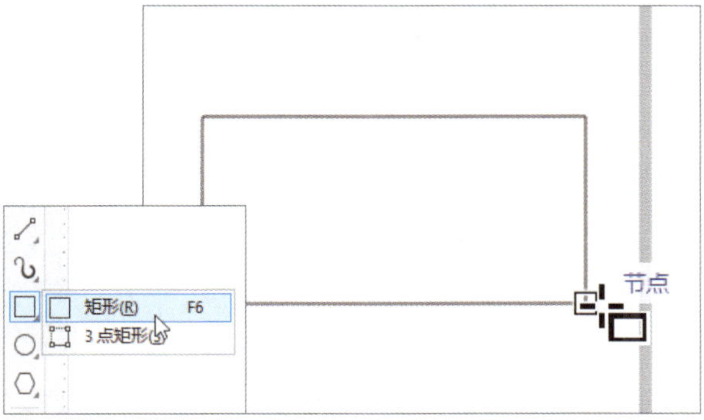

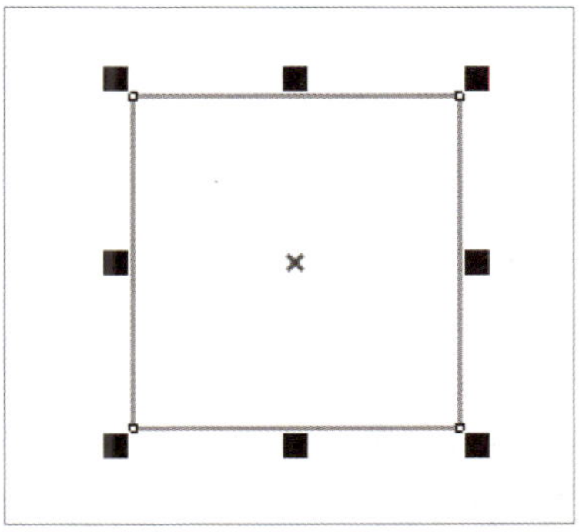

提示：特殊形状的快速绘制

使用矩形工具在工作区绘图时按住Ctrl键，单击起点可以绘制正方形；按住Shift键，可以以起始点为中心绘制矩形；同时按住Shift + Ctrl键，可以以起始点为中心绘制正方形。

下面介绍矩形工具属性栏及各项属性的含义，矩形工具的属性栏如下图所示。

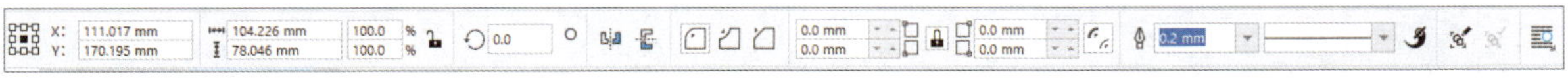

- **对象的位置：** 设置矩形对象在工作区X轴与Y轴的位置。
- **对象的大小：** 设置矩形对象的宽度和高度。
- **缩放因子：** 如果矩形工具属性栏中的缩放按钮呈锁上状态，矩形将按照当前的宽高比例进行缩放；

如果缩放按钮呈打开状态，可以单独调整矩形的宽度或高度。缩放因子的默认数值为100%，如果缩放因子小于100%，矩形会缩小；如果缩放因子大于100%，矩形会放大。

- **旋转角度：**在数值框中输入相应的数值，可以调整对象的旋转角度。
- **镜像：**在属性栏中单击该按钮，可以选择水平或垂直镜像。
- **圆角：**单击该按钮，输入想要的圆角半径值，可以将直角转化为圆角，如下左图所示。选择同时编辑所有角，需要激活“同时编辑所有角”按钮；用户也可以取消激活该按钮，独立设置每个角。
- **扇形角：**单击该按钮，输入想要的扇形角半径值，绘制矩形时，矩形的角将变为内凹的扇形角，如下中图所示。
- **倒棱角：**单击该按钮，输入想要的倒棱角半径值，绘制矩形时，矩形的角将变为直角倒角，如下右图所示。

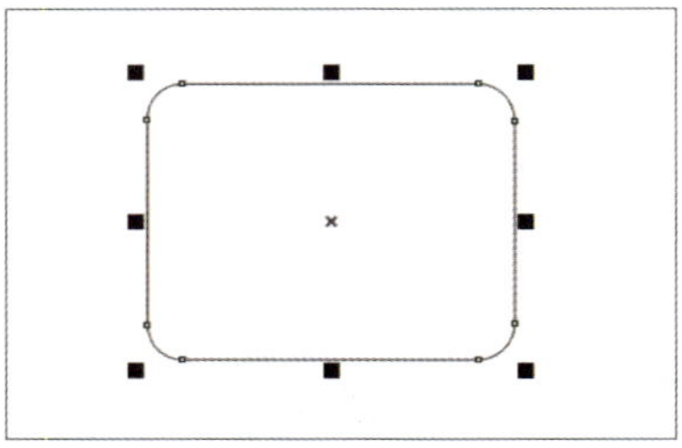
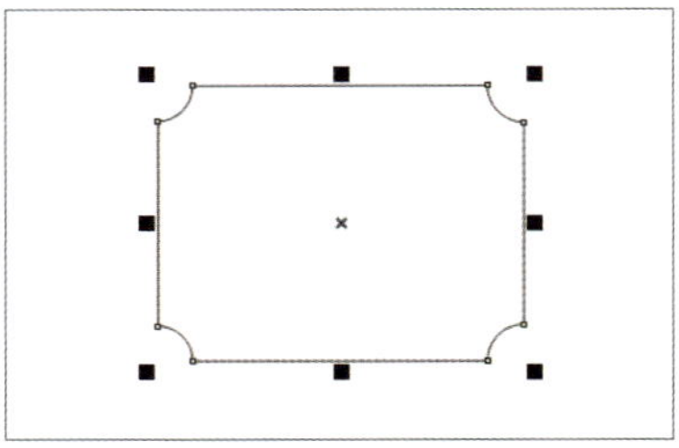
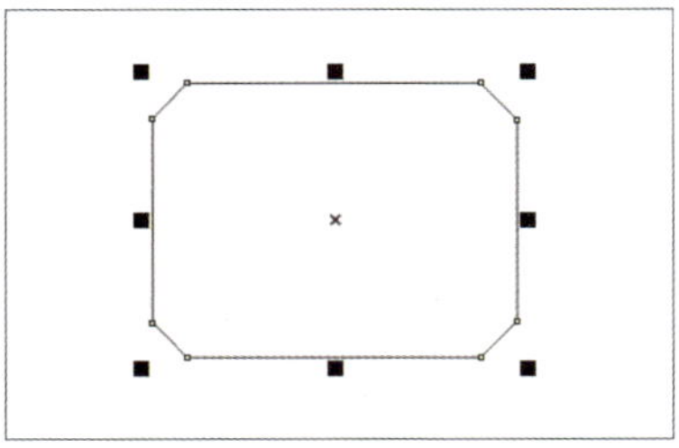

- **同时编辑所有角：**当该属性处于激活状态时，对其中一个角进行数值设置，其余角也会同时改变。当该属性未激活时，可单独对每个角的属性进行设置，如下左图所示。
- **相对角缩放：**单击该按钮，缩放图形时，转角半径也会改变。
- **转换为曲线：**单击该按钮，矩形的直线边缘将转换为可编辑的曲线，如下右图所示。

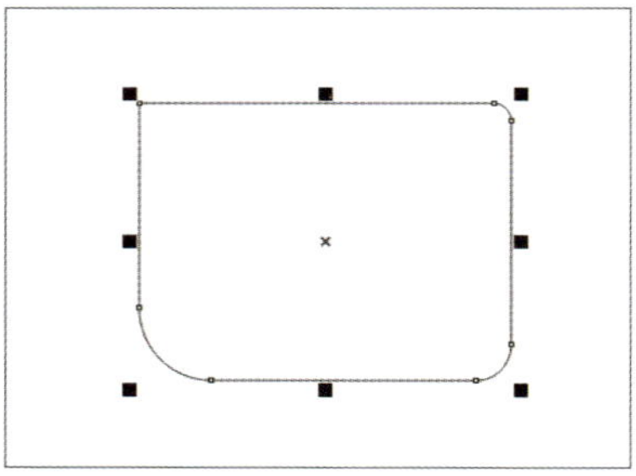
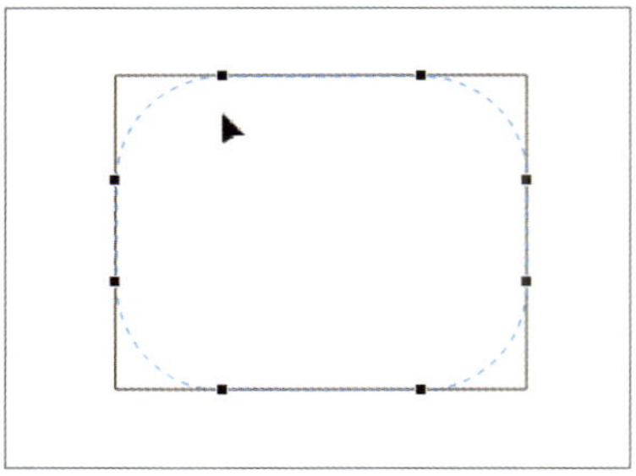

（2）3点矩形工具

选择3点矩形工具，在工作区单击，通过按住鼠标左键并拖动，可以定义矩形的第一条边，如下左图所示。松开鼠标左键后，通过移动光标可以定义第二条边。在定义第二条边时，矩形的基线长度和方向会固定，如下右图所示。

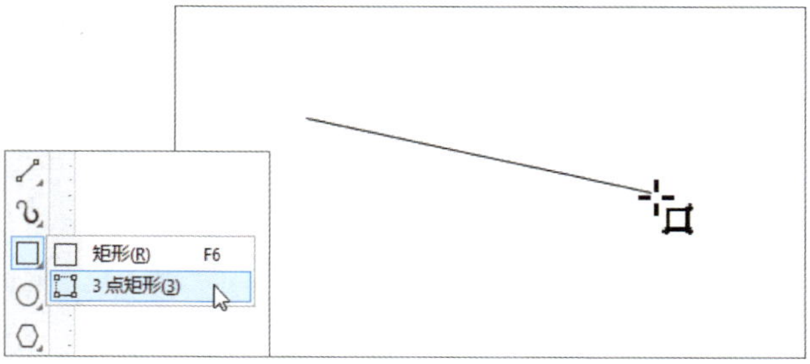

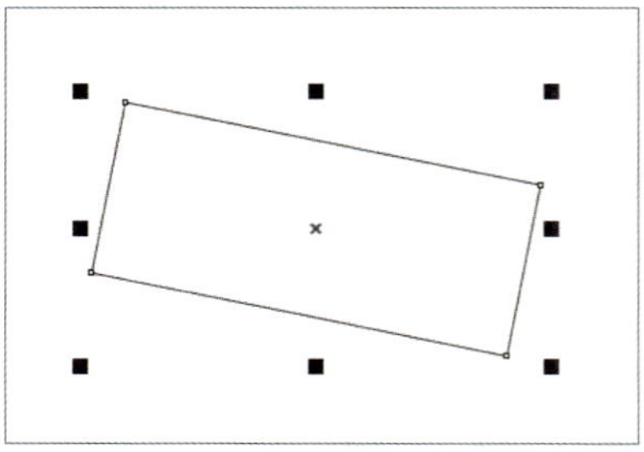

在绘制矩形的过程中，按住Ctrl键可以限制基线的角度变化，通常以15°为增量。

2.3.2 椭圆形工具组

在CorelDRAW软件中，椭圆形工作组包含“椭圆形”和“3点椭圆形”两种工具，用户可以使用这两种椭圆形工具绘制各种圆。接下来，我们将详细了解这两种工具的应用。

（1）椭圆形工具

椭圆形工具也是通过沿对角线拖拽来绘制图形。选择工具箱中的椭圆形工具后，按住鼠标左键在工作区沿着对角方向进行拖拽，即可绘制出椭圆形，如下左图所示。按住Ctrl键的同时沿着对角线进行拖拽，即可绘制出正圆形，效果如下右图所示。

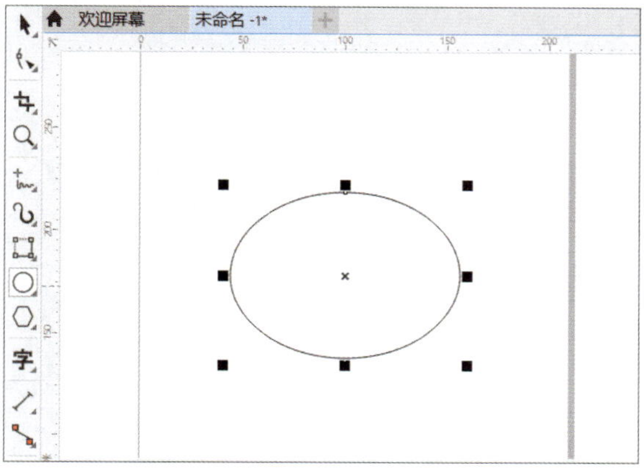

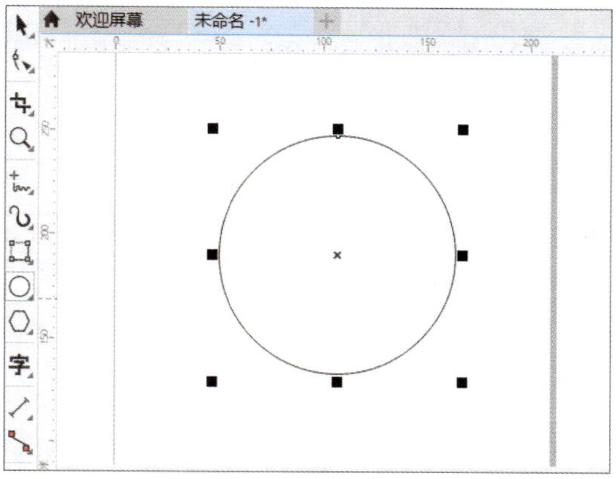

下面介绍椭圆形工具属性栏及各项属性的含义，椭圆形工具的属性栏如下图所示。

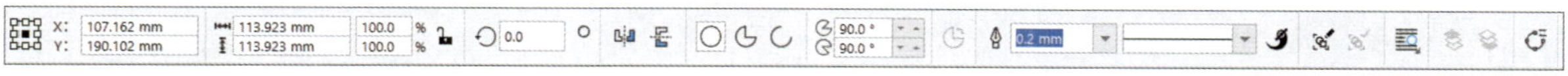

- **椭圆形**：单击该按钮，将光标移动到工作区，拖动鼠标即可绘制椭圆形。
- **饼图**：选择饼图工具，在工作区单击绘制饼图，也可将已有的椭圆形变为饼图，如下左图所示。
- **弧形**：单击弧形按钮，可以在工作区绘制弧形，也可将已有的椭圆形变为弧形，如下右图所示。

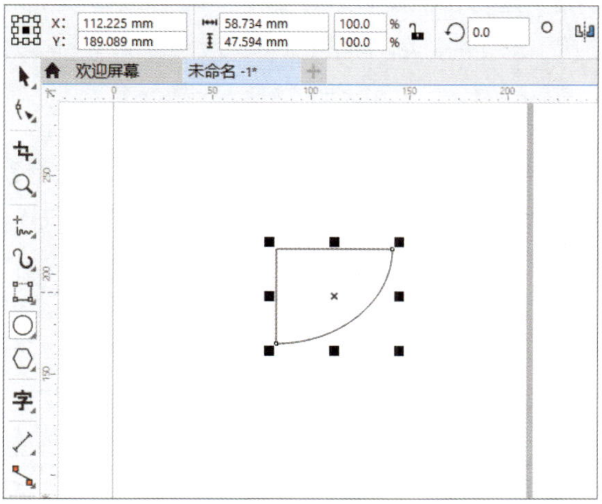

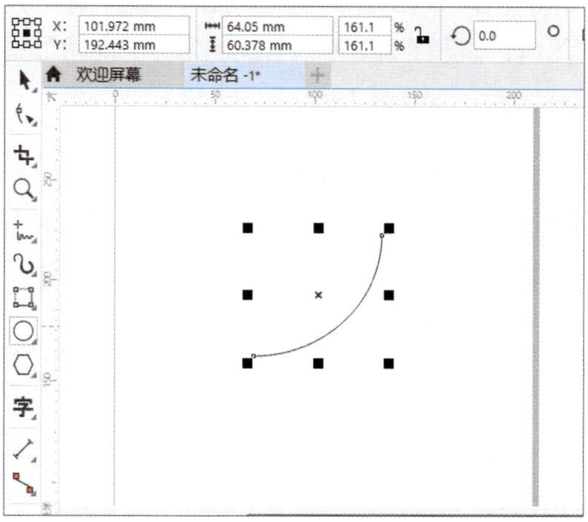

- **起始和结束角度**：用户可以在属性栏中输入不同的“起始角度”和“结束角度”绘制图形。输入角度后，椭圆形会根据设置的角度调整为饼图或弧形，效果如下页左图所示。
- **更改方向**：该按钮显示为双向箭头，一个箭头指向左上方，另一个箭头指向右下方，表示可以交换图形两个部分的方向。单击“更改方向”按钮，所选的饼图或弧形将会反转其方向。选中下页左图

图形并使用该功能，产生的效果如下右图所示。

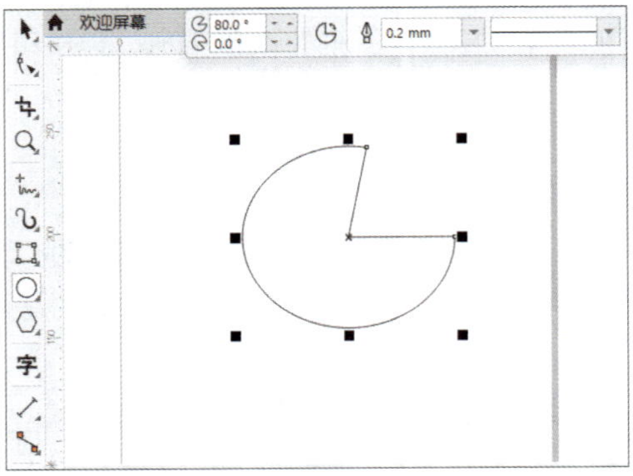

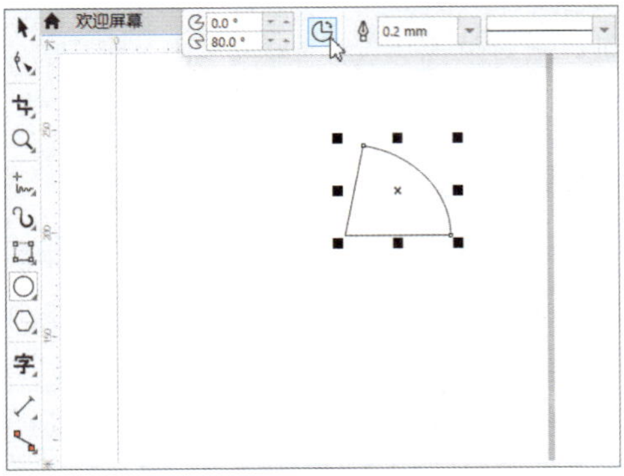

（2）3点椭圆形工具

在工具箱中选择3点矩形工具后，在工作区单击并拖动鼠标来确定第一个点，拖动鼠标到第二个点，可形成一条直线，如下左图所示。松开鼠标后继续移动光标，可确定椭圆形大小，如下右图所示。

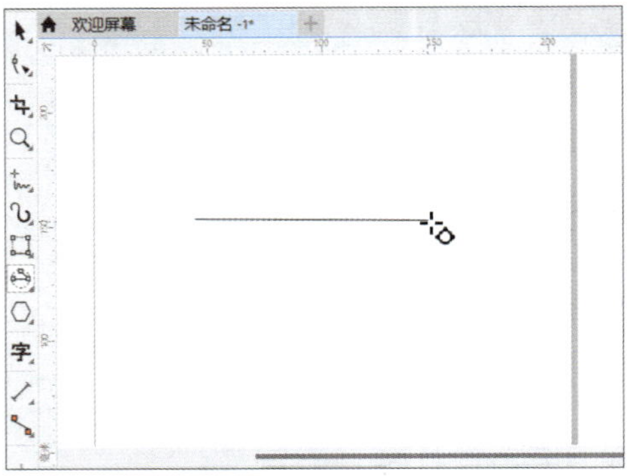

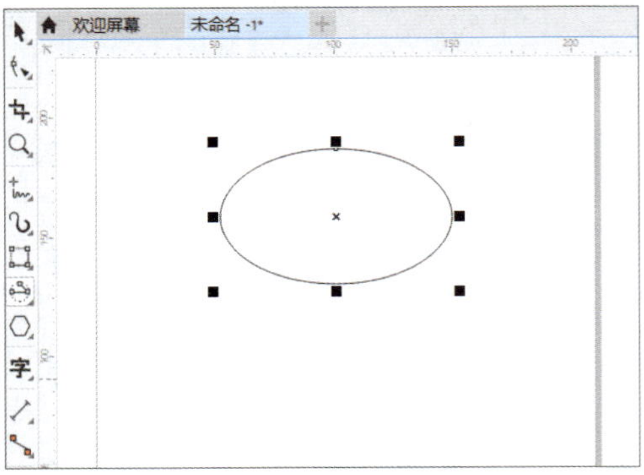

2.3.3 多边形工具组

在CorelDRAW中，多边形工具组是一系列用于创建多边形和相关图形的工具。多边形工具组包括多边形工具、星形工具、螺纹工具和常见的形状工具等。接下来，将详细介绍各工具的应用。

（1）多边形工具

多边形工具是用来创建多边形图形的工具，使用该工具可以快速绘制正方形、长方形、五边形等多种规则多边形。选择多边形工具，在工作区单击并拖动，创建的图形如下左图所示。通过修改属性栏中“点数或边数”数值，绘制多种规则多边形，效果如下右图所示。

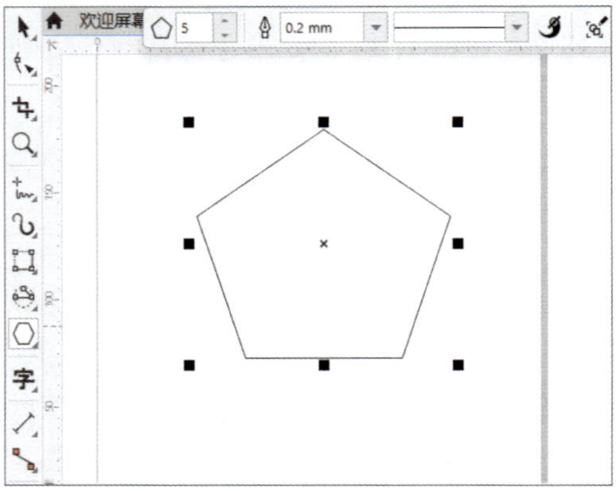

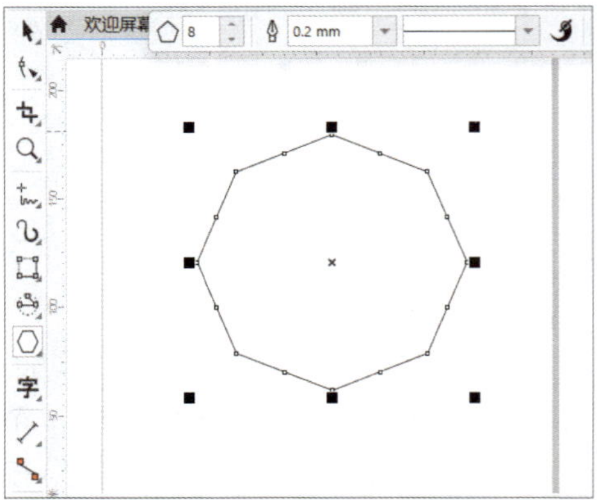

多边形工具的特殊形状的快速绘制方法同矩形工具。使用多边形工具在工作区绘制时按住Ctrl键，单击起点可以绘制正多边形；按住Shift键，可以以起始点为中心绘制多边形；同时按住Shift＋Ctrl键，可以以起始点为中心绘制正多边形。

下面介绍多边形工具属性栏及各项属性的含义，多边形工具的属性栏如下图所示。

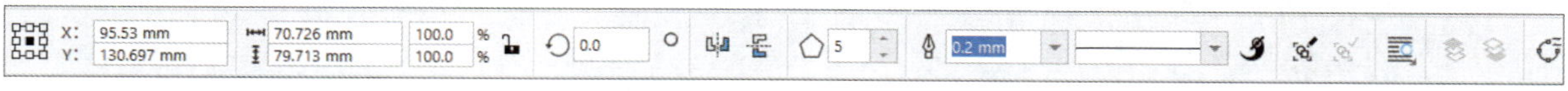

- **旋转角度：** 在数值框中输入数值，能够旋转多边形。
- **点数或边数：** 用于修改多边形的边数，创建规则多边形。

（2）星形工具

星形工具是用于创建星形图形的工具，用户通过自定义星形的边数和锐度，可以创建出不同风格的星形。选择工具箱中的星形工具后，在工作区单击并沿着对角方向拖动，可以绘制想要的星形图形，如下左图所示。修改属性栏中“点数或边数”的值为8，绘制的多边星形效果如下右图所示。

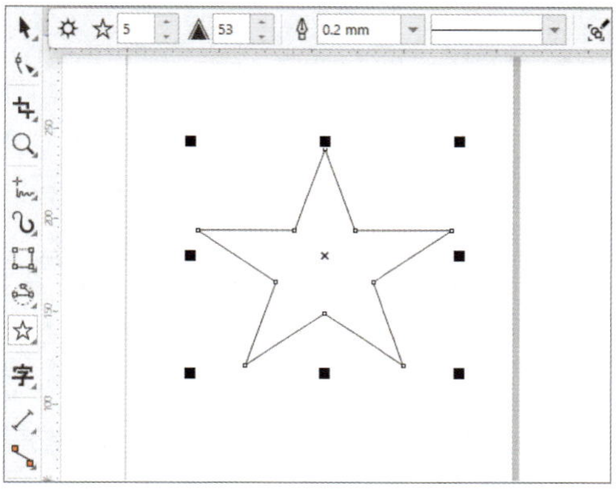

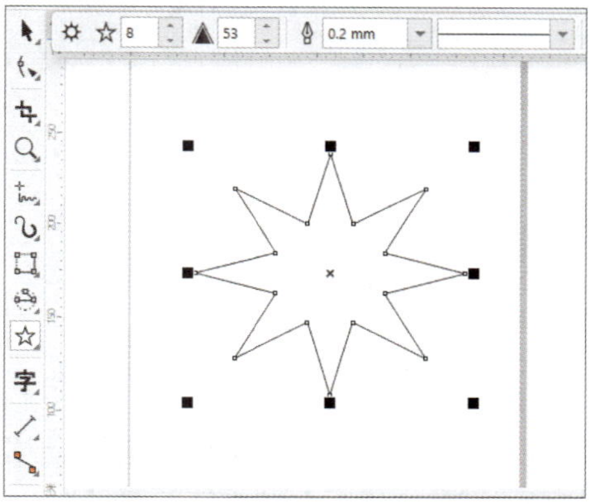

星形工具的特殊形状的快速绘制方法同矩形工具，下面介绍星形工具属性栏及各项属性的含义。星形工具的属性栏如下图所示。

- **复杂星形：** 在属性栏中单击该按钮，将光标移动到工作区，按住鼠标左键沿对角线拖拽，即可绘制复杂星形，如下左图所示。按住Ctrl键的同时沿着对角线进行拖拽，即可绘制出正复杂星形，效果如下右图所示。

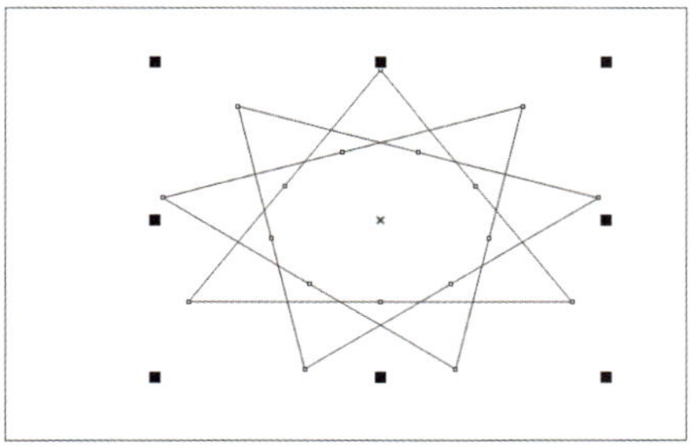

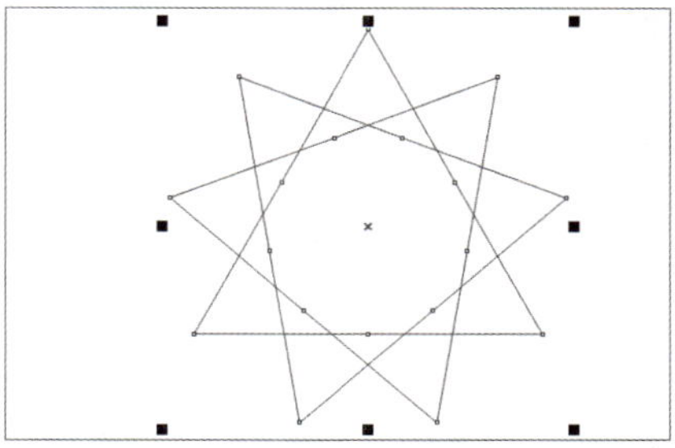

- **星形锐度：** 在属性栏中输入所需的锐度值，这个值通常介于1到99之间，数值越小，角越钝；数值越大，角越锐。修改锐度值为10，效果如下页左图所示。修改锐度值为99，效果如下页右图所示。

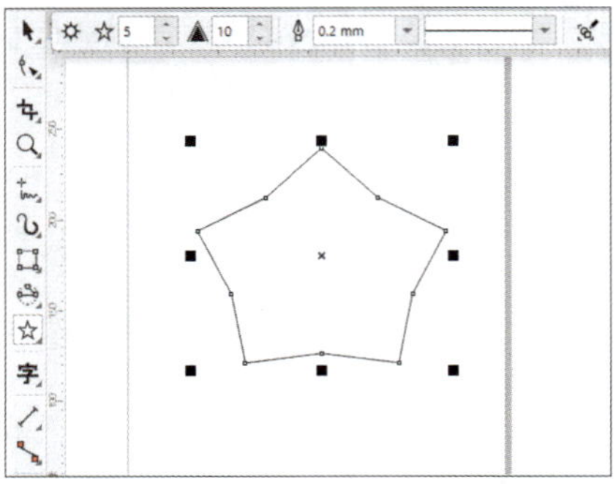

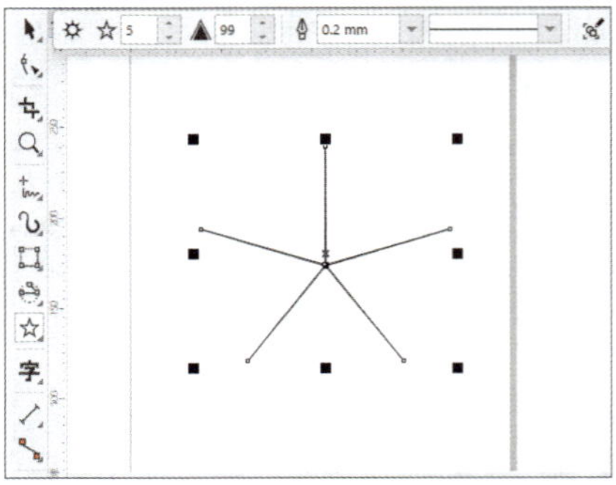

- **复杂星形锐度：** 该值的范围为1～3。将复杂星形的“点数或边数”设置为9，设置“锐度”值1时，星形效果如下左图所示。设置“锐度”值2时，星形效果如下中图所示。设置“锐度”值3时，星形效果如下右图所示。

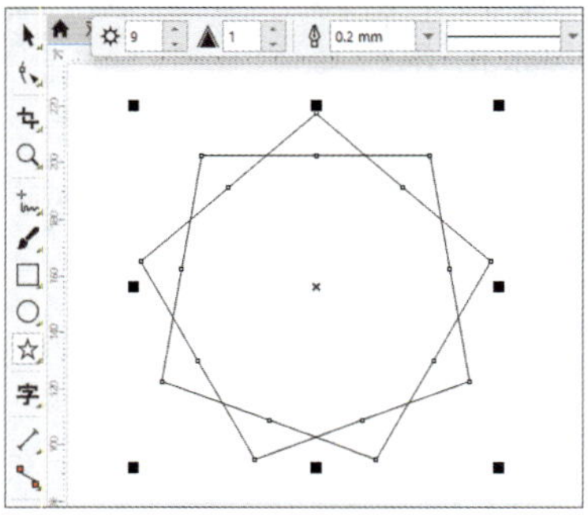

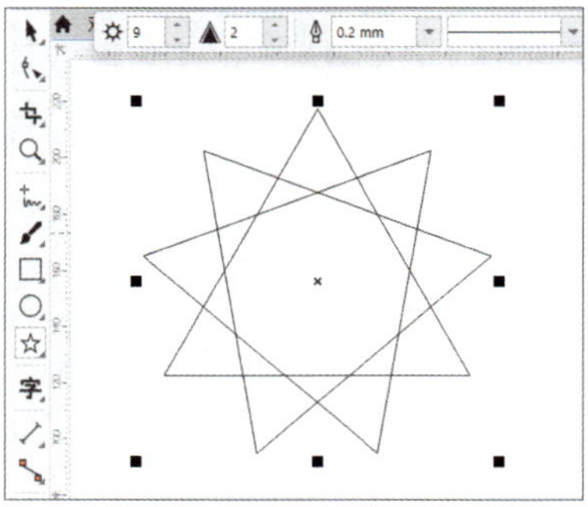

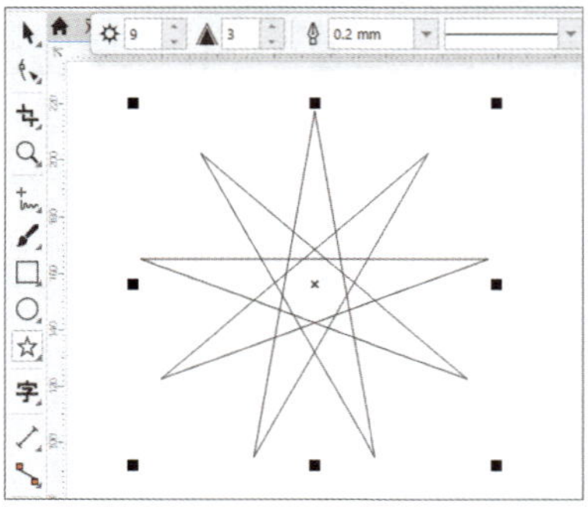

（3）螺纹工具

在CorelDRAW的工具箱中找到多边形工具组，在下拉列表选择螺纹工具，然后在属性栏中设置螺纹回圈数量，单击鼠标左键，在工作区沿着对角线拖拽绘制螺纹，效果如下左图所示。按住Ctrl键的同时沿着对角线进行拖拽，即可绘制出正螺纹，效果如下右图所示。

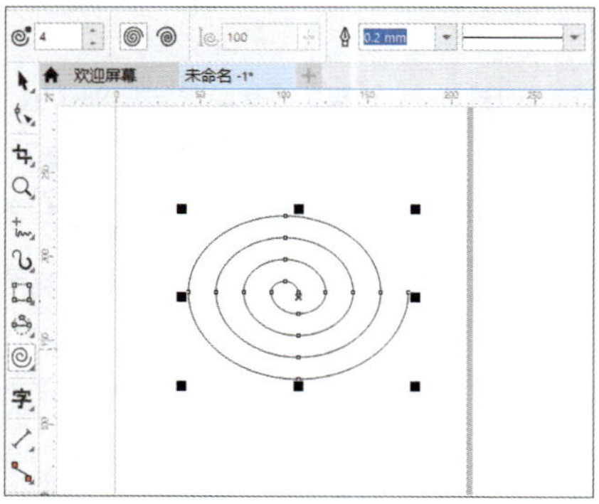

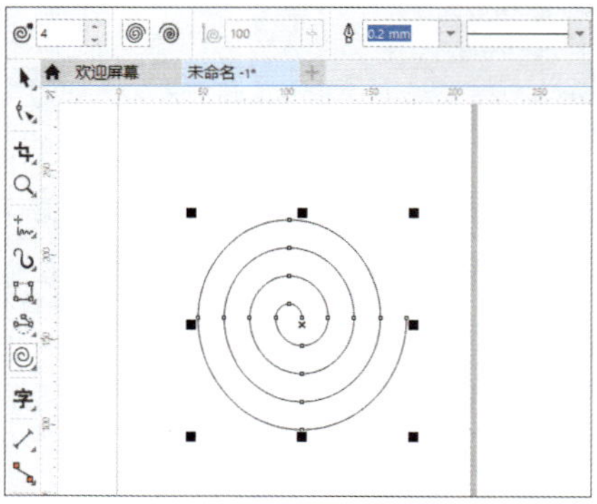

下面介绍螺纹工具属性栏及各项属性的含义，螺纹工具的属性栏如下图所示。

- **螺纹回圈：** 用于设置螺纹的圈数，同时影响着螺纹的密度和细节，取值范围为1～100。
- **对称式螺纹：** 单击该按钮，螺纹的回圈间距保持固定不变，效果如下页左图所示。
- **对数螺纹：** 单击该按钮，螺纹的间距随螺纹半径增加而增加，效果如下页右图所示。

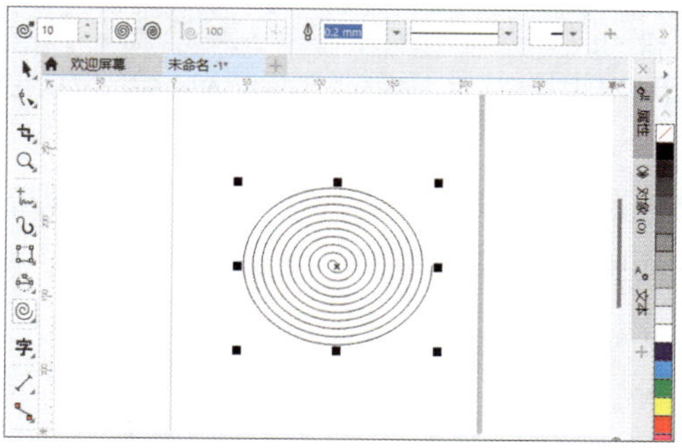

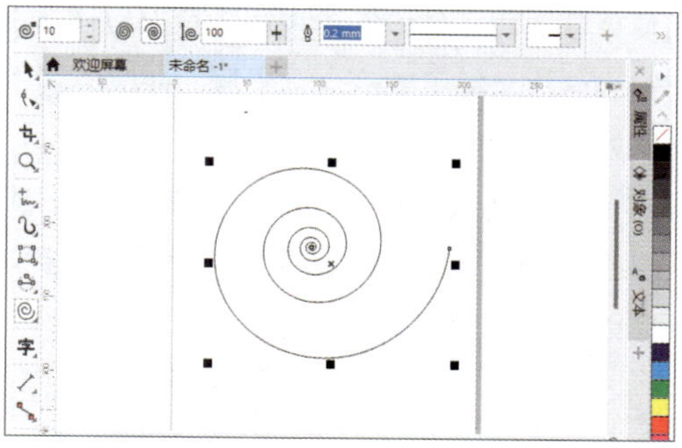

- **螺纹扩展参数：** 用于控制对称螺纹，参数决定了螺纹回圈之间距离的增长速率，数值越小，螺纹回圈之间的距离增长越慢，螺纹越接近对称螺纹；数值越大，螺纹回圈之间的距离增长越快，螺纹特征更加明显。下左图是螺纹扩展参数为50的效果。
- **闭合曲线：** 使用闭合曲线功能可以将螺纹的两端节点连接起来，形成一个封闭的螺纹形状，效果如下右图所示。

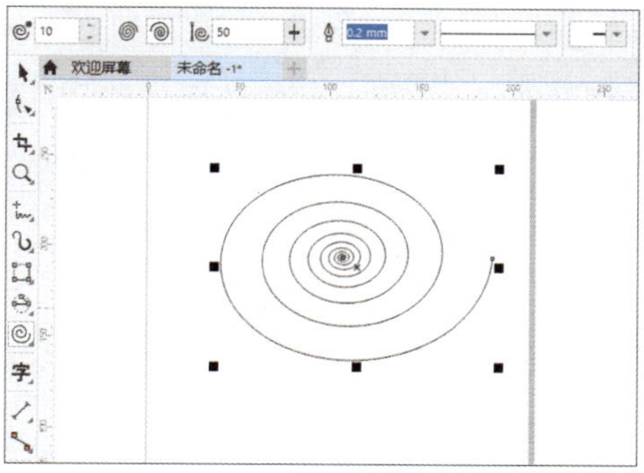

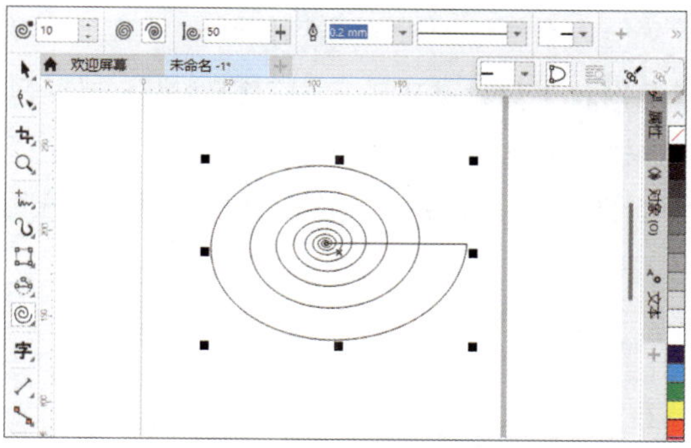

（4）常见的形状工具

在CorelDRAW 2024的工具箱中除了上述工具，为方便用户使用，还设置了常见的形状工具，包括基本形状、箭头形状、流程图形状、条幅形状、标注形状等。接下来，将详细介绍各常见形状工具的应用。

- **基本形状工具：** 使用基本形状工具可以快速绘制常见的形状，包括梯形、三角形、水滴形和笑脸等。在工具箱中选择“常见的形状”工具，在属性栏中单击“常用形状”下拉按钮，选择要绘制的基本形状，如下左图所示。

选择书页形状，在工作区按住鼠标左键并拖拽绘制图形，效果如下中图所示。将光标移动到红色的控制点上，按住鼠标左键拖拽修改形状，效果如下右图所示。

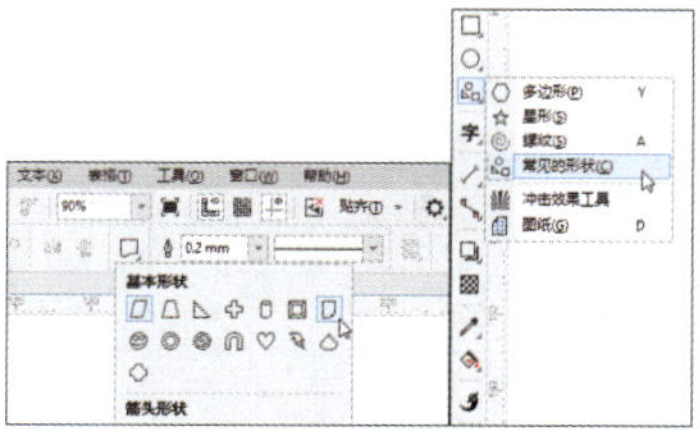

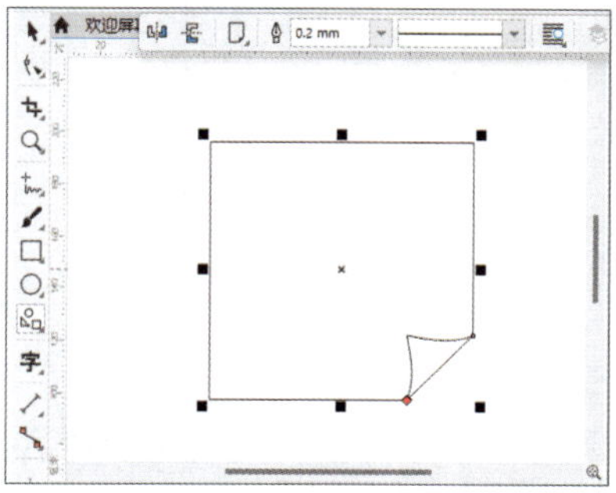

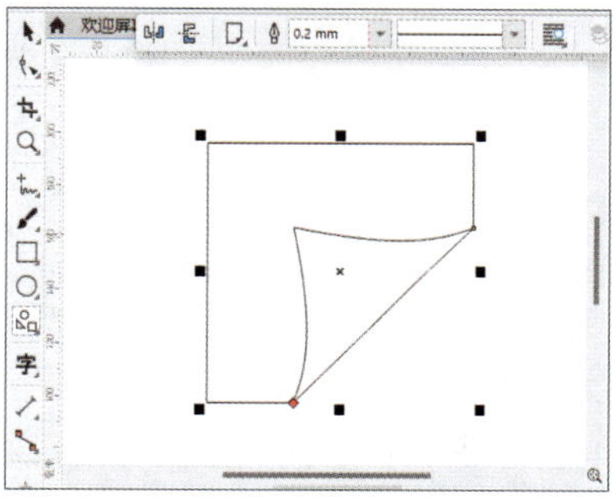

- **箭头形状工具：**使用箭头形状工具可以快速创建不同样式的箭头，用于路标、指示牌等的绘制。在工具箱中选择“常见的形状”工具，在属性栏中单击“常用形状”下拉按钮，选择要绘制的箭头形状，样式如下左图所示。

任意选择一种箭头形状，在工作区按住鼠标左键并拖拽绘制图形，效果如下中图所示。可以看到红、黄、蓝三种控制点，这是由于箭头的形状相对复杂，因而控制点也多。将光标移动到控制点上，按住鼠标左键拖拽修改形状，效果如下右图所示。

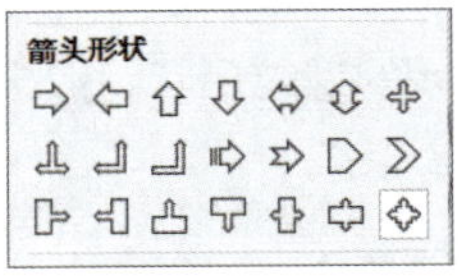

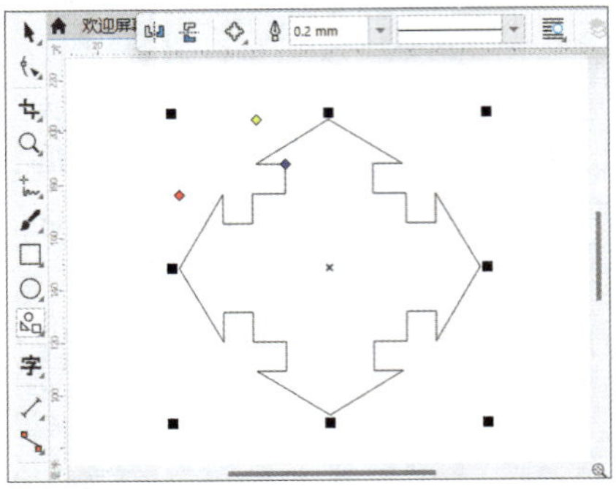

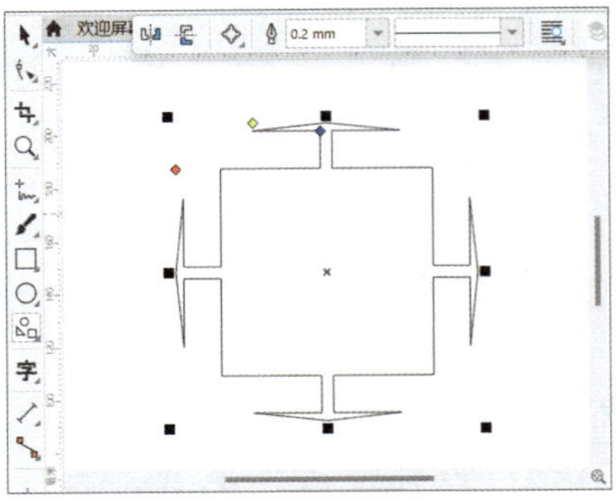

流程图形状工具：使用该工具可以快速绘制需要的流程图形状。在工具箱中选择“常见的形状”工具，在属性栏中单击“常用形状”下拉按钮，在下拉面板中查看流程图形状，样式如下左图所示。

任意选择一种流程图形状，在工作区按住鼠标左键并拖拽绘制图形，效果如下右图所示。

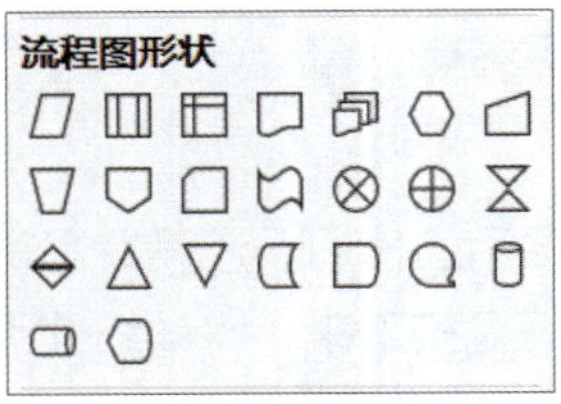

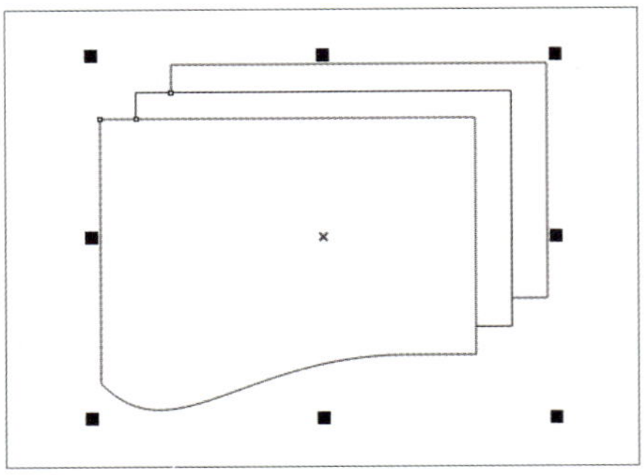

条幅形状工具：使用条幅形状工具可以快速绘制旗帜、条幅等图形。在工具箱中选择“常见的形状”工具，在属性栏中单击“常用形状”下拉按钮，选择所需的条幅形状，如下左图所示。

任意选择一种条幅形状，在工作区按住鼠标左键并拖拽绘制图形，效果如下中图所示。能看到所绘形状上有红色和黄色两种颜色的控制点，红色控制点控制宽度，黄色控制点控制透视，将光标移动到控制点上，按住鼠标左键拖拽修改形状，效果如下右图所示。

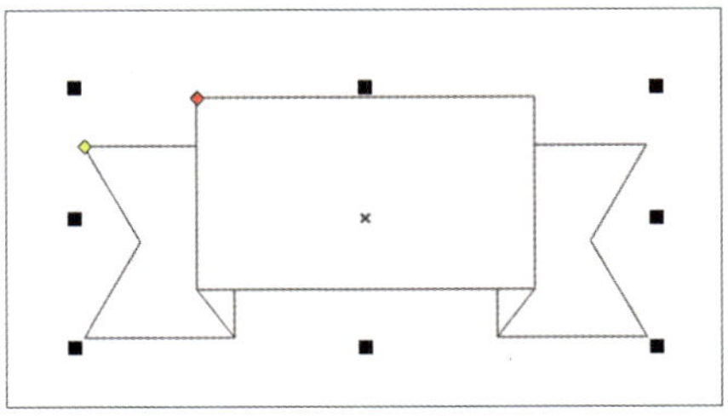

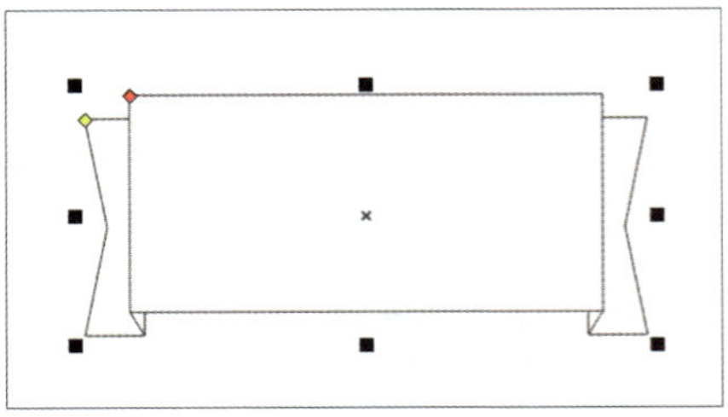

标注形状工具：使用标注形状工具可以快速绘制补充说明和对话框等图形。在工具箱中选择“常见的形状”工具，在属性栏中单击“常用形状”下拉按钮，选择所需的标注形状选项，如右图所示。

任意选择一种标注形状，在工作区按住鼠标左键并拖拽绘制图形，效果如下左图所示。能看到所绘图形的标注角有一个红色控制点，将光标移动到控制点上，按住鼠标左键并拖拽，可以调整标注角的位置与长度，效果如下右图所示。

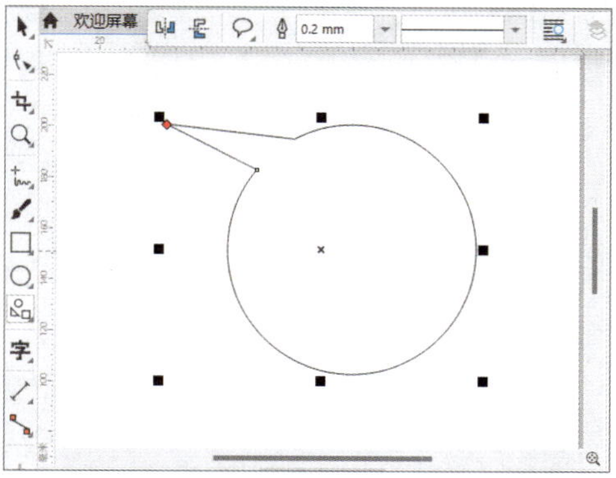

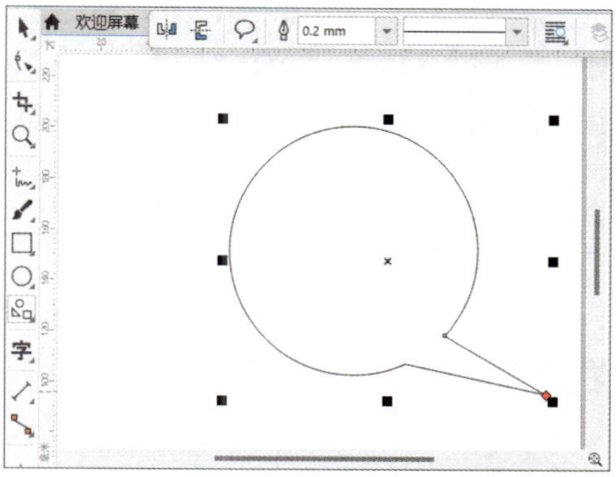

（5）冲击效果工具

使用冲击效果工具可以创建具有视觉冲击力的图形，如辐射状或平行线效果。在CorelDRAW的工具箱中找到多边形工具组，在下拉列表中选择冲击效果工具选项，然后在属性栏的“效果样式”下拉列表中选择“辐射”或“平行”样式。选择“辐射”样式的效果如下左图所示，选择“平行”样式的效果如下右图所示。

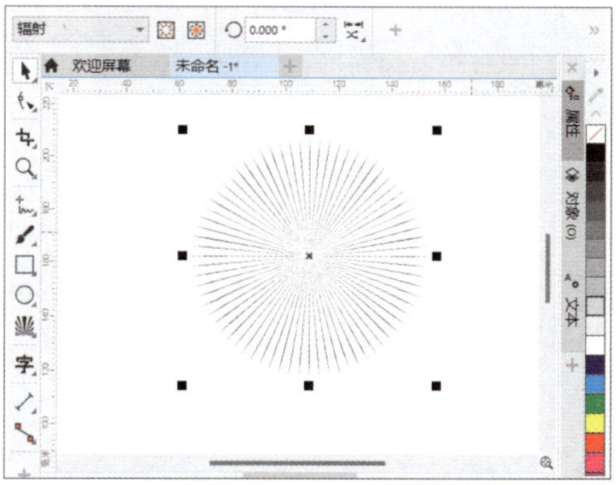

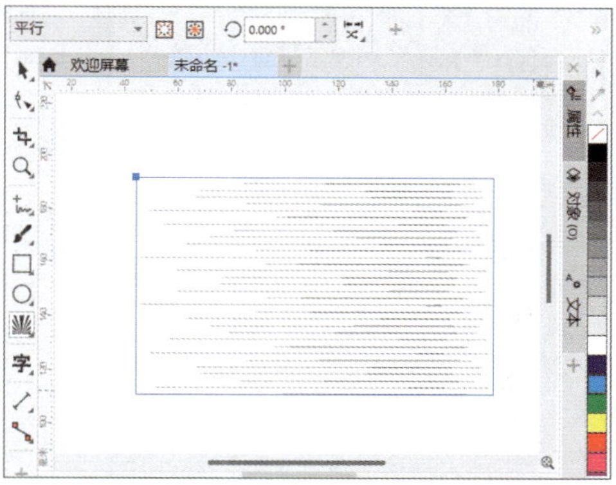

（6）图纸工具

用户可以使用图纸工具快速构建规整的网格图形。在CorelDRAW的工具箱中找到多边形工具组，在下拉列表中选择图纸工具选项，在属性栏中调整图纸的行数和列数，按住鼠标左键在工作区沿着对角线拖拽绘制图纸图形，效果如下左图所示。按住Ctrl键的同时沿着对角线进行拖拽，即可绘制正方形的图纸图形，效果如下右图所示。

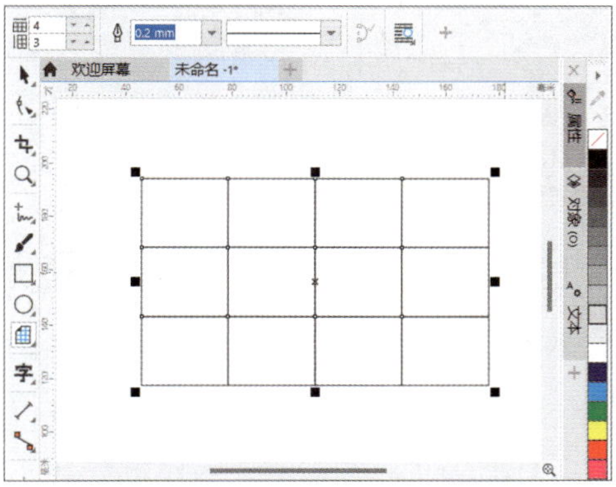

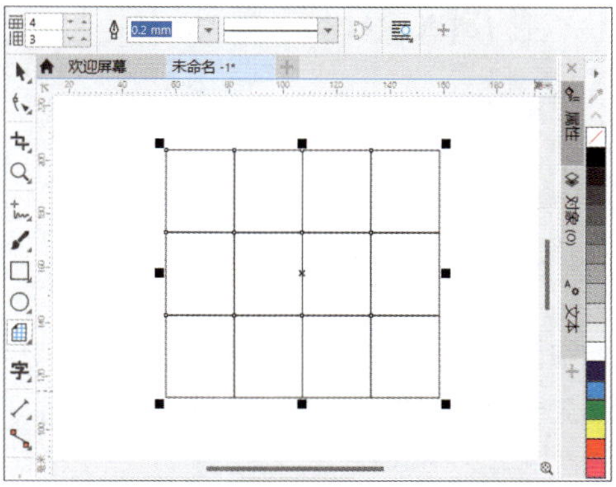

知识延伸：度量工具的使用

CorelDRAW中度量工具通常用于精确图形的绘制，可以对设计元素的大小、位置和比例进行测量和调整。例如在进行书籍封面、海报或杂志布局时，使用度量工具安排元素的位置，可以确保文本和图像的对齐和间距符合设计要求。度量工具包括平行度量工具、水平或垂直度量工具、角度尺度工具、线段度量工具、2边标注工具5种。在工具箱中选择度量工具后，其属性栏如下图所示。

- **度量样式**：在度量工具属性栏中单击“度量样式”下拉按钮，可以看到4种度量样式，包括“十进制”“小数”“美国工程”和“美国建筑学的”。
- **度量精准度**：用于设置度量的精度，即小数点后的位数，以达到所需的精确度。
- **度量单位**：用于选择不同的度量单位，包括毫米、厘米和英寸等。
- **显示单位**：用于激活或禁用在度量文本中显示单位。
- **显示前导零**：当测量值小于1，可以选择是否在度量文本中显示前导零。
- **前缀/后缀**：为度量文本添加前缀和后缀，添加前缀的效果如下左图所示，添加后缀的效果如下右图所示。

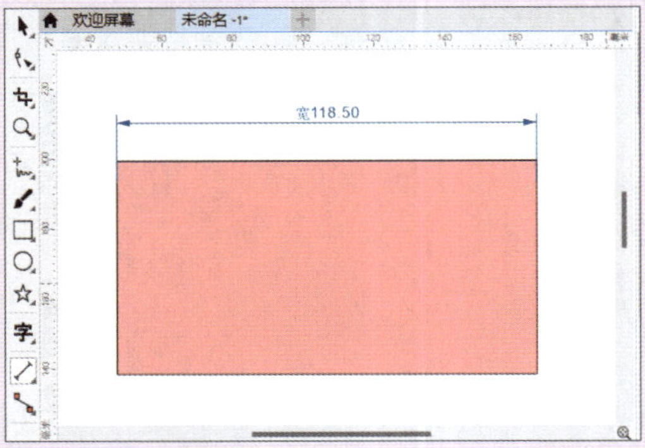

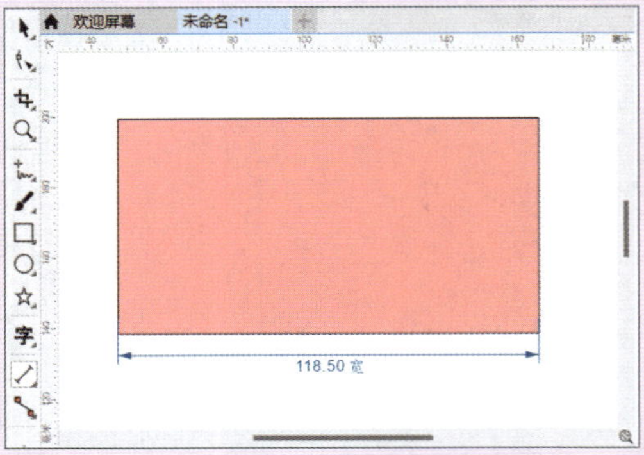

- **文本位置**：下拉列表中包含6种文本位置样式选项，用于调整度量文本相对于箭头的位置，如下左图所示。选择“尺度线上方的文本”样式，效果如下右图所示。

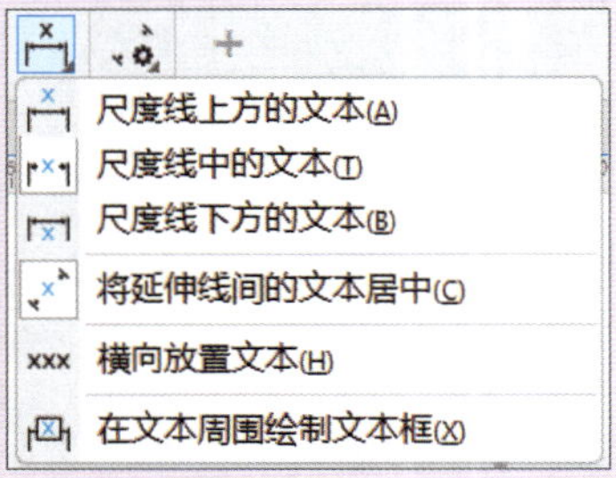

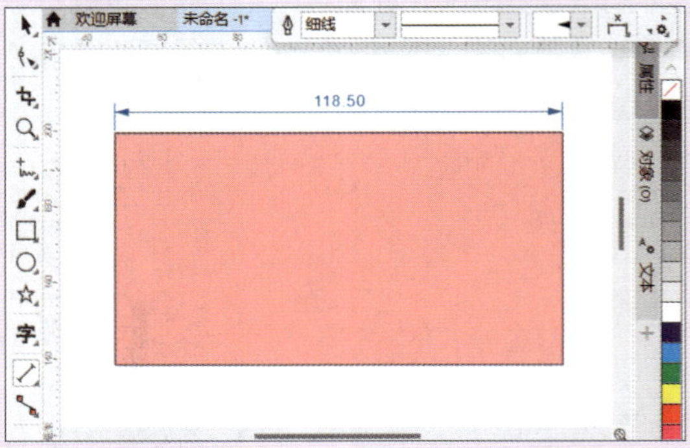

- **延伸线选项**：单击该按钮，在打开的面板中可以对“到对象的距离”和“延伸伸出量”进行设置。

以上是关于度量工具属性栏含义的具体介绍，接下来，我们将详细介绍各度量工具的应用。

（1）平行度量工具

平行度量工具可以测量任意角度上两点之间的实际距离。在工具箱中选择平行度量工具后，将光标移动到需要测量图形的起点并单击，然后拖动到终点，移动度量工具到合适的位置并单击，效果如下左图所示。在平行度量工具的属性栏设置线条的文本位置、箭头样式，效果如下右图所示。

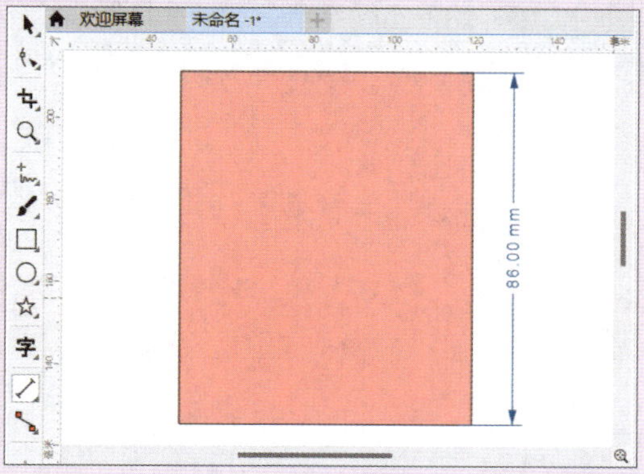

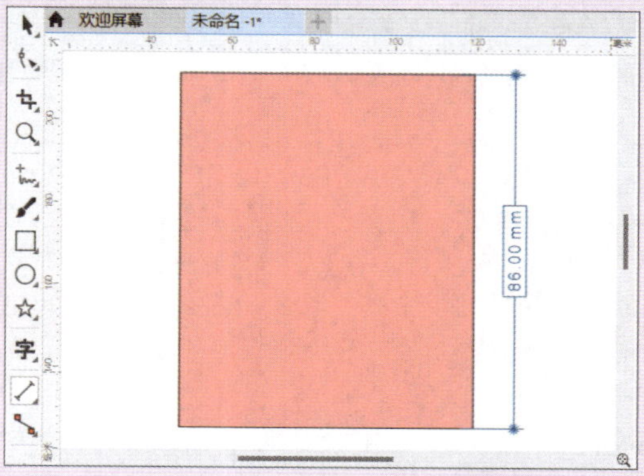

（2）水平或垂直度量工具

水平或垂直度量工具用于测量水平或垂直角度上两点之间的实际距离，操作方式与平行度量工具类似，但是拖动水平或垂直度量工具时只能在这两个方向移动。选择水平或垂直度量工具后，将光标移动到需要测量图形的起点，水平方向拖动到终点，在合适的位置单击，效果如下左图所示。垂直方向度量的效果，如下右图所示。

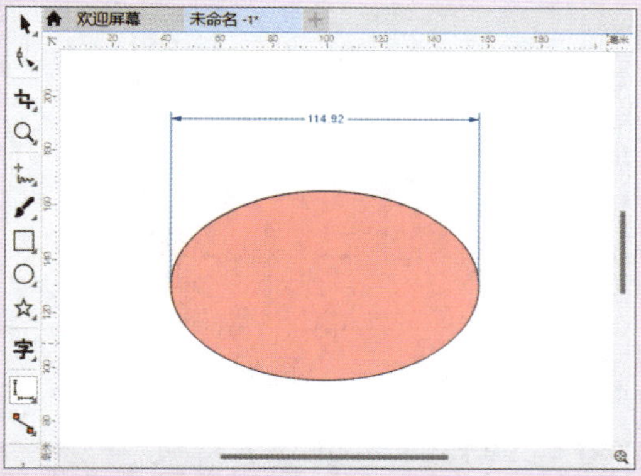

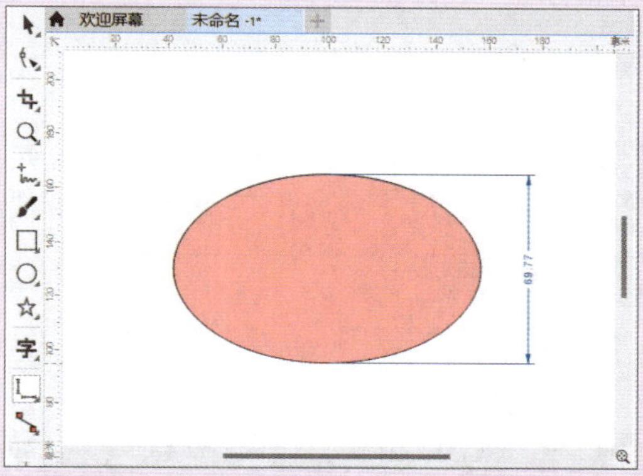

（3）角度尺度工具

角度尺度工具用于测量两条线相交形成的角度。在工具箱中选择角度尺度工具，将光标移动到要测量角度的两条线相交的点，如下左图所示。然后按住鼠标左键将光标拖动到第一条线的合适位置，如下中图所示。最后将光标移至第二条线上单击以确定角度，如下右图所示。

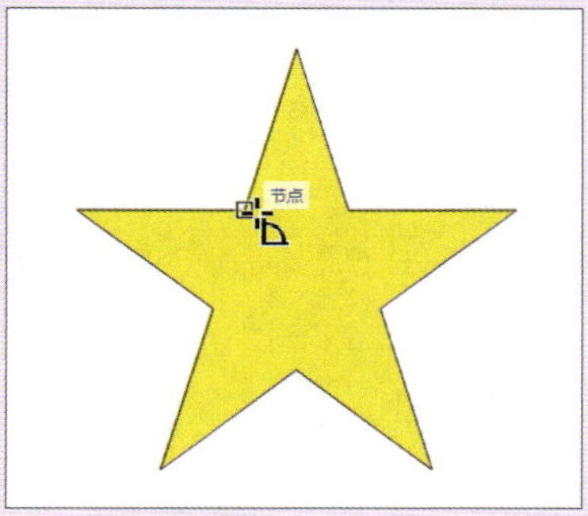

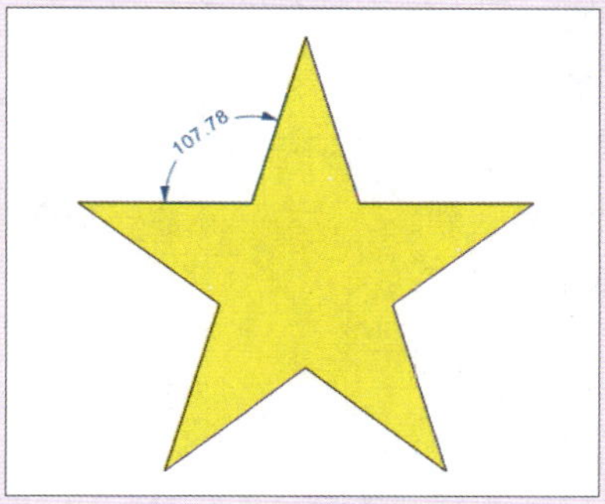

（4）线段度量工具

线段度量工具用于自动捕捉测量两个节点间线段的距离。在工具箱中选择线段度量工具，将光标移动到要测量线段的位置并单击，然后移动光标在空白区单击，即可测量出线段的长度，如下左图所示。在属性栏中激活“自动连续度量”按钮，在要测量线段的起点单击，按住鼠标左键并拖动到终点，如下中图所示。移动光标到合适的位置再次单击，即可测量所有线段的长度，如下右图所示。

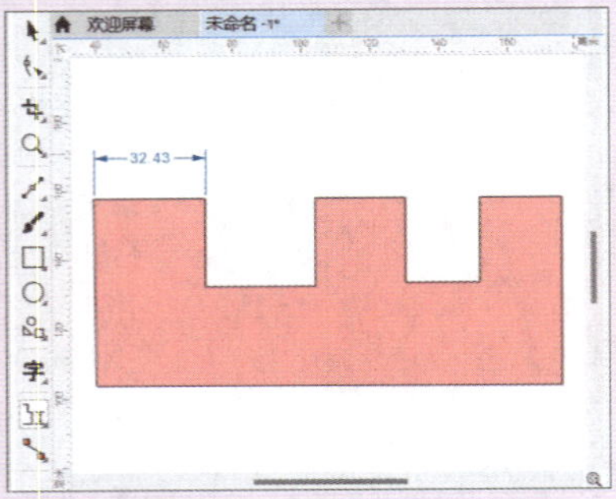

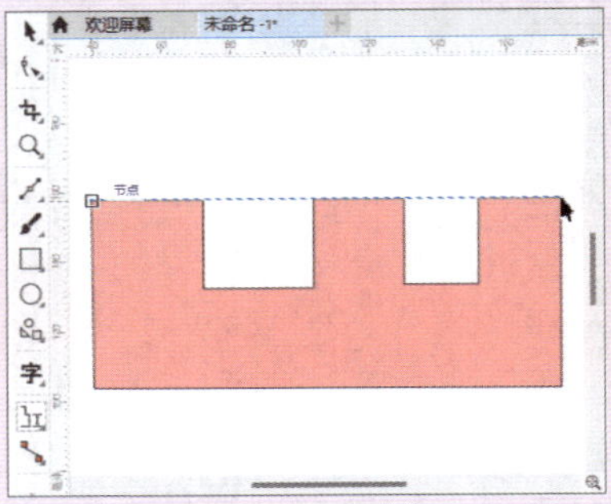

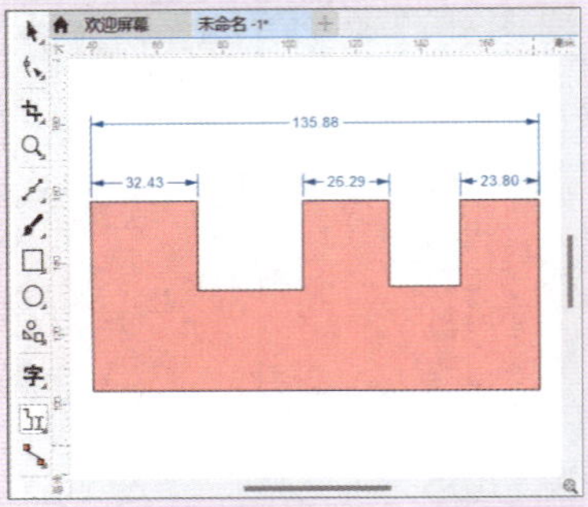

（5）2边标注工具

2边标注工具用于标注对象名称。在工具箱中选择2边标注工具，将光标移动到要标注的对象上并单击，拖拽到合适的位置，确定第一条边，如下左图所示。然后继续移动光标确定第二条边的位置，此时光标右下角可以输入文本，输入相关文字的效果如下右图所示。若只需绘制一条标注，在确定第一条边后双击鼠标左键即可完成绘制。

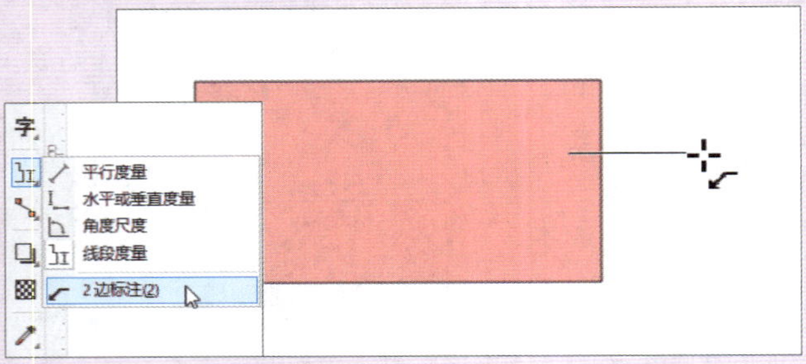

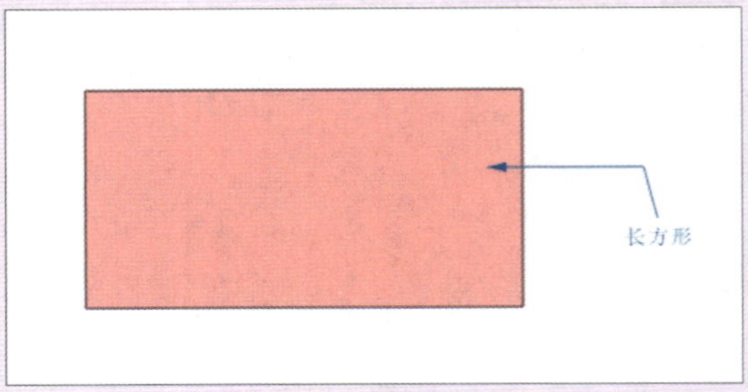

上机实训：几何标志设计

通过本章的学习，读者了解到了CorelDRAW 2024中基础线条工具、几何图形绘制工具的使用方法。下面我们通过一款简洁几何图形的标志设计，对本章知识进行巩固。具体步骤如下。

扫码看视频

步骤 01 打开CorelDRAW 2024软件，执行“文件>新建”命令，新建一个空白文档，参数设置如右图所示。

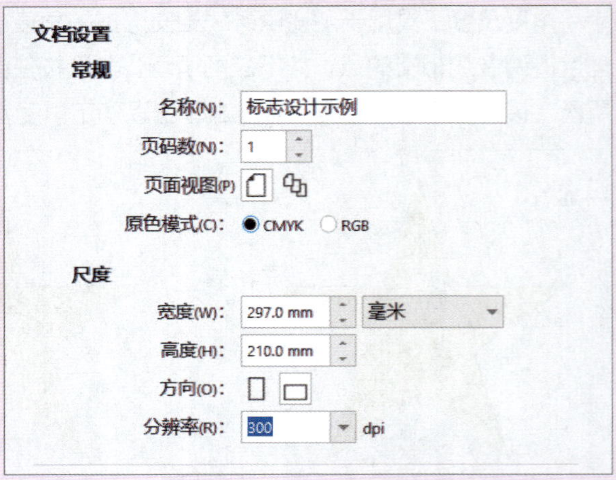

步骤 02 在菜单栏中执行“文件 > 导入”命令，导入铃兰背景图，如右图所示。

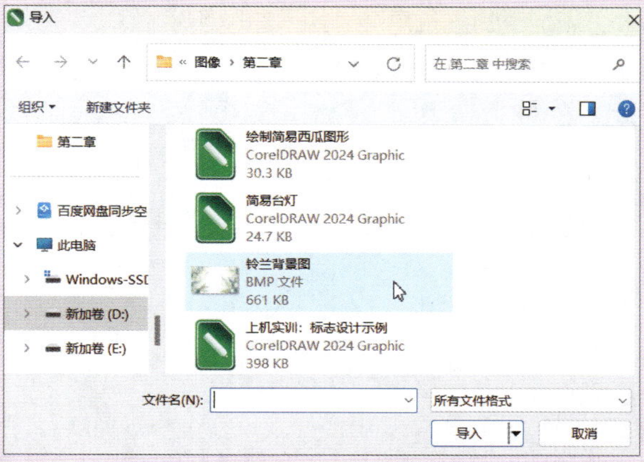

步骤 03 自动返回工作界面后，在工作区绘制导入位图的大小，如下左图所示。

步骤 04 导入位图后，使用选择工具调整位图的大小和位置，效果如下右图所示。

步骤 05 选择工具箱中的椭圆形工具，按住Ctrl键，在工具区绘制一个正圆形，如下左图所示。

步骤 06 按下快捷键Ctrl+C复制圆形，再按下快捷键Ctrl+V粘贴圆形。使用选择工具调整圆形的大小和位置，使两个圆中心点相交，效果如下右图所示。

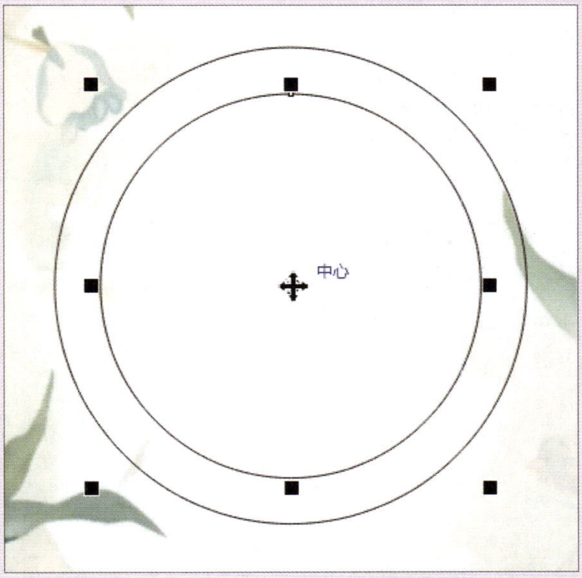

步骤 07 选择工具箱中的多边形工具，在属性栏中将边数设置为3，按住Ctrl键在圆上拖拽，绘制两个

中心点相交的正三角形，如下左图所示。

步骤 08 将光标移动到标尺上，按住鼠标左键拖拽出一条辅助线，与三角形顶点相交，如下右图所示。

步骤 09 选择工具箱中手绘工具组的贝塞尔工具，绘制两条垂直的线段，然后调整线段的位置，如下左图所示。

步骤 10 单击辅助线，按下Delete键进行删除。选择工具箱中的智能填充工具为标志填色，效果如下右图所示。

步骤 11 在泊坞窗单击第一个曲线，按住Shift键，再单击最后一个曲线，隐藏曲线图层，如右图所示。

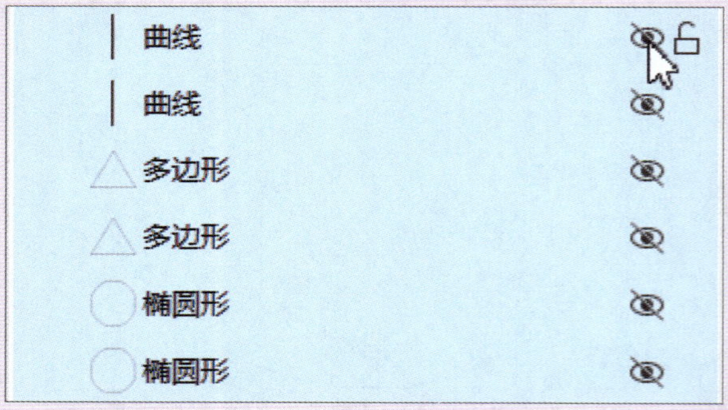

步骤 12 这时我们在工作区依然能看到线条，效果如右图所示。

步骤 13 选中所有填充过的曲线，单击“属性”泊坞窗的“轮廓”下拉按钮，在打开的面板中选择颜色滴管工具，如下左图所示。

步骤 14 吸取填充颜色，如下右图所示。

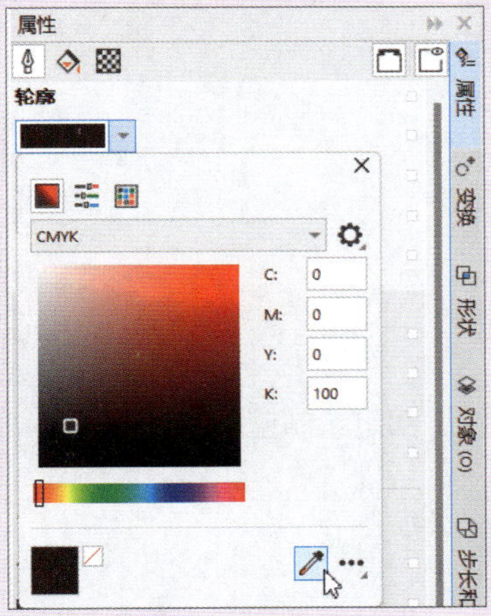

步骤 15 到此，所有的绘制已结束，最终效果如下图所示。

课后练习

一、选择题

（1）下列为基础线条工具的是（　　）。

A. 贝塞尔工具　　B. 3点曲线工具

C. 钢笔工具　　D. 3点椭圆工具

（2）下列关于矩形工具说法错误的是（　　）。

A. 按住Ctrl键可以绘制一个正方形

B. 按住Ctrl+Shift键，可以以起点为中心绘制正方形

C. 按住Shift键，可以以起点为中心绘制矩形

D. 以上都错

（3）使用（　　），可以在曲线上添加节点并进行调整。

A. 选择工具　　B. 手绘工具

C. 贝塞尔工具　　D. 形状工具

（4）关于复杂星形工具说法正确的是（　　）。

A. 复杂星形工具的锐度范围为1～3

B. 按住Shift键并绘制，可以得到复杂的正星形

C. 复杂星形工具的范围为1～99

D. 以上都错

二、填空题

（1）使用椭圆形工具，按住__________键沿着对角线进行拖拽，即可绘制正圆形。

（2）CorelDRAW中的度量工具有__________、__________、__________、__________、__________。

（3）使用__________工具，可以绘制流程图。

三、上机题

学习完本章内容，用户可以尝试使用基础线条工具和几何图形工具绘制一些简单的几何图形，并使用智能填充工具进行填色，最终效果如右图所示。

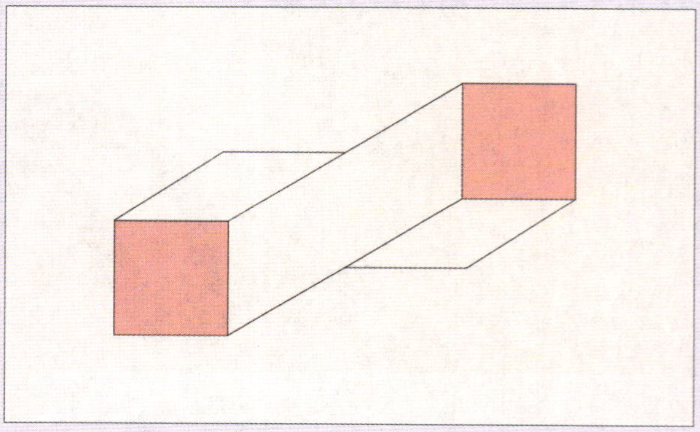

操作提示

① 选择矩形工具，按住Ctrl键，在工作区绘制正方形。

② 借助辅助线绘制倾斜的线段。

第3章 对象编辑与造形工具

本章概述

在本章中，我们将对CorelDRAW软件中的对象编辑与造形工具的应用进行介绍，通过掌握对象的基本操作、对象的组织编辑和图形造形工具的应用等操作方法，我们可以快速选择与整理对象。

核心知识点

❶ 了解对象的基本操作
❷ 掌握对象的组织与编辑
❸ 掌握图形造形工具的应用
❹ 了解对象造型工具的应用

3.1 对象的基本操作

在CorelDRAW 2024中，对象的基本操作包括选择对象、复制对象和对象基本变换等，可以帮助我们在绘制图形时快速调整对象。接下来，我们将详细介绍对象的基本操作。

3.1.1 选择对象

使用选择工具，可以选择单个或多个对象并进行操作，具体如下。

(1) 选择单个对象

在工具箱中选择“选择”工具后，单击工作区选择的对象，对象被选中后，四周将出现黑色控制点，如右图所示。

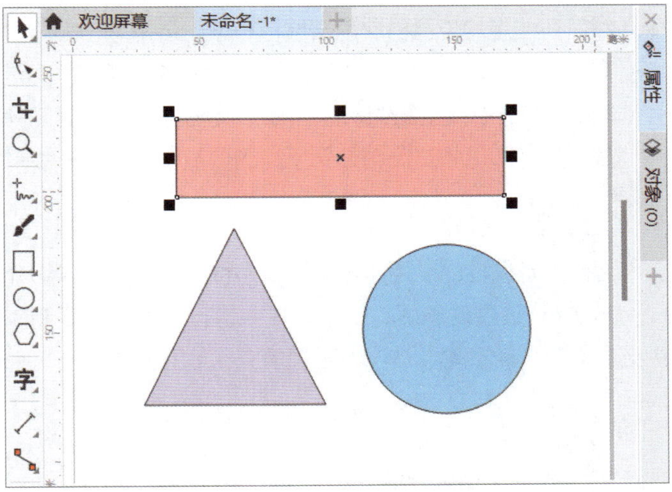

(2) 对对象进行加选

在已经选择对象的情况下，还想选择其他对象，只需按住Shift键再单击其他对象进行加选。

(3) 对对象进行减选

多选或选错了对象，只需按住Shift键再次单击已经选中的对象，即可进行减选。

(4) 选择多个对象

在CorelDRAW中，我们可以非常方便地选择多个对象，下面介绍常用的3种方法。

方法1： 在工具箱中选择“选择”工具后，将光标移动到工作区，按住鼠标左键进行框选，如下页左图所示。选中对象后，效果如下页右图所示。

方法2：在工具箱中双击选择工具，即可全选工作区的所有对象。

方法3：按下快捷键Ctrl＋A，即可全选所有对象。

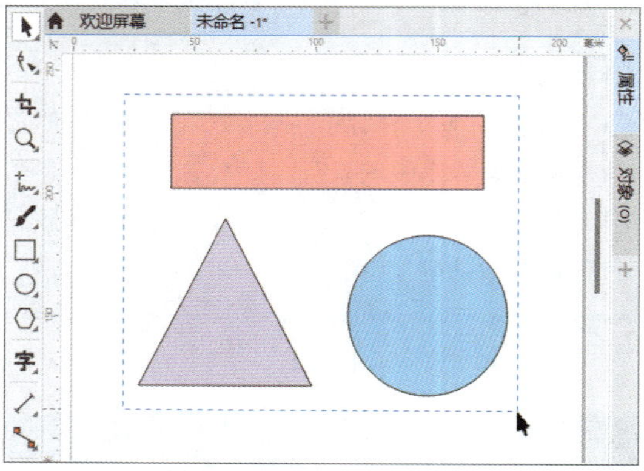

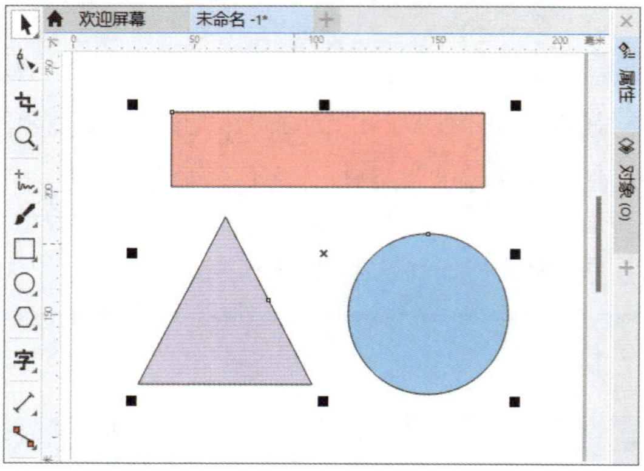

3.1.2 复制对象

在CorelDRAW 2024中，复制对象包括复制对象本身和复制对象属性两种。接下来，将详细介绍这两种复制方法的应用。

（1）复制对象本身

用户在执行对象复制操作时，通常复制的是对象本身。下面介绍3种常用的复制方法。

方法1：使用选择工具选中要复制的对象后，单击鼠标右键，在弹出的快捷菜单中选择“复制”命令。然后在选定的位置再次单击鼠标右键，选择“粘贴”命令，对象即可被复制出来。

方法2：选择需要复制的对象后，按下快捷键Ctrl＋C进行复制，再按下快捷键Ctrl＋V进行粘贴。

方法3：选中要复制的对象，在工具栏中单击“复制”按钮来复制对象，然后在工具栏中单击“粘贴”按钮，即可将对象粘贴到所需的位置。

（2）复制对象属性

复制对象属性的常用方法有以下两种，下面进行详细介绍。

方法1：选中对象后，在菜单栏中执行“编辑＞复制属性自”命令，如下左图所示。在弹出的对话框中选择复制“轮廓笔”“轮廓色”“填充”或“文本属性”等对象属性，如下右图所示。

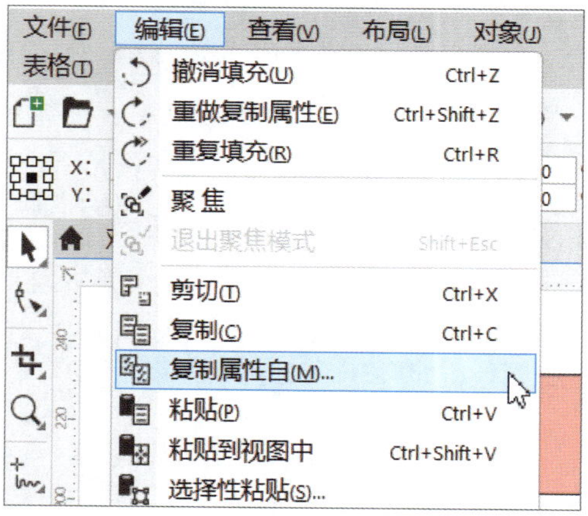

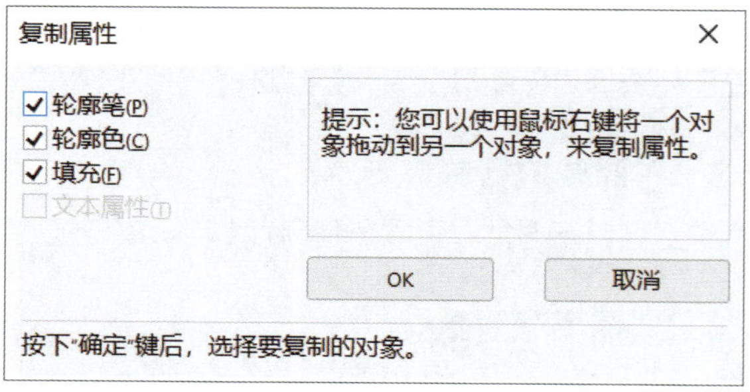

单击“OK”按钮后，光标会变成一个向右的加粗箭头，如下页左图所示。移动箭头到目标对象上，即可将目标对象的属性复制到该对象上，如下页右图所示。

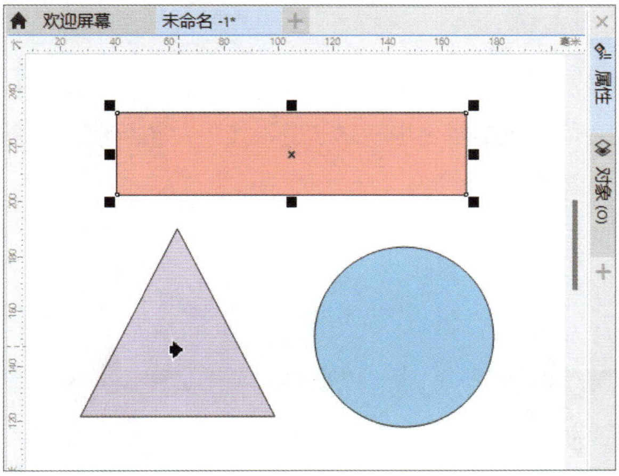

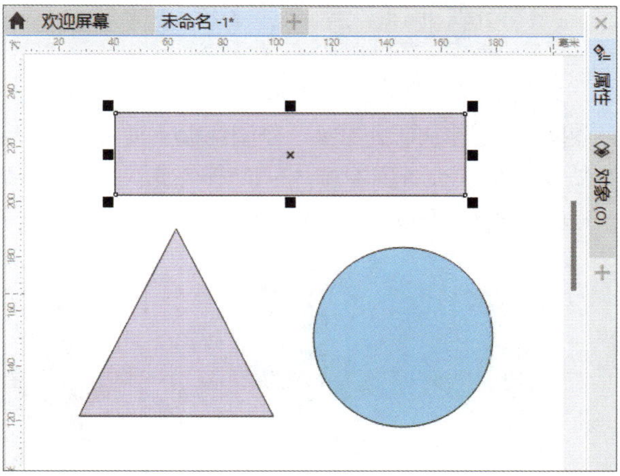

方法2：选中对象并按住鼠标右键，拖动该对象到另一个对象上，如下左图所示。释放鼠标后，在弹出的快捷菜单中选择“复制填充”“复制轮廓”或“复制所有属性”命令，以复制选择对象的相应属性，如下中图所示。选择“复制所有属性”命令后，三角形的属性被复制到长方形上，效果如下右图所示。

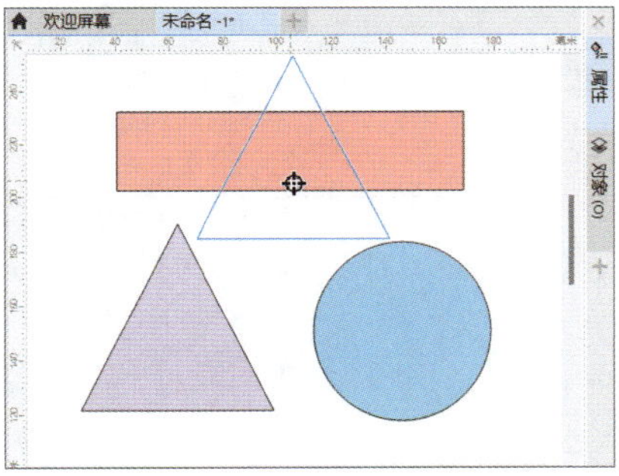

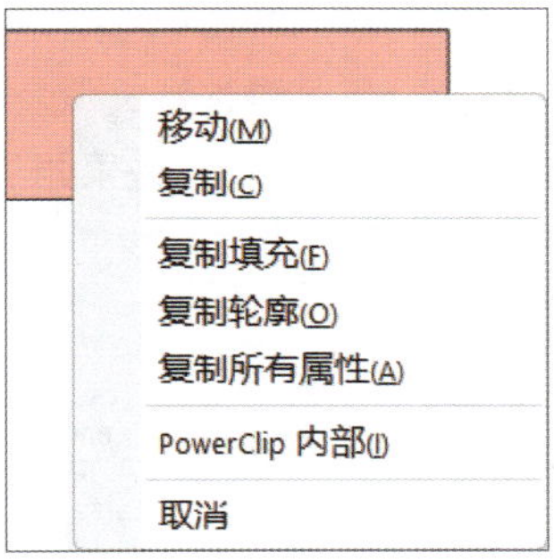

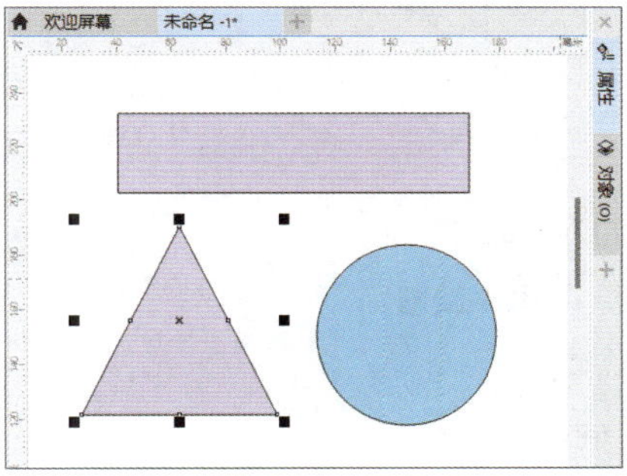

3.1.3 生成副本对象

生成副本对象与复制对象类似，是一种快速创建对象副本的方法，这些副本可以沿特定的轴线偏移，而且操作过程不需要使用剪贴板。生成副本对象常用的方法有以下3种。

方法1：在菜单栏中执行“编辑>生成副本”命令，如下左图所示。即可创建一个副本对象。

方法2：按住鼠标左键将对象拖动到适当的位置，如下中图所示。在松开鼠标左键之前按下鼠标右键，即可在当前位置创建一个副本对象，如下右图所示。

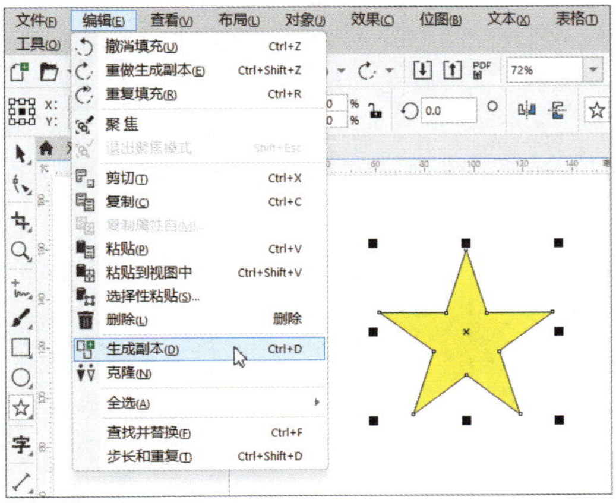

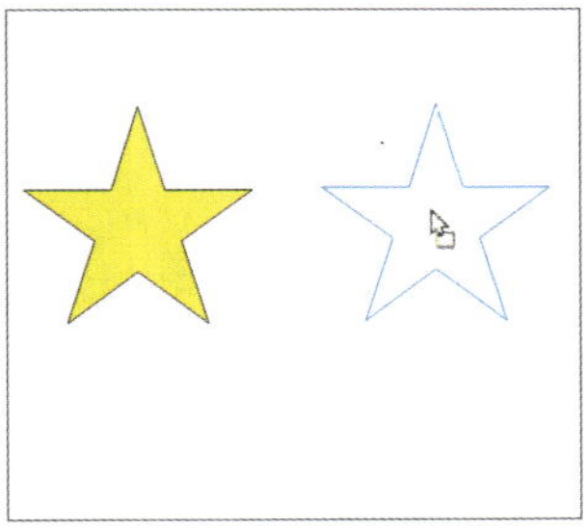

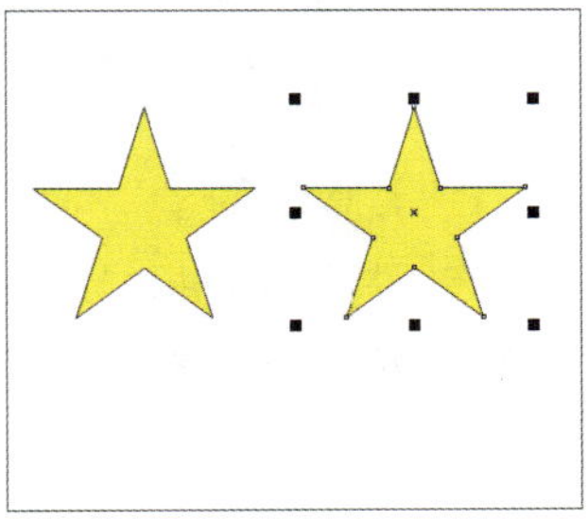

方法3：选中对象后，按下快捷键Ctrl+D，即可快速生成副本对象。

3.1.4 克隆对象

使用选择工具选中对象后，在菜单栏中执行“编辑>克隆”命令，将克隆对象拖到合适的位置，如下左图所示。选中原始图像，在调色板上填色，可以看到克隆对象的颜色也随之改变，如下中图所示。若选中克隆对象，为之填充颜色，原始图像不会改变，如下右图所示。

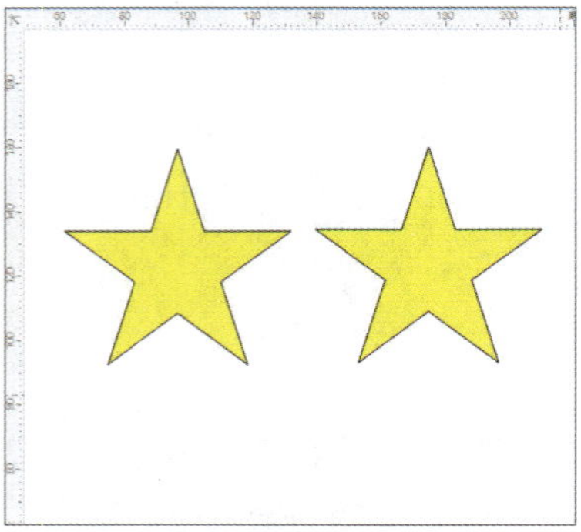

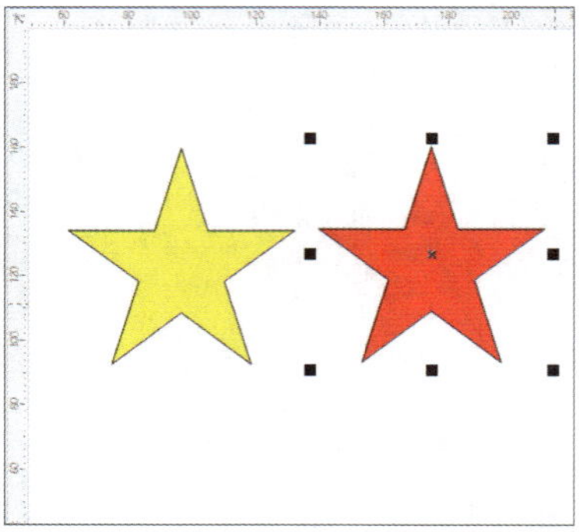

3.1.5 步长和重复

使用选择工具选中对象后，在菜单栏中执行“编辑>步长和重复”命令，打开“步长和重复”泊坞窗，如下左图所示。将“份数”设置为5，单击“应用”按钮，效果如下右图所示。

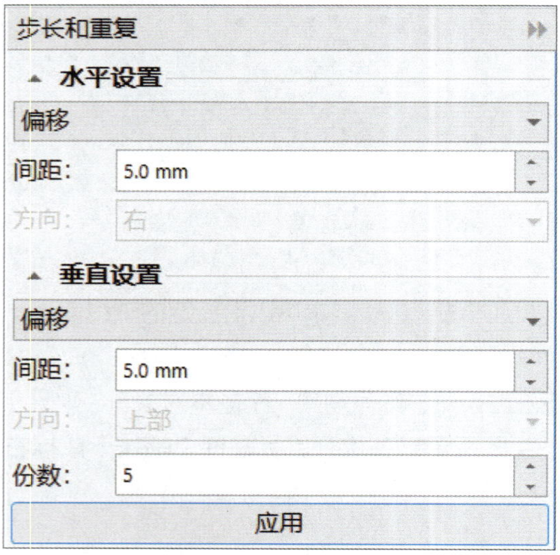

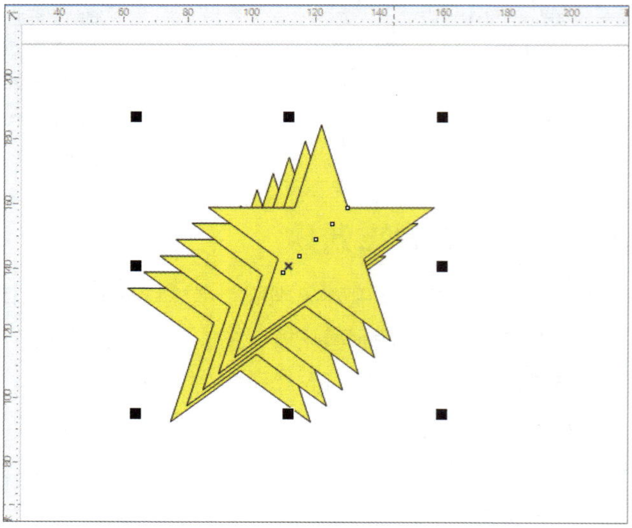

3.1.6 对象基本变换

用户在进行对象基本变换时，可以对对象进行旋转、缩放和镜像等操作。接下来将介绍对象变换的操作方法。

(1) 旋转对象

在工具箱中选择“选择”工具，双击要旋转的对象，将出现旋转箭头，如下页左图所示。将光标移动到控制点的一角，按住鼠标左键进行拖动旋转，效果如下页右图所示。

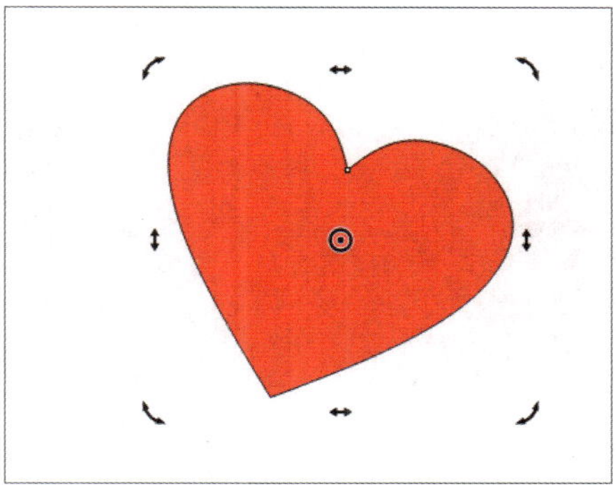

提示：旋转中心的作用

旋转中心是指在执行旋转操作时，对象绕着某一点进行旋转的虚拟点。通过调整旋转中心，用户可以控制对象旋转的方式，以便在设计中达到预期的布局和效果。调整旋转中心到心形形状的心尖位置，如下左图所示。复制三个心形并旋转，将轮廓线改为无，最终效果如下右图所示。

（2）缩放对象

在工具箱中选择“选择”工具，单击要缩放的对象，出现控制点后，将光标移动到四角的控制点上，如下左图所示。在四角控制点上按住鼠标左键进行拖动，图像将按比例缩放，效果如下中图所示。将光标移动到中间的控制点上，按住中间的控制点进行拖动，将调整图像的比例，效果如下右图所示。

（3）镜像对象

镜像操作通常用于创建对象的对称图形，这种操作可以沿着水平、垂直或任意角度的轴线进行，产生一个与原始对象镜像对称的新对象。

在工具箱中选择“选择对象”工具，选中原对象，如下页左图所示。在属性栏中单击“水平镜像”按钮，效果如下页中图所示。单击“垂直镜像”按钮进行镜像，效果如下页右图所示。

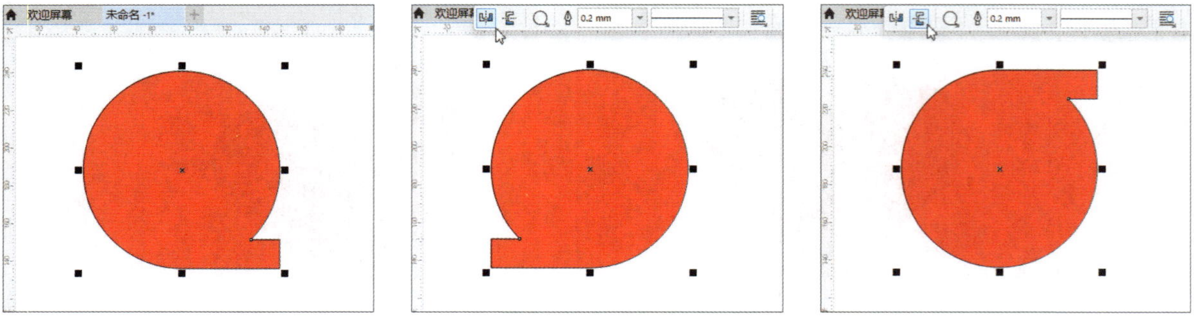

3.2 对象的组织编辑

本节将介绍对象的组织编辑，这是对象基本操作的升级，更方便我们处理对象较多的情况，包括选择排序对象、群组和取消群组对象、合并与拆分对象，以及对齐与分布对象等。接下来，将详细介绍对象组织与编辑的具体操作。

3.2.1 排序对象

排序对象是指调整多个重叠或相邻对象在图层或页面上的前后顺序，常用的排序方法有3种，接下来分别进行介绍。

方法1： 使用选择工具选中要调整顺序的对象，在菜单栏中执行“对象＞排序”命令，在子菜单中选择所需的排序选项，如下左图所示。

方法2： 使用选择工具选中要调整顺序的对象，单击鼠标右键，在弹出的快捷菜单中选择“排序”命令，然后在子菜单中选择想要的顺序选项，如下右图所示。

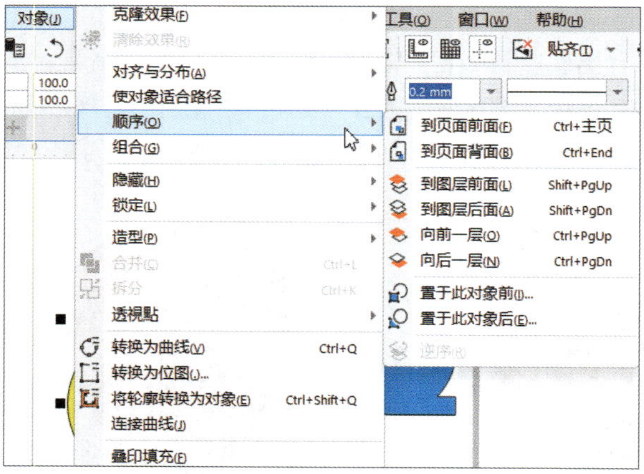

方法3： 使用快捷键调整对象顺序。

快捷键Ctrl＋Home：将选定对象置于顶层。

快捷键Ctrl＋End：将选定对象置于底层。

快捷键Shift＋Page Up：将选定对象移动到最上面。

快捷键Shift＋Page Down：将选定对象移动到最下面。

快捷键Ctrl＋Page Up：将选定对象向上移动一层。

快捷键Ctrl＋Page Down：将选定对象向下移动一层。

3.2.2 群组和取消群组对象

群组操作能将多个选定的对象合并成一个单一的组，用于一起移动、缩放或旋转对象，而不会影响对象之间的相对位置。用户可以群组对象统一操作，也可以取消群组，只对单个对象进行操作。

（1）群组对象

常见的群组对象的方法有以下3种。

方法1： 在工具箱中选择“选择”工具，使用选择工具选中所有需要群组的对象，在菜单栏中执行“对象＞组合”命令，即可群组对象，如下左图所示。

方法2： 选中需要群组的对象后，单击鼠标右键，在弹出的快捷菜单中选择“组合”命令，如下右图所示。

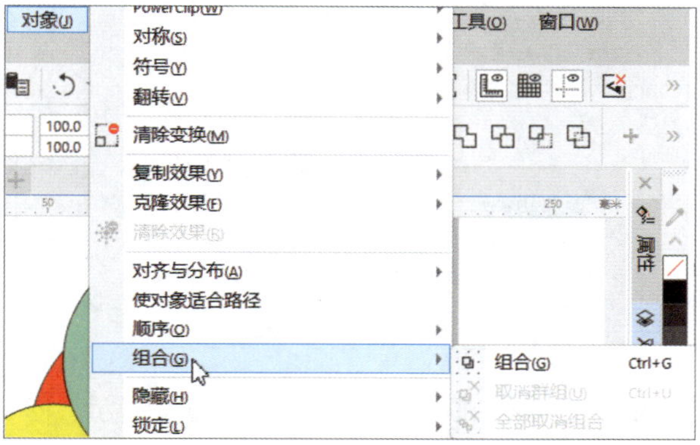

方法3： 选中需要组合的对象后，按下快捷键Ctrl＋G进行快速组合。

（2）取消群组对象

取消群组对象包括“取消组合”和“全部取消组合”两种，操作方法一致。需要注意的是，“全部取消组合”命令执行后，组合的对象全部变成单个对象，对象较多的情况下处理比较麻烦，因此需要谨慎选择。常见的取消组合的方法有以下3种。

方法1： 选中群组的对象，在菜单栏中执行“对象＞取消组合”命令，即可取消群组对象，如下左图所示。

方法2： 选中群组的对象后，单击鼠标右键，在弹出的快捷菜单中选择“取消组合”命令，如下右图所示。

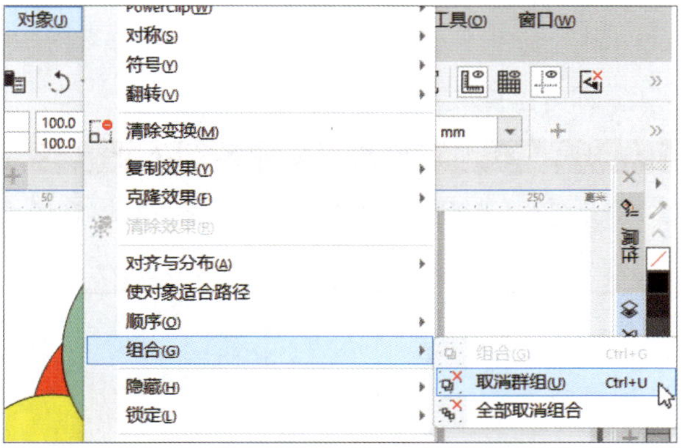

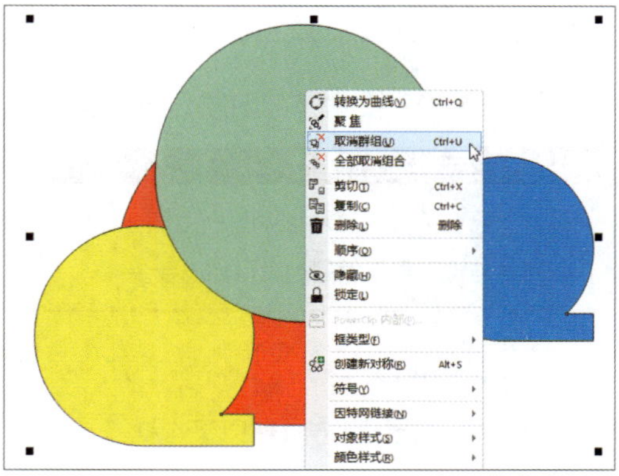

方法3： 选中组合的对象后，按下快捷键Ctrl＋U快速取消群组。

3.2.3 合并与拆分对象

合并对象是指将两个或多个独立的矢量图形对象组合成一个单一的复合对象的过程，在合并过程中对象的属性会发生变化。

（1）合并对象

常见的合并对象的方法有以下4种。

方法1： 在工具箱选择“选择”工具，选中需要合并的对象，如下左图所示。在菜单栏中执行“对象>合并”命令，即可合并对象，如下右图所示。

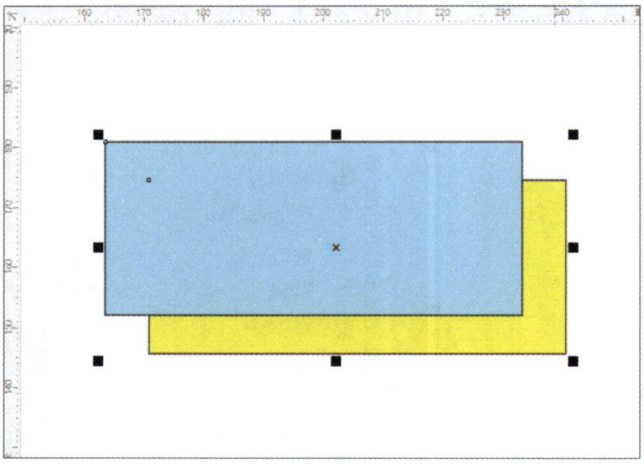

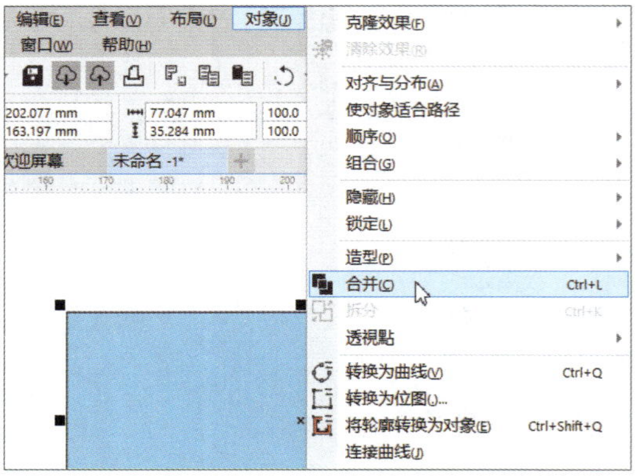

方法2： 选中需要合并的对象，在属性栏中单击“合并”按钮，即可合并对象，如下左图所示。

方法3： 选中需要合并的对象，单击鼠标右键，在弹出的快捷菜单中选择“合并”命令，如下右图所示。

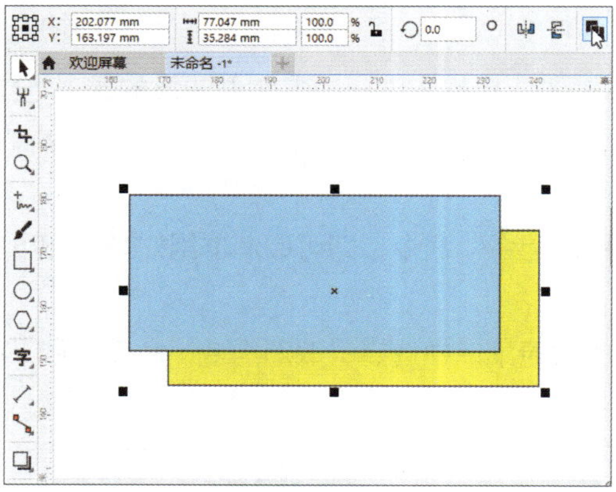

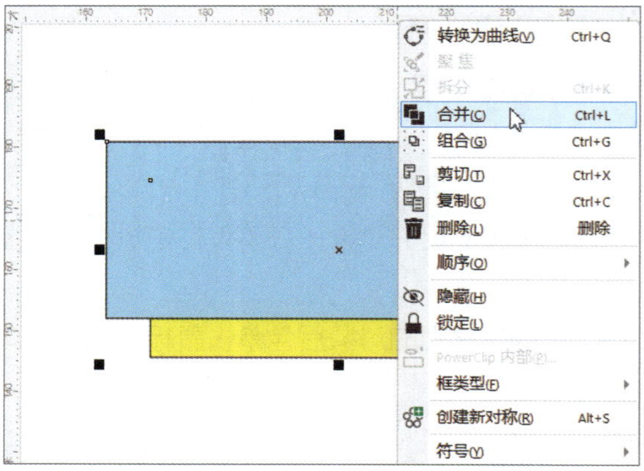

方法4： 选中需要合并的对象，按下快捷键Ctrl＋L，即可合并对象。

> **提示：合并后对象的属性**
>
> 合并后对象的属性是根据选取对象的先后顺序决定的。如果是点选，则属性与最后选择的对象保持一致；如果是全选，则属性与位于最下层的对象保持一致。

（2）拆分对象

常见的拆分对象的方法有以下4种。

方法1： 选中合并的对象，如下页左图所示。在菜单栏中执行“对象＞拆分曲线”命令，即可拆分对象，效果如下页右图所示。

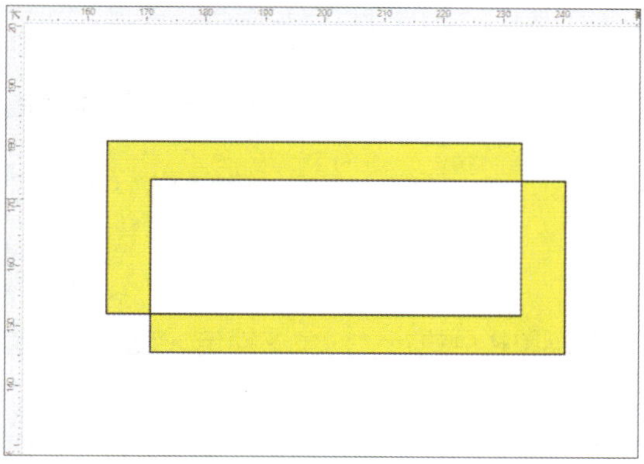

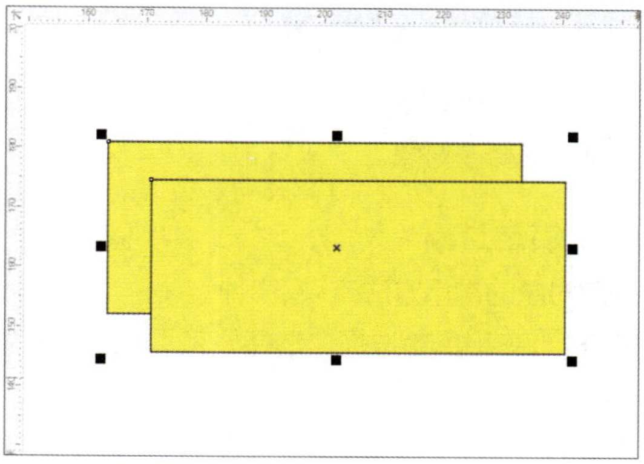

方法2：选中合并的对象，单击鼠标右键，在弹出的快捷菜单中选择“拆分曲线”命令，如下左图所示。

方法3：选中合并的对象，在属性栏中单击“拆分曲线”按钮，如下右图所示。

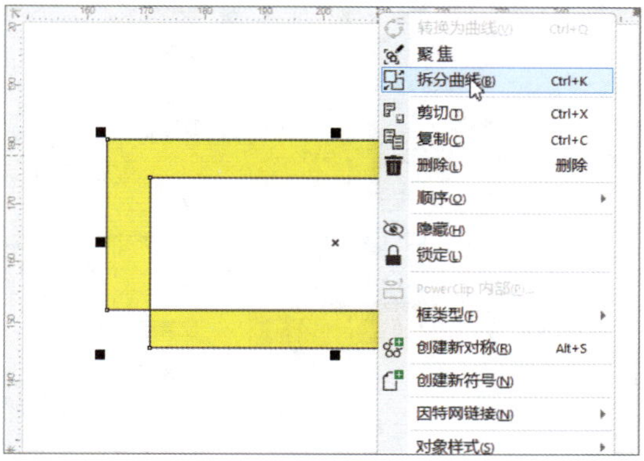

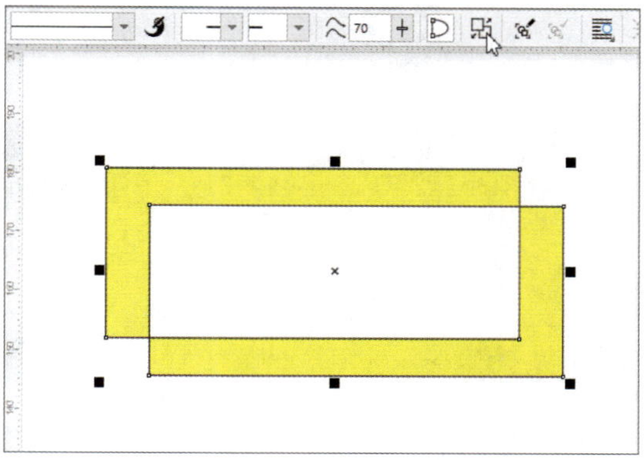

方法4：按下Ctrl＋K组合键，即可快速拆分对象。

3.2.4 对齐与分布对象

在CorelDRAW中对齐与分布对象是常用的排版技巧，用于整齐有序地组织图形元素。对齐与分布对象的常用方法有以下2种。

方法1：在工具箱中选择“选择”工具，选中需要对齐的对象，在菜单栏中执行“对象＞对齐与分布”命令，在弹出的子菜单中选择相应的命令进行操作，如下左图所示。

方法2：选中需要对齐的对象，在属性栏单击“对齐与分布”按钮，此时泊坞窗将显示对齐与分布的具体属性，单击相应的按钮进行操作，如下右图所示。

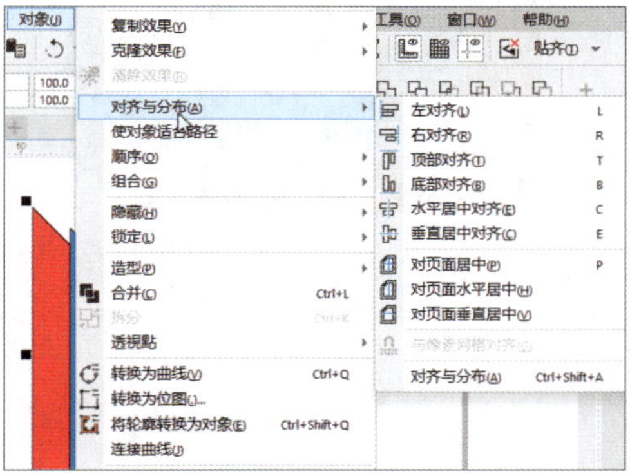

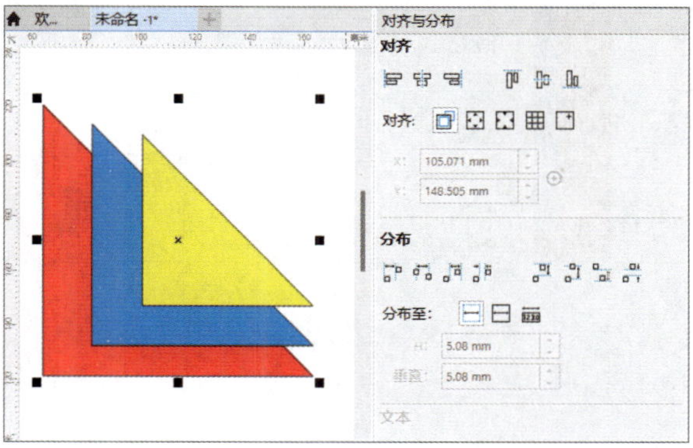

3.2.5 锁定与解锁对象

在CorelDRAW中，锁定对象功能允许用户固定某些对象在当前位置，防止在编辑过程中意外移动、缩放、复制或修改对象。

（1）锁定对象

锁定对象的常用方法有以下2种。

方法1： 在工具箱选择“选择”工具，选中对象后，在菜单栏中执行“对象＞锁定＞锁定”命令，如下左图所示。

方法2： 使用选择工具选中对象后，单击鼠标右键，在弹出的快捷菜单中选择“锁定”命令，如下右图所示。

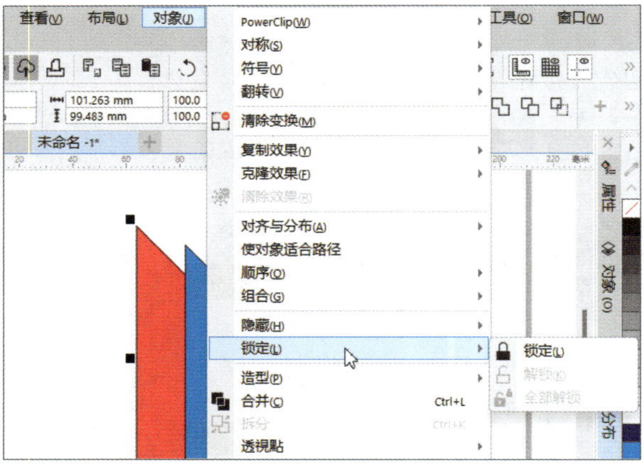

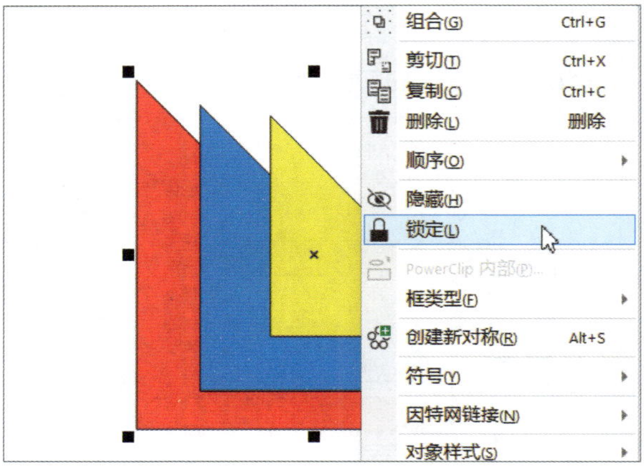

（2）解锁对象

解锁对象的常用方法有以下2种。

方法1： 在菜单栏中执行“对象＞锁定”命令，选择子菜单栏中的“解锁”或“全部解锁”命令，如下左图所示。

方法2： 将光标放置在要解锁的对象上，单击鼠标右键，执行“解锁”命令，如下右图所示。

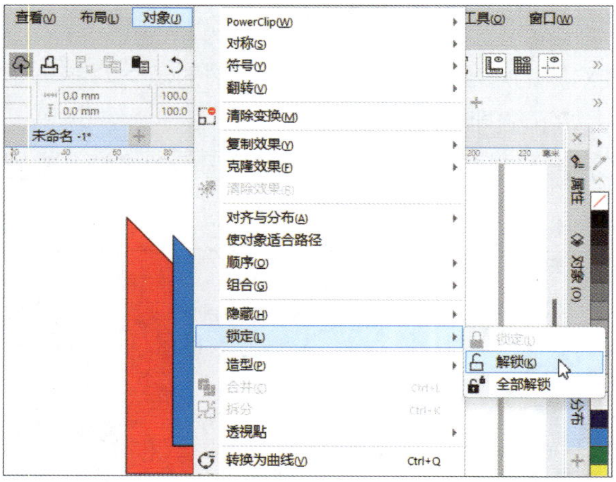

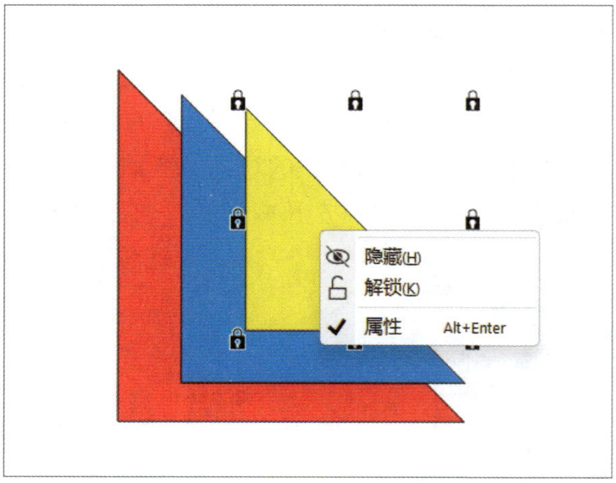

3.3 图形造形工具

在CorelDRAW 2024中绘制图形后，我们可以使用形状工具、平滑工具、涂抹工具、转动工具、吸引和排斥工具、弄脏工具和粗糙工具等对图形的造形进行修饰。接下来，将详细介绍各个工具的具体操作。

3.3.1 形状工具

形状工具是一组用于创建和编辑基本图形的工具，可以直接编辑由手绘工具、贝塞尔工具和钢笔工具等曲线工具绘制的图形。而使用矩形工具、多边形工具和文本工具等绘制的对象，需要转换成曲线后才能进行编辑。下图为形状工具的属性栏。

- **选取模式：** 在下拉列表中选择节点的模式，包括“矩形”和“手绘”两种。
- **添加节点：** 单击曲线，即可在曲线对象上添加节点。
- **删除节点：** 在曲线对象上选择一个节点，再单击该按钮，即可删除节点。
- **连接两个节点：** 连接未闭合曲线的起始和结束节点，使之成为闭合路径。
- **断开曲线：** 选择要断开路径的节点，单击该按钮，断开路径。
- **转换为线条：** 单击该按钮，可以使曲线转换为直线。
- **转换为曲线：** 单击该按钮，可以将直线转换为曲线，再进行曲线形状的调整。
- **尖突节点：** 用于调整节点，使平滑和对称的节点变得尖突，形成锐角。
- **平滑节点：** 用于将尖突节点变得平滑。
- **对称节点：** 用于将选择的节点变为两边对称的平滑节点。
- **反转方向：** 可以使起始和终点节点反转。
- **提取子路径：** 选择一个节点并单击该按钮，可将该节点上的子路径提取出来。
- **延长曲线使之闭合：** 使用直线连接起始和结束节点，使曲线闭合。
- **闭合曲线：** 单击该按钮，使未闭合曲线闭合。
- **延展与缩放节点：** 单击该按钮，可以使选择的相应的节点的线段进行延长或缩放。
- **旋转与倾斜节点：** 单击该按钮，可以使选择的相应节点的线段进行旋转或倾斜。
- **对齐节点：** 在选择两个及以上节点的情况下，单击该按钮，使节点按指定方向对齐。
- **水平反射节点：** 单击该按钮，编辑对象中水平镜像对象的相应节点。
- **垂直反射节点：** 单击该按钮，编辑对象中垂直镜像对象的相应节点。
- **弹性模式：** 单击该按钮，可以局部调整曲线对象的形状。
- **选择所有节点：** 单击该按钮，可以选择曲线上的所有节点。
- **减少节点：** 单击该按钮，可以将曲线上多余的节点删除。
- **曲线平滑度：** 通过更改节点的数量，对曲线进行平滑处理。

实例 绘制白云图形

下面讲解如何使用形状工具将直线转换为曲线，从而绘制出白云图形。通过本案例的学习，希望读者能够熟练地运用形状工具。具体操作如下。

步骤 01 打开CorelDRAW 2024软件，执行“文件＞新建”命令，创建一个200mm × 200mm大小的页面，单击“OK”按钮，具体参数如下左图所示。

步骤 02 在菜单栏中执行“布局＞页面背景”命令，打开“选项”对话框，在“背景”选项面板中单击“纯色”单选按钮，选择蓝色作为背景颜色，如下右图所示。

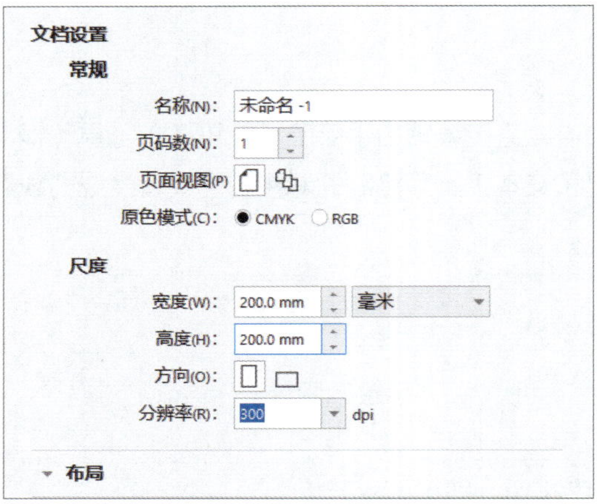

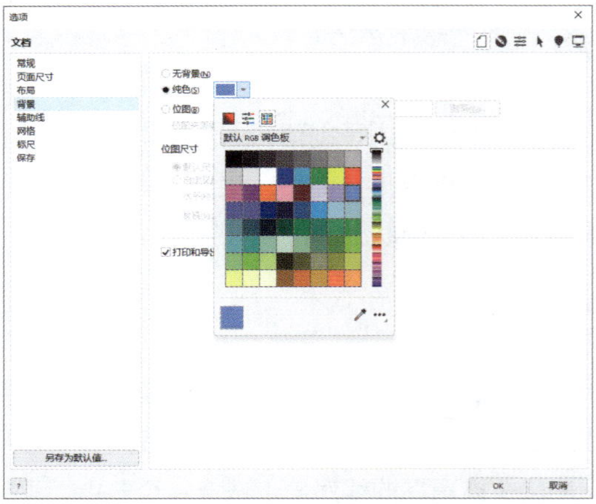

步骤 03 在工具箱中选择椭圆形工具，在工作区绘制一个椭圆，如下左图所示。

步骤 04 使用交互式填充工具将椭圆填充为白色，并将边框去除，效果如下右图所示。

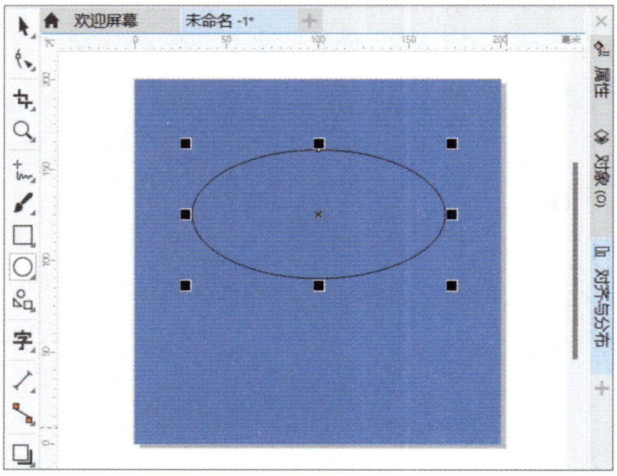

步骤 05 将光标移动到椭圆上，单击鼠标右键，在弹出的快捷菜单中执行“转换为曲线”命令，如下左图所示。

步骤 06 在工具箱中选择形状工具，在曲线上双击添加节点，然后按住鼠标左键，拖动节点调整位置，最终效果如下右图所示。

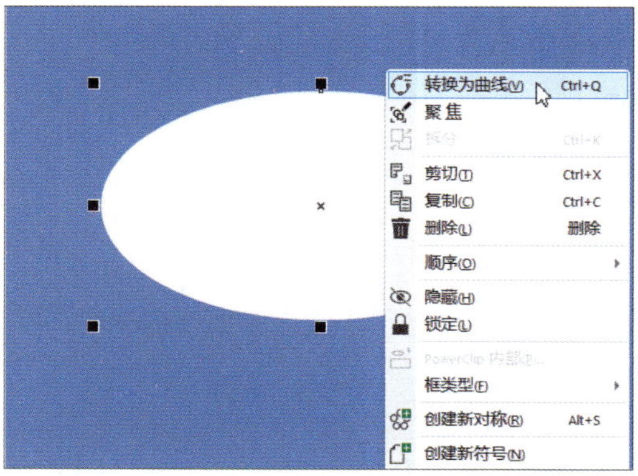

3.3.2 平滑工具

在CorelDRAW中，平滑工具是常用的改善曲线和形状边缘的工具，可以将锐利的角圆润化，也可以平滑曲线的不规则部分。

在工具箱的形状工具组中选择平滑工具，将属性栏中笔尖半径值设置为50，将速度值设为100，将光标移动到西瓜籽的轮廓上，如下左图所示。在西瓜籽轮廓处按住鼠标左键并进行拖动，能看到西瓜籽形状变平滑了，如下右图所示。

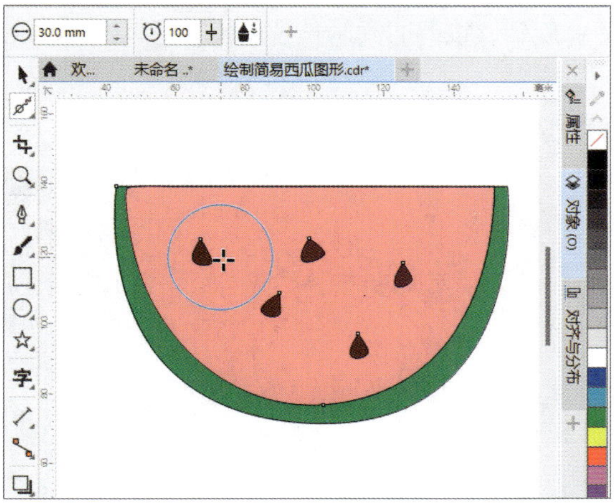

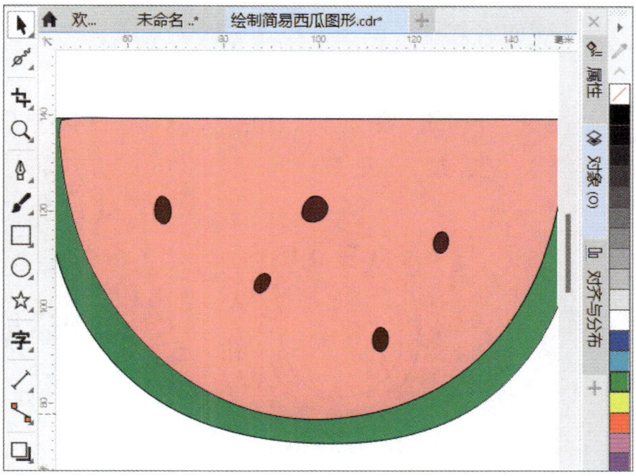

3.3.3 涂抹工具

在CorelDRAW中，涂抹工具是通过模拟传统绘画中的涂抹效果来变形图形的。在工具箱中选择涂抹工具，其属性栏如下图所示。

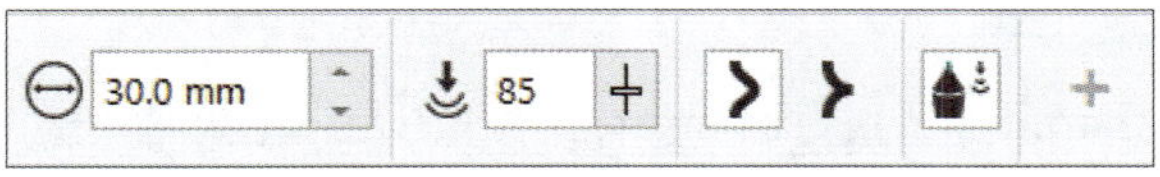

- **笔尖半径：** 用于设置涂抹笔刷的大小。
- **压力：** 在数值框中设置压力效果的强度。
- **平滑涂抹：** 单击该按钮，可以使对象的轮廓更平滑，如下左图所示。
- **尖状涂抹：** 单击该按钮，可以涂抹出带有尖角的曲线，如下右图所示。
- **笔压：** 使用数字笔或写字板绘图时，用于压力效果控制。

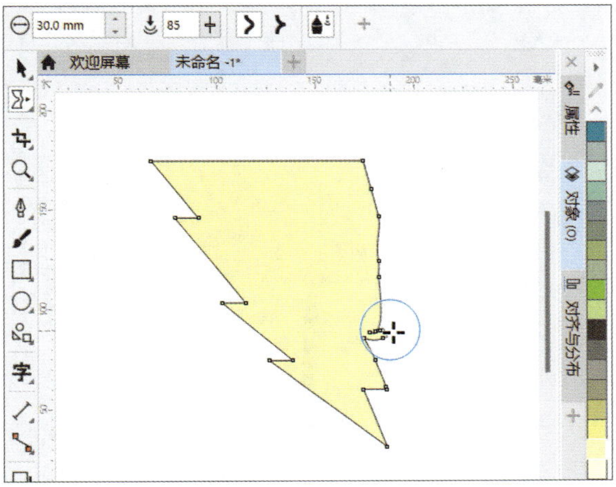

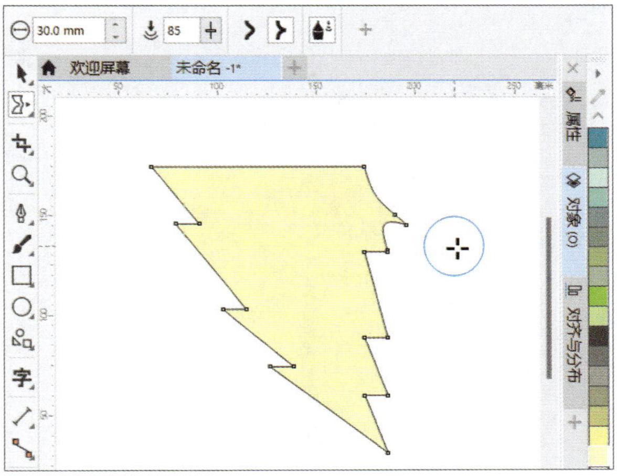

3.3.4 转动工具

在CorelDRAW中，用户可以使用转动工具给选定的对象添加转动效果。在工具箱中选择转动工具，其属性栏如下图所示。

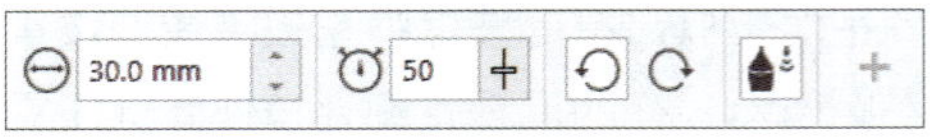

- **速度：** 单击该按钮，设置转动效果的速度。
- **逆时针转动：** 单击该按钮后转动对象，对象按逆时针旋转，按的时间越长效果越明显，如下左图所示。
- **顺时针转动：** 单击该按钮后转动对象，对象按顺时针旋转，如下右图所示。

3.3.5 吸引和排斥工具

在CorelDRAW中，吸引和排斥工具是用于塑形的工具，用户可以通过吸引或推离节点来调整对象的形状。在工具箱中选择吸引和排斥工具，其属性栏如下图所示。

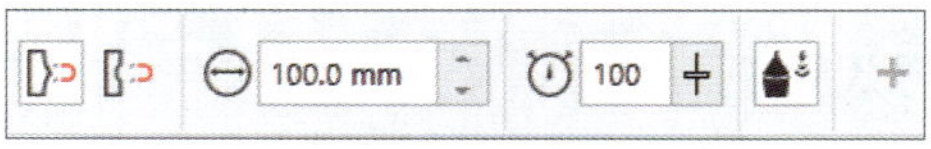

- **吸引工具：** 单击该按钮，对象之间相互吸引，效果如下左图所示。
- **排斥工具：** 单击该按钮，对象之间相互排斥，效果如下右图所示。

3.3.6 弄脏工具

在CorelDRAW中，使用弄脏工具可以使对象的边缘或表面出现不规则的纹理，从而创造出一种手绘或旧化的视觉效果。在工具箱中选择弄脏工具，其属性栏如下图所示。

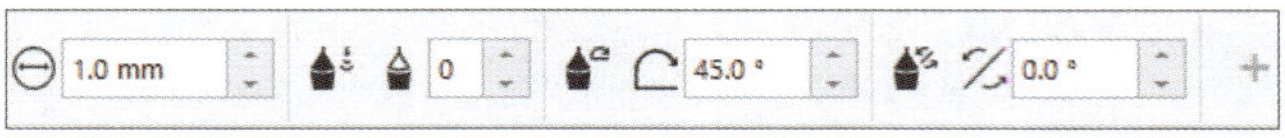

- **干燥：** 用于设置涂抹效果的宽度，数值越大，笔刷绘制的效果越尖锐。数值设置为2时，效果如下左图所示。数值越小，笔刷绘制的效果越圆润，数值设置为-2时，效果如下右图所示。

- **使用笔倾斜：** 常用于更改工具的角度，以改变涂抹效果的形状。
- **笔倾斜：** 在数值框中输入数值，设置涂抹工具需要的角度，来更改涂抹效果的形状。
- **使用笔方位：** 使用数位板和写字板时，需要启动笔方位。
- **笔方位：** 在数值框中输入数值，设置涂抹工具需要的笔方位，来更改涂抹效果的形状。

提示：应用弄脏工具的注意事项

使用弄脏工具时，笔刷从图形内部向外部拖动，可以添加图形区域，如下左图所示。笔刷从图形外部向内部拖动，可以删减图形区域，如下右图所示。

3.3.7 粗糙工具

在CorelDRAW中，使用粗糙工具可以改变矢量图形的曲线平滑度，创建粗糙的、锯齿状的或尖突的边缘变形效果。在工具箱中选择粗糙工具，其属性栏如下图所示。

- **笔尖半径：** 控制粗糙笔尖的大小，笔尖越大，粗糙效果越显著。
- **尖突的频率：** 决定粗糙边缘上尖角的密度，频率值越高，尖角越多。尖突频率的范围为1~10。当频率数值为1时，效果如下左图所示。当频率数值为10时，效果如下右图所示。

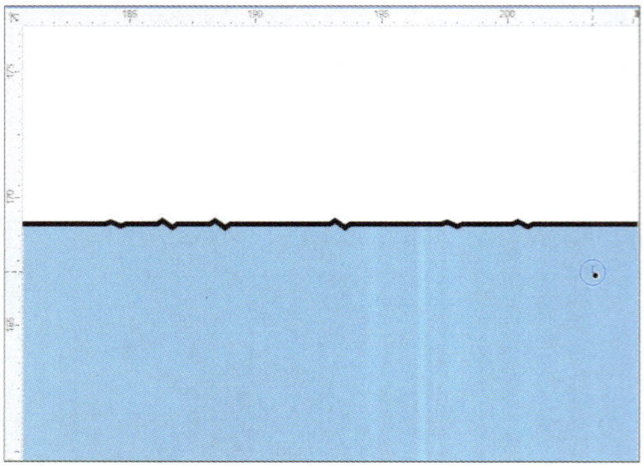

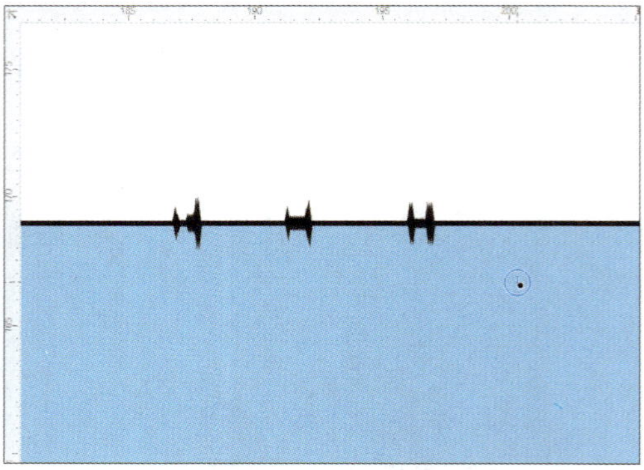

- **干燥：** 影响粗糙区域的尖突数量，数值范围通常为-10～10，当尖突频率的数值为5，干燥程度的数值为-10时，效果如下左图所示。干燥程度的数值为10时，效果如下右图所示。

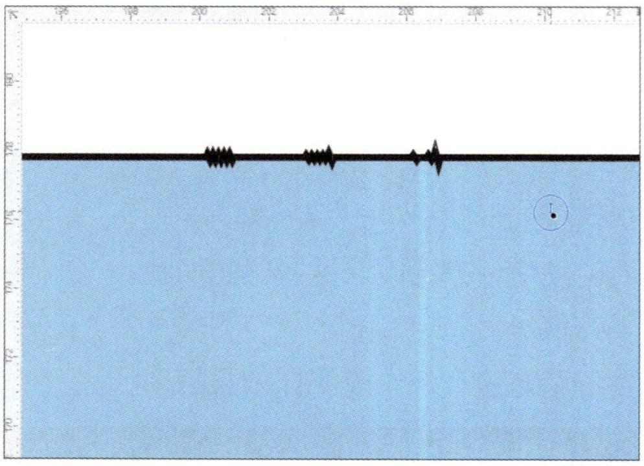

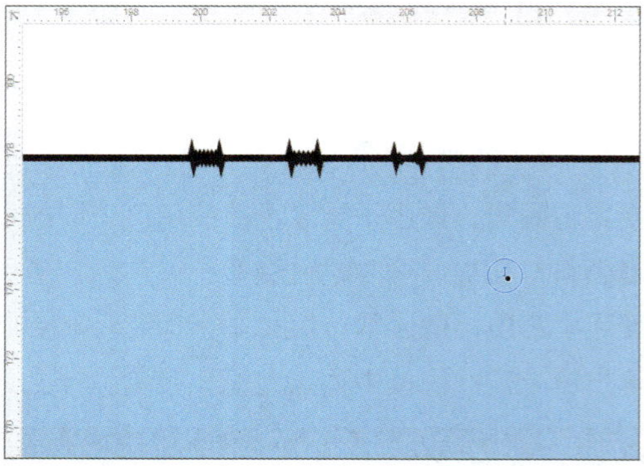

- **尖突方向：** 用于调整粗糙笔刷的方向。
- **笔方位：** 将尖突方向设置为“自动”后，用于为方位设置固定值。

3.3.8 裁剪工具

在CorelDRAW中，用户可以使用裁剪工具对图形进行裁剪，去掉不需要的区域。

在工具箱中选择裁剪工具，将光标移动到要裁剪的图形上，绘制裁剪区域，如下左图所示。在工作区左上角有“裁剪”和“清除”两个按钮，单击“裁剪”按钮，即可裁剪出需要的部分，如下右图所示。单击“清除”按钮，即可重新绘制裁剪区域。

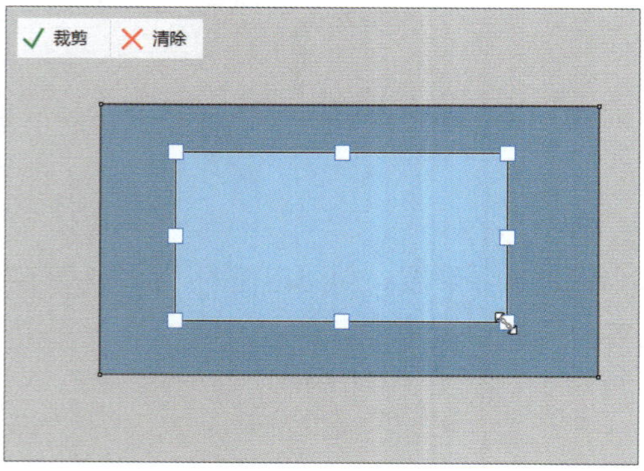

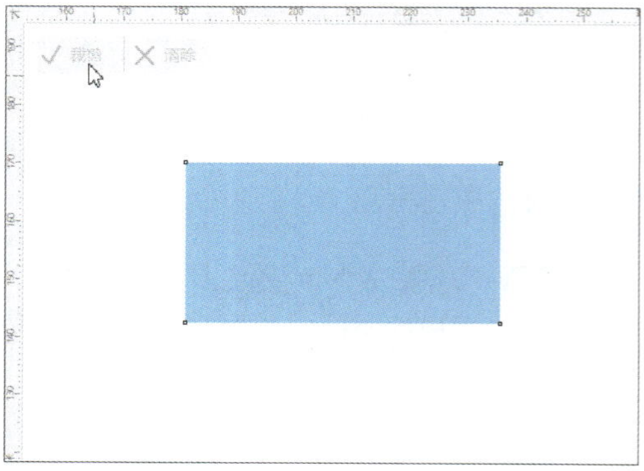

3.3.9 刻刀工具

在CorelDRAW中，使用刻刀工具可以沿着特定路径拆分矢量对象、文本或位图，也可以将一个对象分割成多个独立的部分。在工具箱中选择刻刀工具，其属性栏如下图所示。

- **2点线模式：** 单击该按钮，沿直线拆分对象
- **手绘模式：** 单击该按钮，沿手绘线拆分对象。
- **贝塞尔模式：** 单击该按钮，通过拖动控制手柄来创建复杂的路径拆分对象。
- **剪切时自动闭合：** 闭合拆分对象形成的路径。
- **手绘平滑：** 手绘曲线时，调整曲线的平滑度。
- **剪切跨度：** 单击下拉按钮，选择“无”选项，沿着宽度为0的线拆分对象；选择“间隙”选项，在新对象之间创建间隙；选择“重叠”选项，剪切新对象重叠。
- **宽度：** 在数值框中输入数值，设置拆分操作生成的新对象之间的间隙。设置剪切宽度为“间隙”，宽度为1时，效果如下左图所示。宽度为3时，效果如下右图所示。

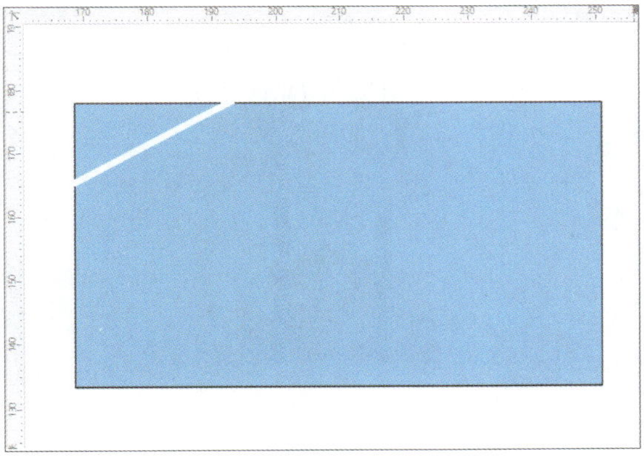

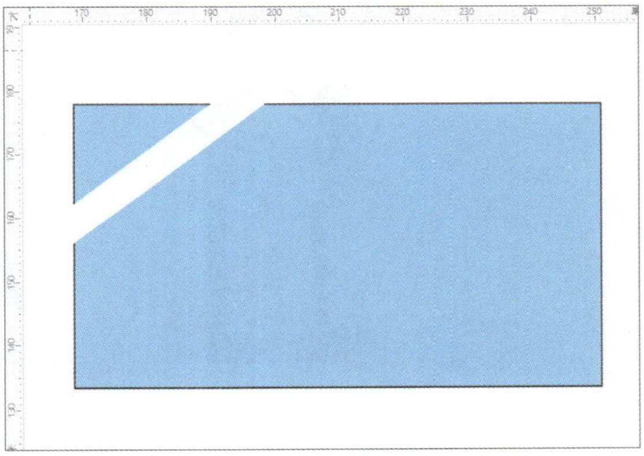

- **轮廓选项：** 单击下拉按钮，选择在拆分对象时是“自动”“转换为对象”或“保留轮廓”。
- **装订框：** 使用曲线工具时，选择显示或隐藏边框。

3.3.10 虚拟段工具

在工具箱中选择虚拟段工具，将光标移动到要删除的图形上，如下左图所示。单击鼠标左键或者按住鼠标左键绘制矩形边框，释放鼠标，即可删除对象。黄色矩形被删除了，如下右图所示。

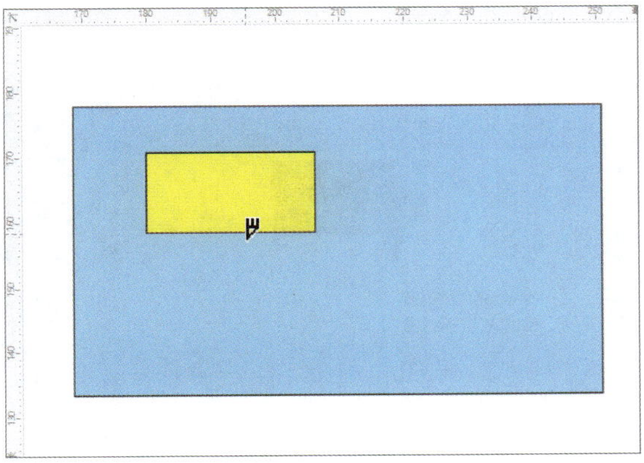

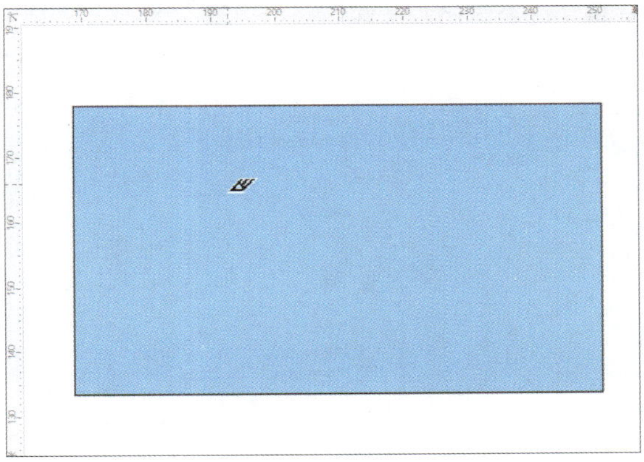

3.3.11 橡皮擦工具

在CorelDRAW中，使用橡皮擦工具可以擦除矢量图形的部分区域，如线条、矩形等。在工具箱中选择橡皮擦工具，其属性栏如下图所示。

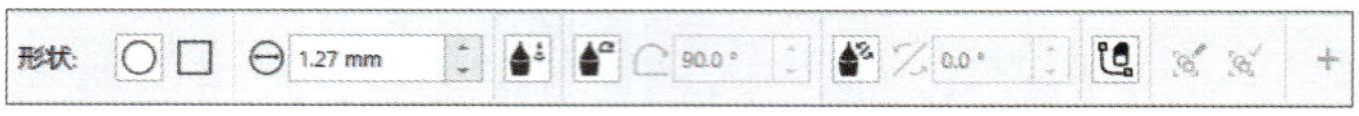

- **形状：** 选择橡皮擦笔尖的形状，包括圆形和矩形两个选项。
- **橡皮擦厚度：** 在数值框中输入数值，调整橡皮擦厚度，数值越大，橡皮擦的范围越广。
- **笔压：** 使用数字笔或笔触的压力控制效果时，用于改变笔尖大小。
- **减少节点：** 单击该按钮，使用减少节点功能，橡皮擦工具擦除后会减少擦除区域的节点数量，有助于平滑擦除痕迹。

在工具箱中选择橡皮擦工具，将光标移动到需要擦除的区域，即可进行擦除，如下左图所示。在使用橡皮擦工具时按住Ctrl键，可以擦出水平或垂直的效果，如下右图所示。

知识延伸：对象的造型应用

在CorelDRAW中，造型工具是一组强大的功能，可以对两个或两个以上的图形进行合并、修剪、相交、简化、移除后面的对象和移除前面的对象等操作。在菜单栏中执行“对象>造型”命令，即可看到关于造型的所有选项，如下左图所示。用户也可执行“窗口>形状”命令，打开形状泊坞窗，如下右图所示。或选择对象后，在属性栏进行操作。

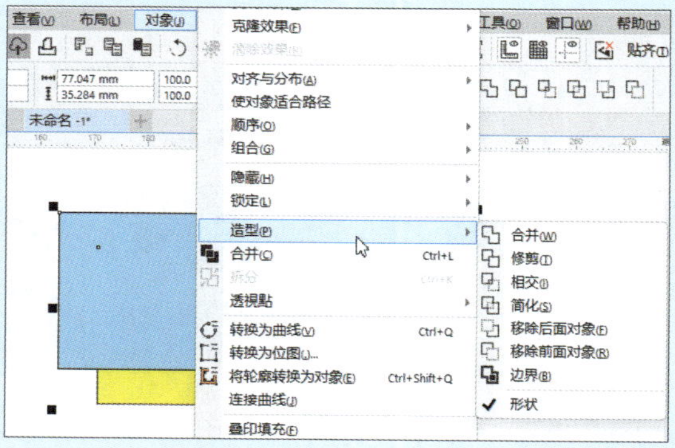

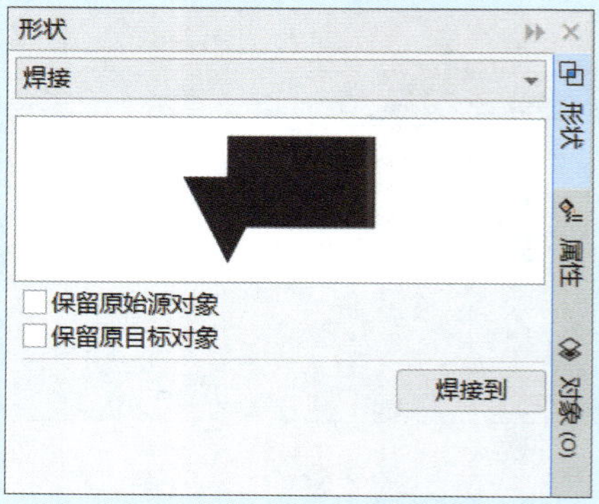

(1) 合并对象

造型中的合并对象是一个将多个对象合并为单一轮廓的独立对象的过程，合并后的对象会采用目标对象的填充和轮廓属性，所有对象之间的重叠线都会消失，与上文“合并与拆分对象”中的“合并”不同，读者注意区分。

使用选择工具选中要合并的对象，如下左图所示。单击属性栏的“合并”按钮，效果如下右图所示。

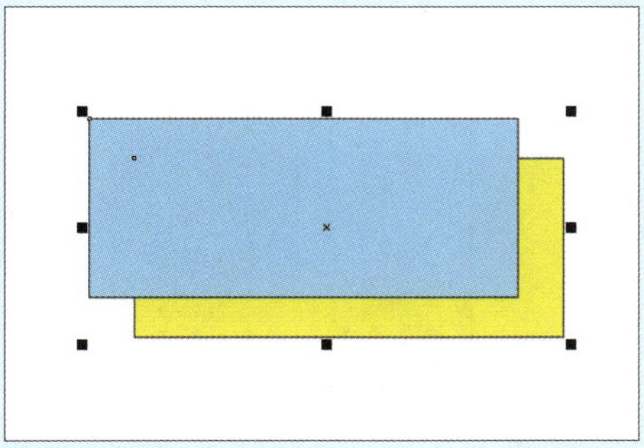
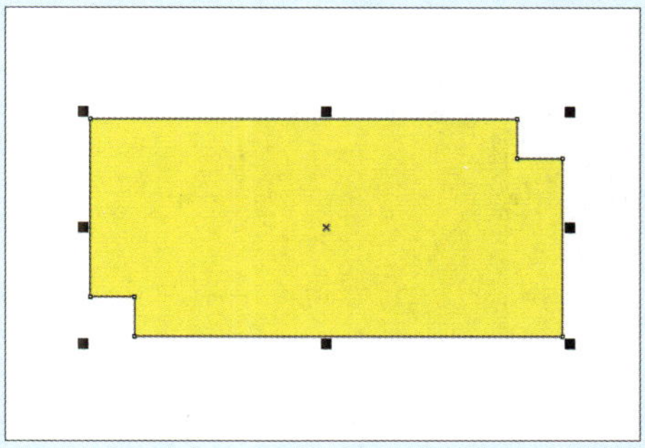

(2) 修剪对象

修剪对象是用一个对象的形状来剪裁另一个对象，在修剪的过程中仅修剪掉对象之间重叠的部分而不改变对象的填充和轮廓属性。

使用选择工具单击第一个对象作为来源对象，再按住Shift键选择第二个对象作为目标对象，如下左图所示。调整好图形位置后，单击属性栏中的“修剪”按钮，移动来源对象，可以看到目标对象被修剪出来了，如下右图所示。

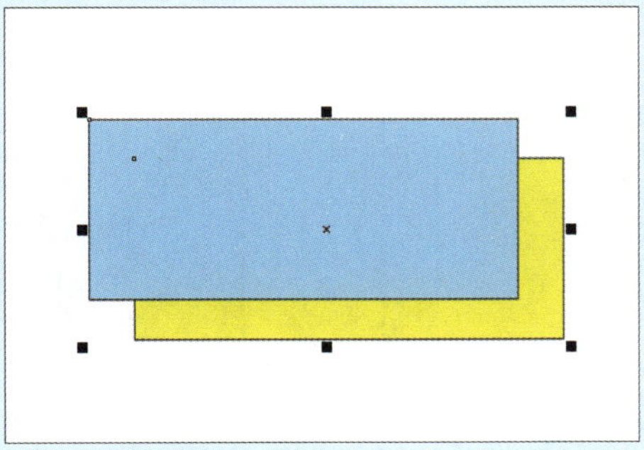
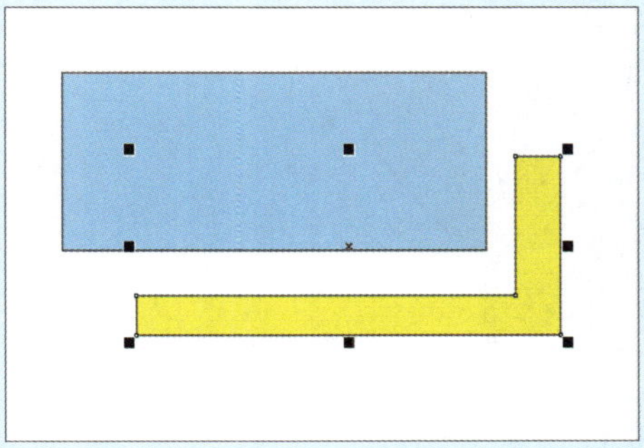

(3) 相交对象

相交对象是使用两个或多个对象的重叠部分创建一个新的独立对象的过程。

使用选择工具选中两个对象，单击属性栏的“相交”按钮，默认状态下保留原始源对象和原目标对象，调整位置，效果如下左图所示。在泊坞窗取消勾选“保留原始源对象”和“保留原目标对象”复选框，执行相交命令，再在工作区单击要保留的对象，选择蓝色矩形，效果如下右图所示。

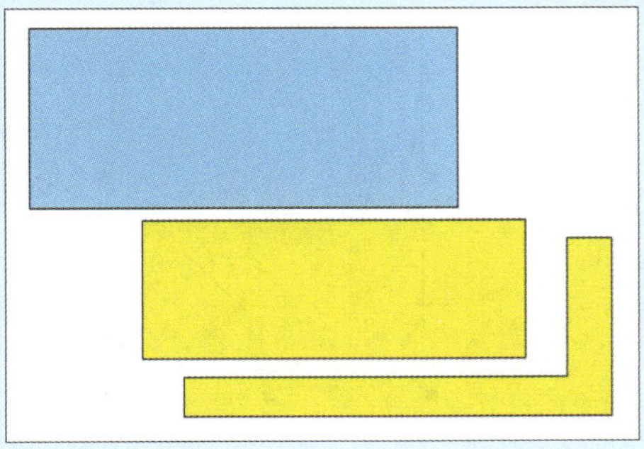
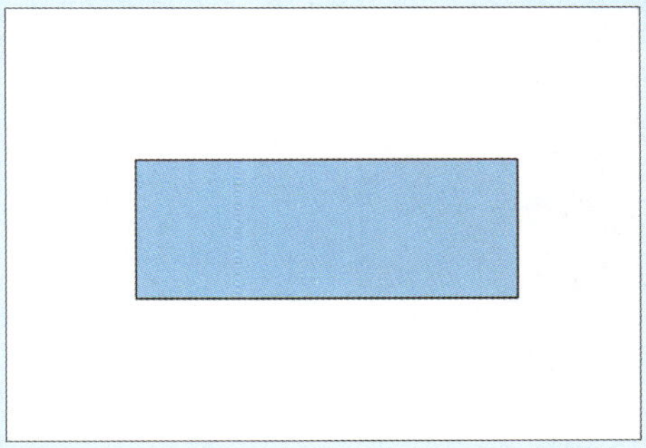

（4）简化对象

简化对象是一个布尔运算操作，简化对象操作可以去除两个或多个重叠对象中的非重叠部分。

使用选择工具选中要简化的两个对象，如下左图所示。单击属性栏中的“简化”按钮，效果如下右图所示。

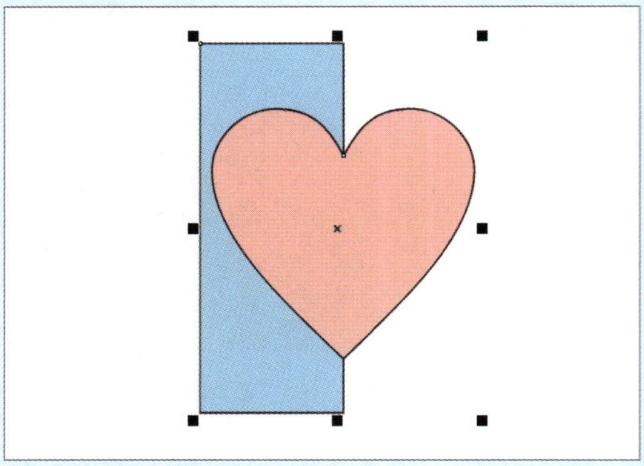

（5）移除后面对象/移除前面对象

移除后面对象是指以前面的对象为基础，去除后面的对象与其重叠的部分。首先选中对象，如下左图所示。单击“移除后面对象”按钮，效果如下中图所示。单击“移除前面对象”按钮，效果如下右图所示。

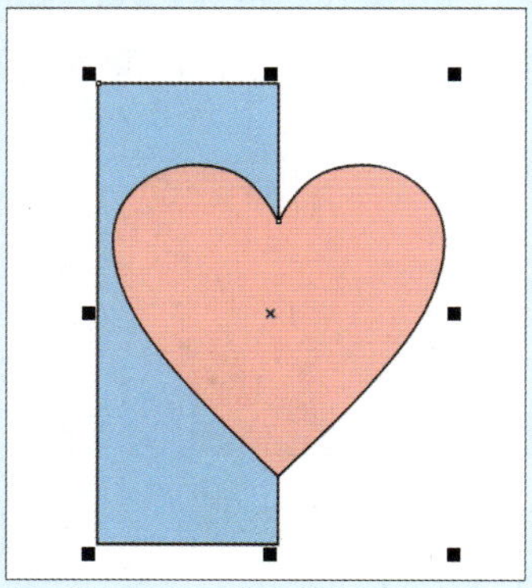

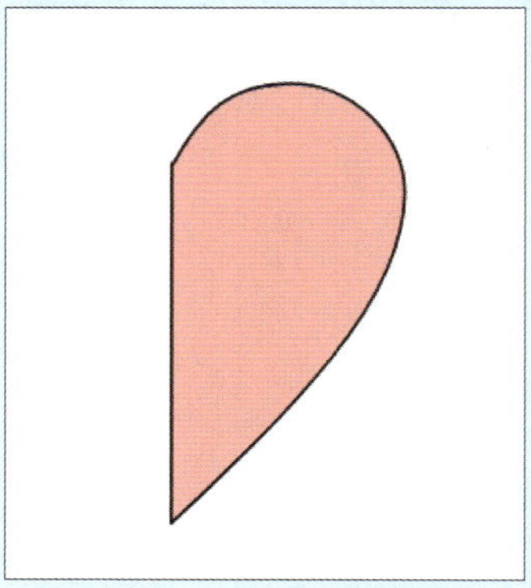

（6）边界对象

边界对象指的是一个围绕选定对象形成的新路径，该操作可以自动检测选定对象的最大外部边界，并创建一个闭合路径，这个路径可以作为新的对象存在，而不会影响原有对象的形状。

使用选择工具选定需要简化的对象，单击“边界”按钮，默认状态下保留原对象，拖动简化的路径，效果如下左图所示。在泊坞窗取消勾选保留原对象，单击“边界”按钮，效果如下右图所示。

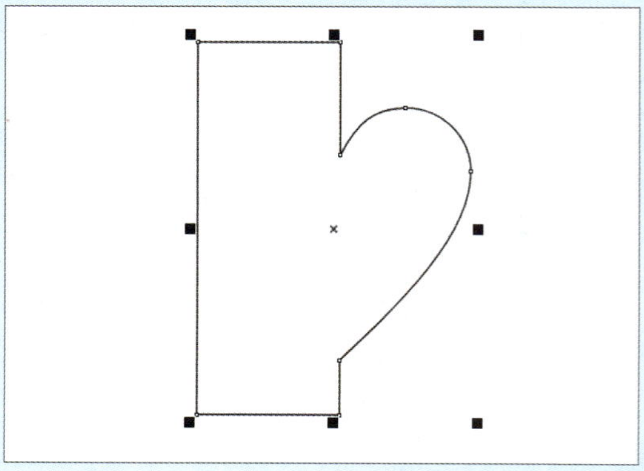

上机实训：天山明信片设计

通过本章内容的学习，读者了解到了CorelDRAW 2024中对象编辑与造形工具的使用方法。下面我们将主要使用本章所学功能，制作一张关于天山的明信片，具体步骤如下。

扫码看视频

步骤 01 打开CorelDRAW 2024软件，执行“文件＞新建”命令，新建一个空白文档，参数设置如下左图所示。

步骤 02 在菜单栏中执行“对象＞页面背景”命令，设置背景的填充颜色为灰色，如下右图所示。

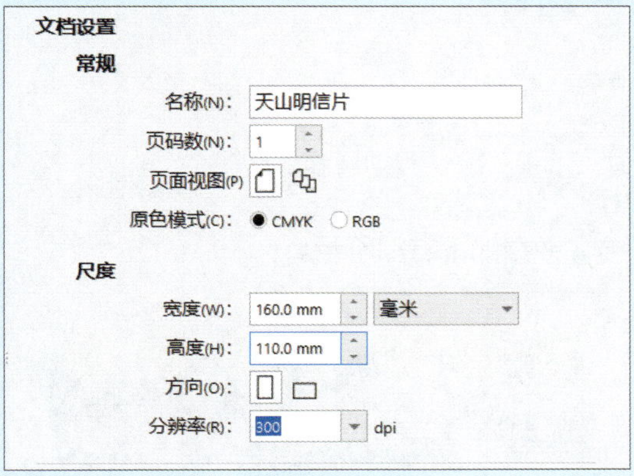

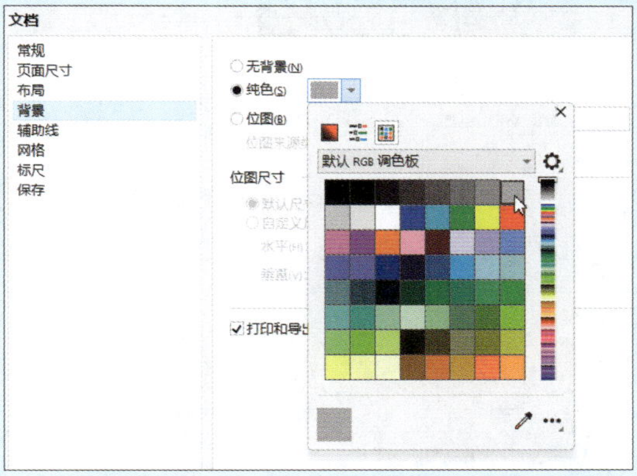

步骤 03 在工具箱中选择矩形工具，绘制一个矩形，如下左图所示。

步骤 04 选择矩形，设置填充颜色为白色，效果如下右图所示。

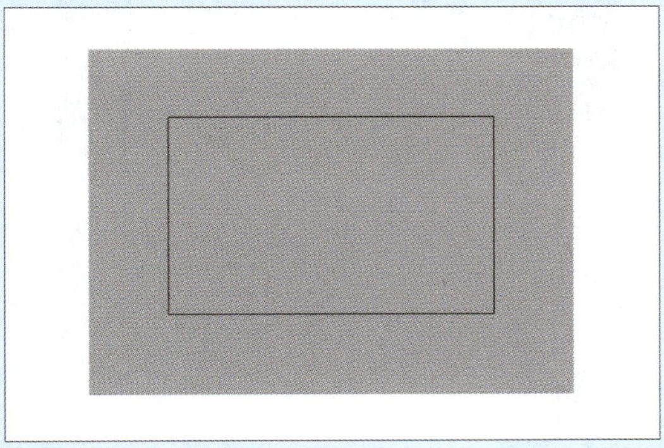

步骤 05 在菜单栏中执行“文件＞导入”命令，在打开的对话框中选择要导入的素材，如下左图所示。

步骤 06 单击“导入”按钮将素材导入，效果如下右图所示。

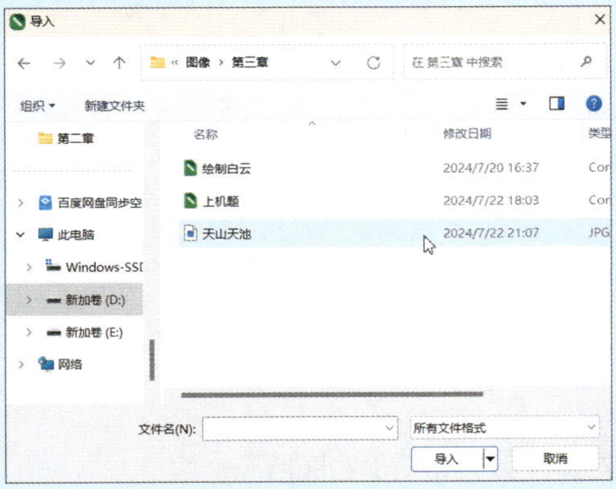

步骤 07 在工具箱中选择椭圆形工具，绘制一个正圆形，设置填充颜色为黄色，如下左图所示。

步骤 08 在菜单栏中执行“编辑＞步长和重复”命令，设置参数如下右图所示。

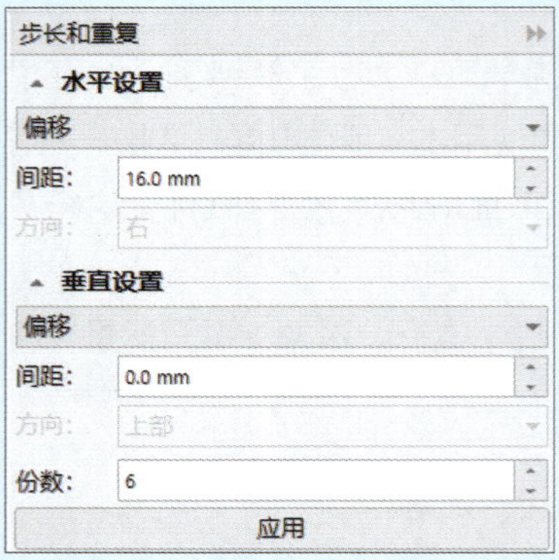

步骤 09 这时我们在工作区看到的效果如下左图所示，

步骤 10 复制上方的圆形，按住Ctrl键垂直移动到下方，效果如下右图所示。

步骤 11 复制一个圆形到左边与图形相交处，如下左图所示。

步骤 12 设置变换参数，如下右图所示。

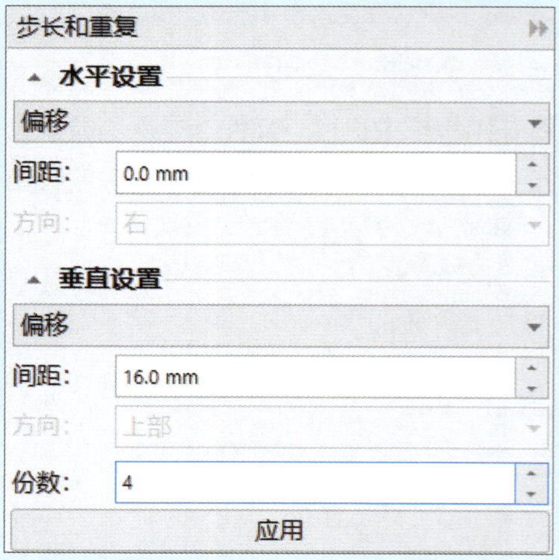

步骤 13 这时我们在工作区看到的效果如下页左图所示。

步骤 14 复制左边所有的圆形，按住Ctrl键水平移动到右边，效果如下页右图所示。

步骤15 选择所有的黄色圆形和图片素材，在菜单栏中执行“对象>造型>移除前面对象”命令，效果如下左图所示。

步骤16 使用贝塞尔工具绘制一条直线，调整直线位置，如下右图所示。

步骤17 在变换泊坞窗设置相关参数，如下左图所示。单击“应用”按钮，效果如下右图所示。

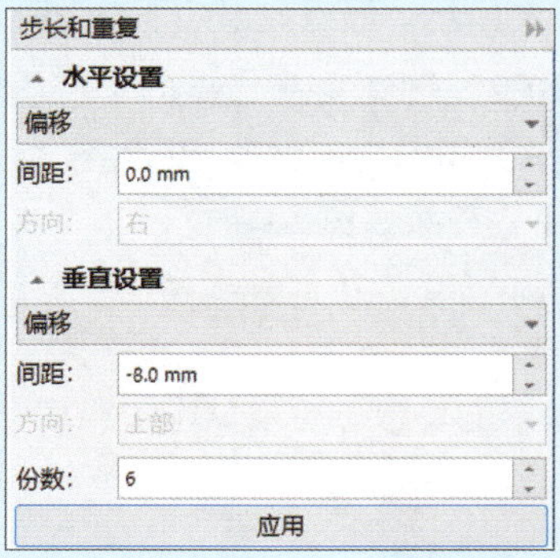

步骤18 在工具箱中选择文本工具，在明信片左下角输入“天山天池”，“字体大小”设置为14pt。在明信片右上角输入“新疆是个好地方”，“字体大小”设置为16pt。最终效果如右图所示。

课后练习

一、选择题（部分多选）

（1）关于选择多个对象，下面说法错误的是（　　）。

A. 按住Shift键对对象进行加选　　B. 双击选择工具全选对象

C. 按住Ctrl键对对象进行加选　　D. 使用快捷键Ctrl＋A全选对象

（2）对多个对象进行合并，下列关于合并的说法错误的是（　　）。

A. 如果是点选对象，合并的对象与最后选择的对象属性一致

B. 如果是全选对象，合并的对象与最下层的对象属性一致

C. 如果是全选对象，合并的对象与最上层的对象属性一致

D. 以上都错

（3）使用（　　），可以裁剪图形。

A. 刻刀工具　　B. 涂抹工具　　C. 平滑工具　　D. 裁剪工具

二、填空题

（1）使用形状工具编辑由“矩形”“多边形”和“文本”等工具绘制的对象时，需要__________后才能进行编辑。

（2）CorelDRAW中裁剪工具包括__________、__________、__________、__________。

（3）使用弄脏工具时，笔刷从图形内部向外拖动为__________，笔刷从图形外部向内部拖动为__________。

三、上机题

学习对象编辑与造形工具的应用后，用户可以自己创建并编辑图形，进行扇子图形的绘制，从而进一步掌握学习的知识点。关键参数设置参考如下左图所示。最终效果如下右图所示。

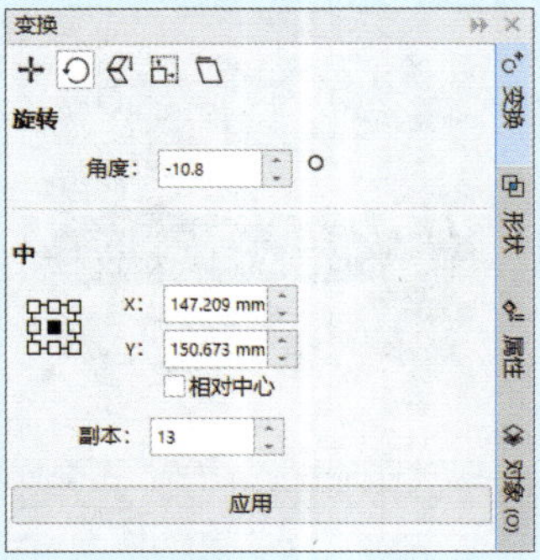

操作提示

① 使用椭圆形工具中的饼形功能绘制饼图。

② 执行“窗口 > 泊坞窗 > 变换”命令，调出变换属性泊坞窗，创建直线副本。

③ 为扇子填充颜色后，使用透明度工具调整扇叶的透明程度，使扇骨显露出来。

第 4 章 颜色应用与效果填充

本章概述

本章将对CorelDRAW软件的填充工具、滴管工具和矢量图形轮廓线编辑功能等的应用进行介绍。通过学习颜色应用与填充效果方面的知识，帮助用户为图形填充颜色，从而提高图形的美观度。

核心知识点

1. 掌握填充工具的使用技巧
2. 掌握滴管工具的使用技巧
3. 综合应用滴管和填充工具
4. 了解矢量图轮廓线的编辑

4.1 图形的填充应用

在CorelDRAW中，为图形填充颜色或图案是非常重要的操作，能够使作品具有更加丰富的画面效果。常用的填充工具包括交互式填充工具和智能填充工具等。接下来，将详细介绍各个工具的应用方法。

4.1.1 交互式填充工具

使用交互式填充工具可以为图形设置各种各样的填充效果。交互式填充工具包括无填充、均匀填充、渐变填充、向量图样填充、位图图样填充、双色图样填充、底纹填充和PostScript填充，如右图所示。

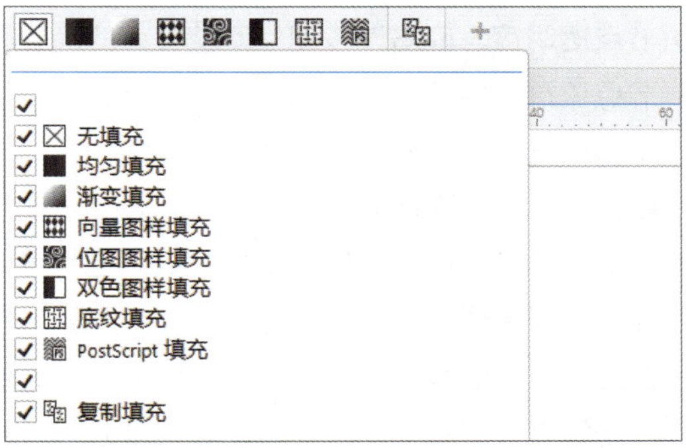

(1) 无填充

若对象已填充颜色，单击“无填充”按钮，可清除颜色。在工具箱中选择“选择”工具，单击要清除颜色的对象，如下左图所示。然后在工具箱中选择交互式填充工具，单击属性栏的“无填充”按钮，即可将选中的对象颜色清除，如下右图所示。一般情况下，选择要修改颜色的对象，使用调色板直接填充颜色即可。

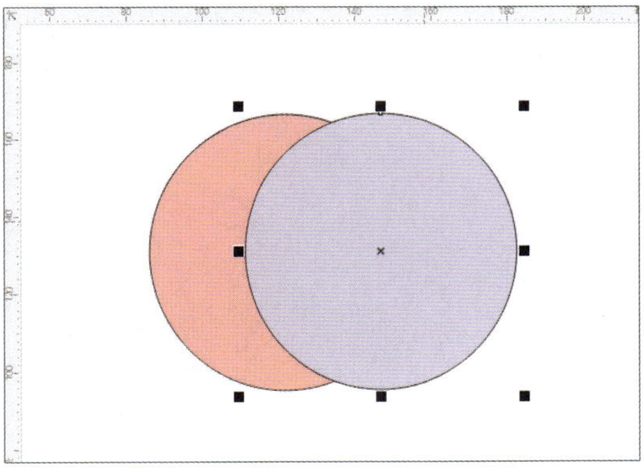

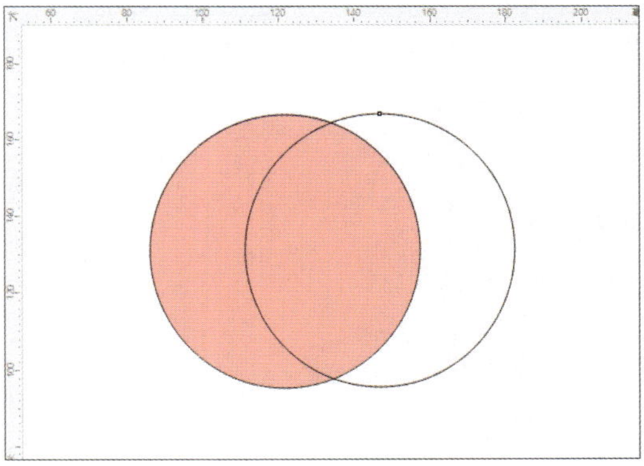

(2) 均匀填充

在工具箱中选择交互式填充工具，选中要填充的对象，如下页左图所示。单击属性栏的“均匀填充”按钮，再单击“填充色”下拉按钮，在打开的颜色面板中选择填充颜色，如下页中图所示。可见圆形被填充了颜色，效果如下页右图所示。

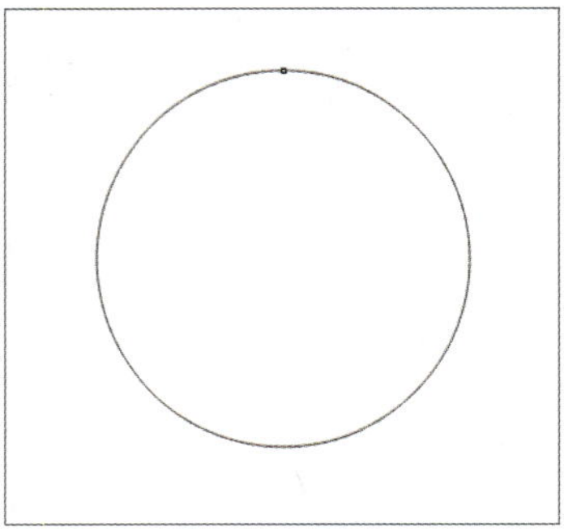

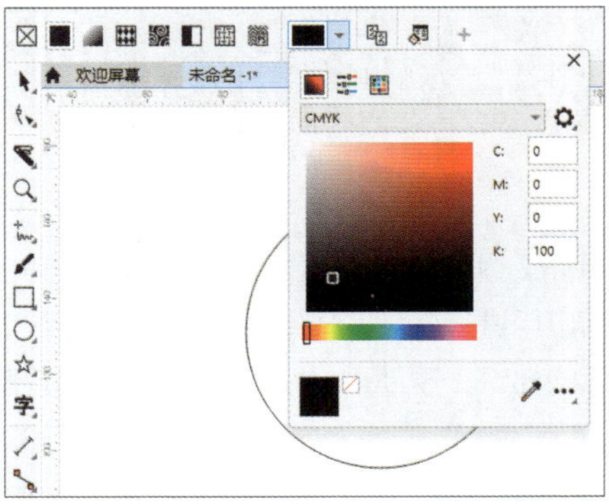

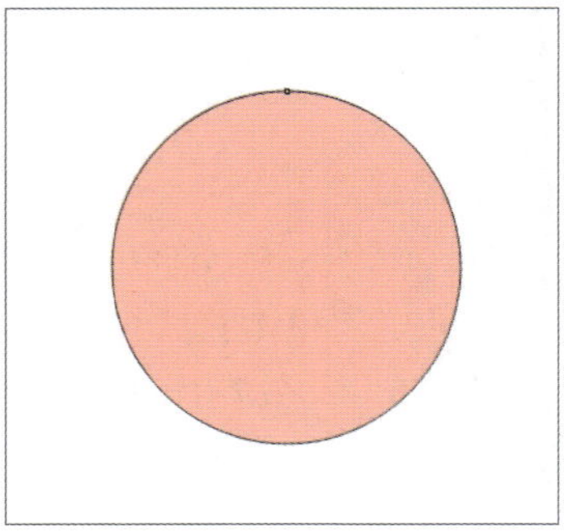

（3）渐变填充

渐变填充可以为图形填充从一种颜色平滑过渡到另一种或多种颜色的效果。在工具箱中选择交互式填充工具，单击属性栏的“渐变填充”按钮，其属性栏如下图所示。

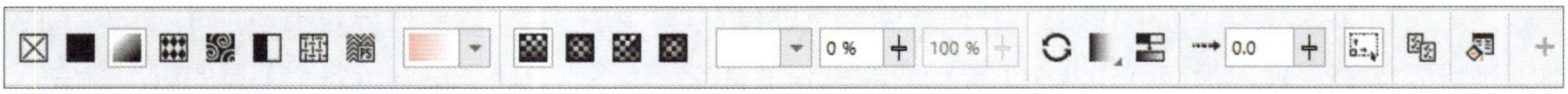

- **渐变填充类型**：包括线性渐变填充、椭圆形渐变填充、圆锥形渐变填充和矩形渐变填充。
- **节点颜色**：单击下拉按钮，在打开的颜色面板中可以选择节点的颜色。
- **节点透明度**：单击该按钮，调整节点的透明程度。
- **节点位置**：用于设置中间节点相对于起始和终点节点的位置。
- **反转填充**：单击该按钮，反转填充的颜色。
- **排列**：包括“默认渐变填充”“重复和镜像”和“重复”三种填充排列方法。
- **平滑**：单击该按钮，使渐变填充效果更平滑。
- **加速**：在数值框输入相应的值，加快渐变填充从一种颜色到另一种颜色的速度。
- **自由缩放和倾斜**：单击该按钮，可以不按比例地缩放和倾斜渐变填充效果。
- **复制填充**：将其他对象的填充效果复制到所选对象上。
- **编辑填充**：单击该按钮，打开“编辑填充”对话框，从而进行更详细的填充效果设置。

在工具箱中选择交互式填充工具，选中对象，为对象填充颜色后单击“渐变填充”按钮，效果如下左图所示。将光标移动到中心控制点上，将出现浮动工具栏，可以快速调整填充的颜色和填充的透明度，如下中图所示。将光标移动到右边节点上，为图形添加渐变颜色，并调整透明度，效果如下右图所示。

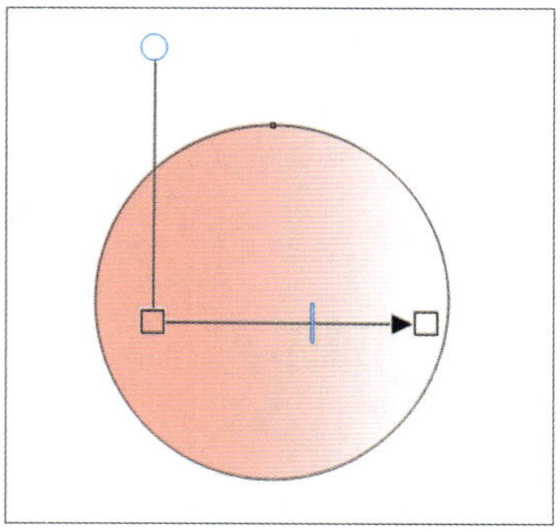

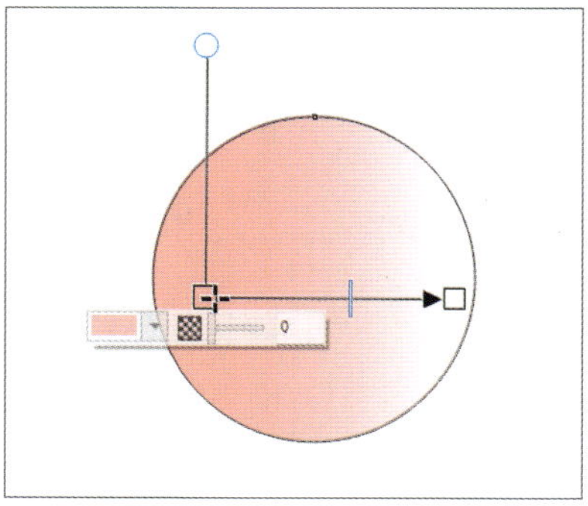

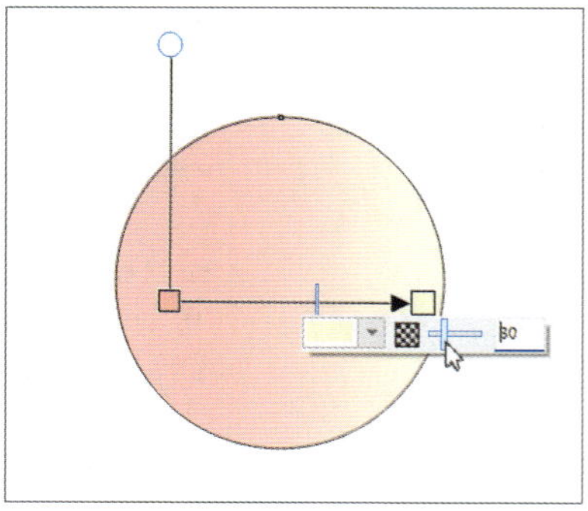

（4）向量图样填充

向量图样填充是使用复杂的矢量图形作为填充模式的填充效果。在工具箱中选择交互式填充工具，单击属性栏的“向量图样填充”按钮，其属性栏如下页图所示。

- **填充挑选器**：单击该按钮，选择从个人或公共库中选择向量图案来填充对象。
- **水平镜像平铺**：单击该按钮，使交替平铺在水平方向上相互反射。
- **垂直镜像平铺**：单击该按钮，使交替平铺在垂直方向上相互反射。
- **Transform with object（对象变换）**：包括填充宽度、填充高度、倾斜、水平位置、垂直位置、旋转、行或列偏移等，可将对象变换应用到填充。

在工具箱中选择交互式填充工具，选中对象，在属性栏中单击“向量图样填充”按钮，然后单击“填充挑选器”下拉按钮，在打开的面板中选择矢量填充图，效果如下左图所示。将光标移动到上方箭头节点上，可以偏移填充效果，如下右图所示。

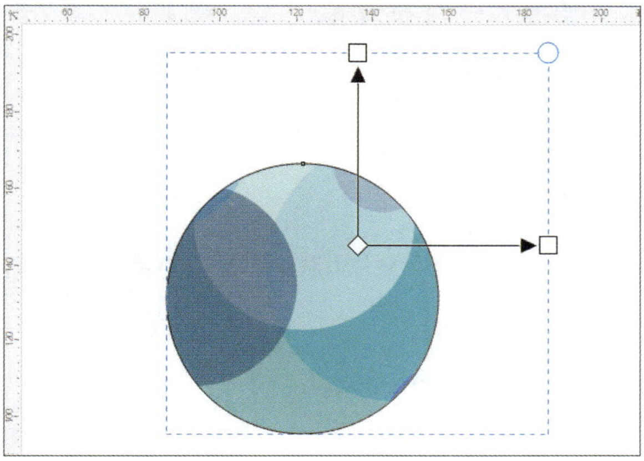

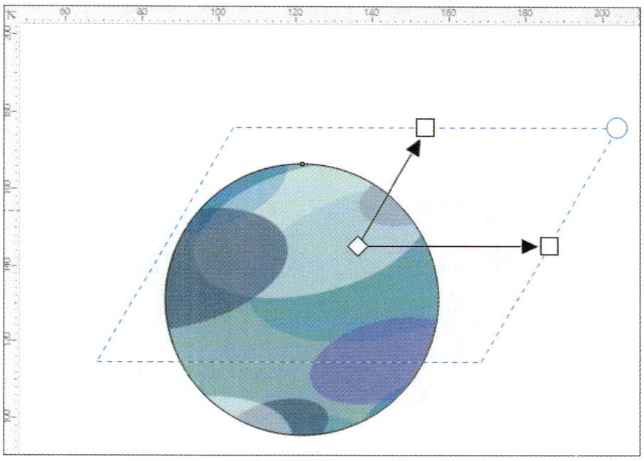

(5) 位图图样填充

位图图样填充是使用位图图像作为填充对象的填充效果。在工具箱中选择交互式填充工具，单击属性栏的“位图图样填充”按钮，其属性栏如下图所示。

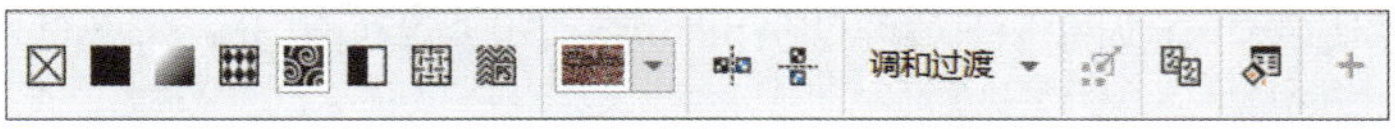

- **调和过渡**：用于调整位图图样的颜色过渡和亮度。

在工具箱中选择交互式填充工具，选中对象，在属性栏单击“位图图样填充”按钮，然后单击“填充挑选器”下拉按钮，在打开的面板中挑选矢量填充图，效果如下左图所示。将光标移动到上方和右方箭头节点上，可以偏移填充效果，如下右图所示。

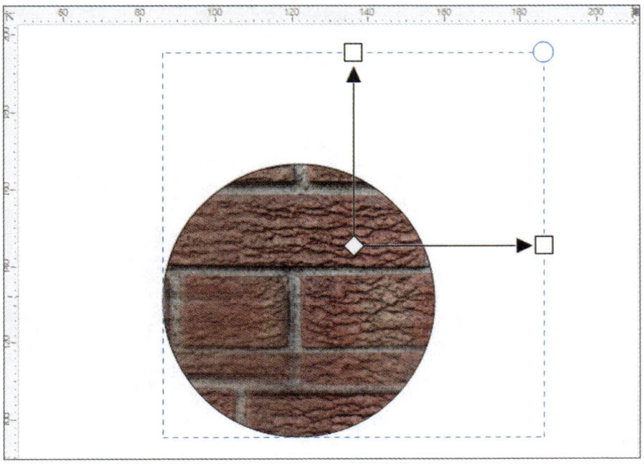

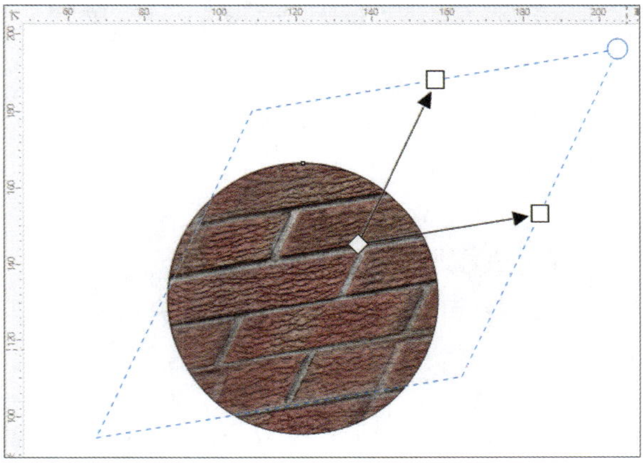

用户也可以选择自定义位图图样作为填充对象。选中填充对象，单击属性栏的“编辑填充”按钮，打开“编辑填充”对话框，单击“选择”按钮，如下左图所示。在打开的“导入”对话框中选择要导入的图片，单击“导入”按钮，返回“编辑填充”对话框后单击“OK”按钮，即可看到位图图样填充的效果，如下右图所示。

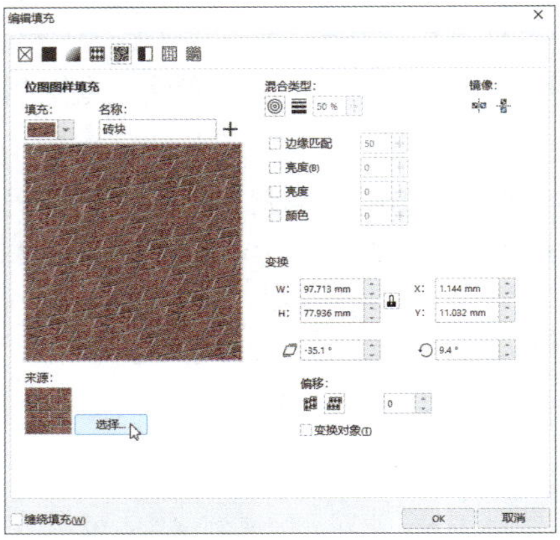

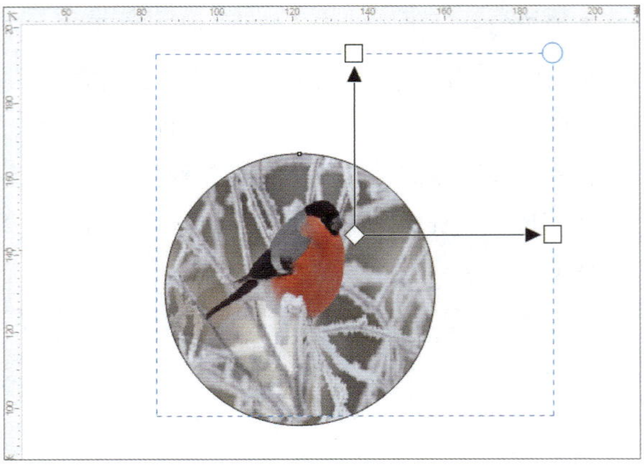

(6) 双色图样填充

双色图样填充可以使用两种颜色的图样来填充对象。在工具箱中选择交互式填充工具，单击属性栏的“双色图样填充”按钮，其属性栏如下图所示。

- **第一种填充色或图样：** 在下拉面板中选择图样的主颜色或图案。
- **前景色：** 在下拉面板中选择图案的前景色。
- **背景色：** 在下拉面板中选择图案的背景色。

在工具箱中选择交互式填充工具，选中对象，单击属性栏的“双色图样填充”按钮，再单击“第一种填充色或图样”下拉按钮，在下拉面板中选择图样的图案，如下左图所示。在属性栏继续调整前景色和背景色，最终效果如下右图所示。

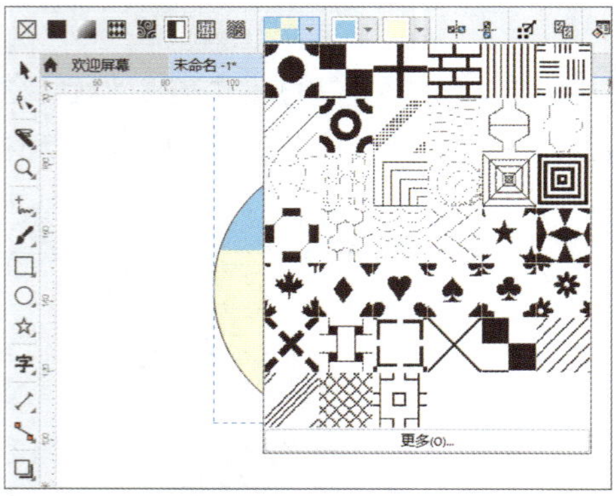

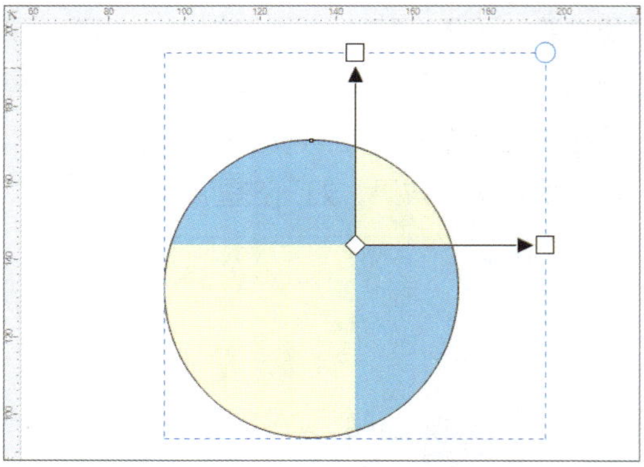

(7) 底纹填充

底纹填充可以使用预设纹理来填充对象。在工具箱中选择交互式填充工具，单击属性栏的“底纹填充”按钮，其属性栏如下图所示。

- **底纹库：** 在下拉列表中选择一个选项，可以从预设的底纹库中选择一种底纹样式。
- **填充挑选器：** 用于选择底纹样品。
- **底纹选项：** 单击该按钮，打开“底纹选项”对话框，设置位图分辨率和最大拼贴宽度，以优化底纹的显示效果。
- **重新生成底纹：** 单击该按钮，重新应用不同参数的底纹填充。

在工具箱中选择交互式填充工具，选中对象，单击属性栏的“底纹填充”按钮，在“底纹库”下拉列表中选择“样本5”图案选项，效果如下左图所示。单击属性栏的“重新生成底纹”按钮，最终效果如下右图所示。

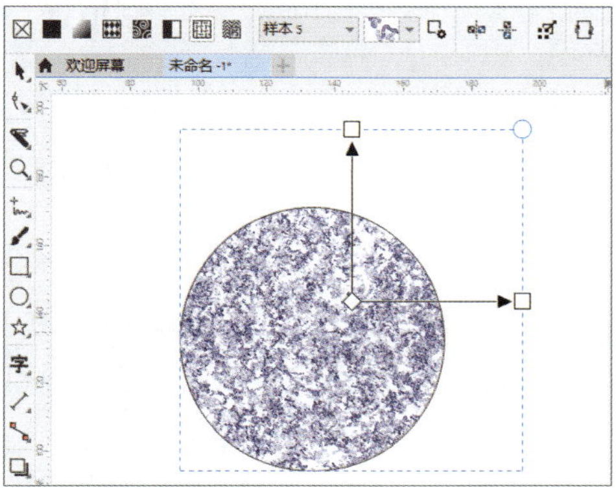

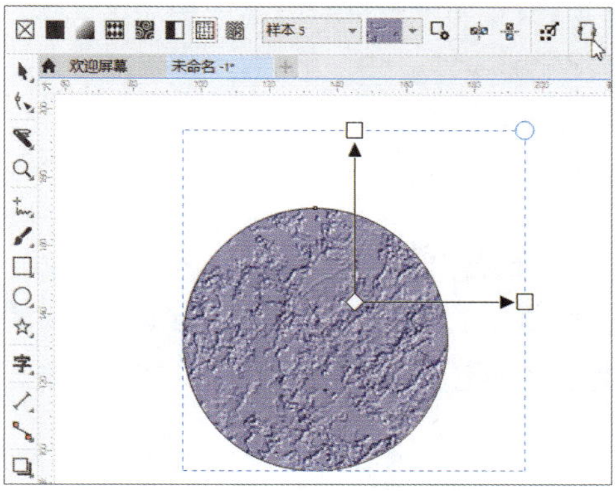

（8）PostScript填充

PostScript填充是一种利用PostScript语言创建底纹进行的独特的图形填充方式。由于PostScript填充使用了复杂的图案和计算，因此打印或屏幕更新时可能需要较长的处理时间，在“草稿”“正常模式”时，填充不会直接显示，而是以字母“PS”表示。单击属性栏的“PostScript填充”按钮，其属性栏如下图所示。

- **PostScript填充：** 单击该下拉按钮，可以从预设的底纹库中选择一种底纹样式，包括“爬虫”“绿叶”“绿草”和“鸟”等。
- **PostScript填充预览：** 选择填充底纹后，可以在预览框里看到样式效果。

选择工具箱中的交互式填充工具，选中对象，在属性栏单击“PostScript填充”按钮，单击“PostScript填充底纹”下拉按钮，选择“绿叶”底纹选项，效果如下左图所示。用户也可以编辑底纹样式，在属性栏单击“编辑填充”按钮，在弹出的对话框中修改相关数值，如下中图所示。单击“OK”按钮，返回工作界面，可以看到填充的底纹变小、变稀疏了，如下右图所示。

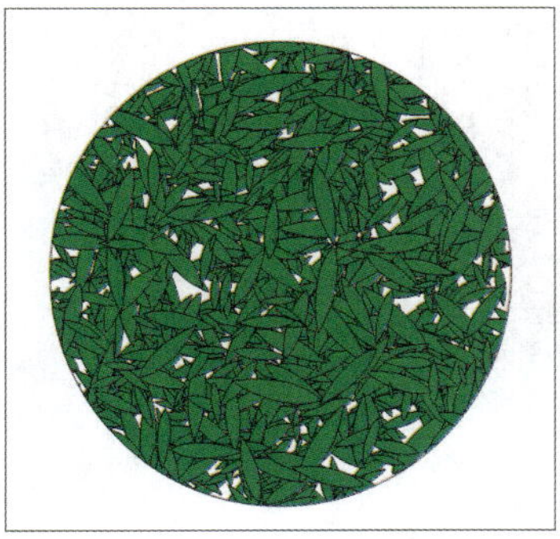

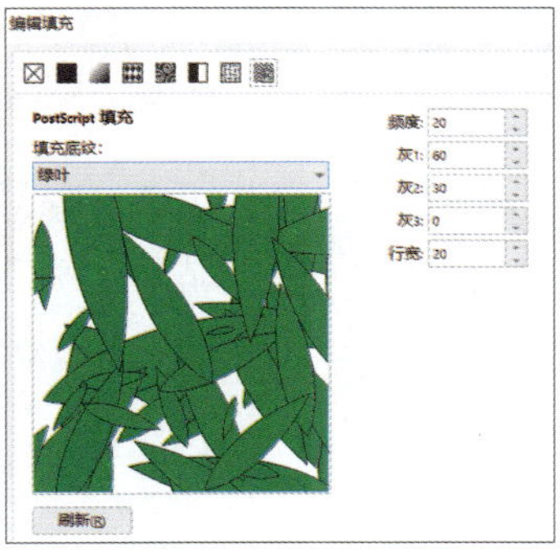

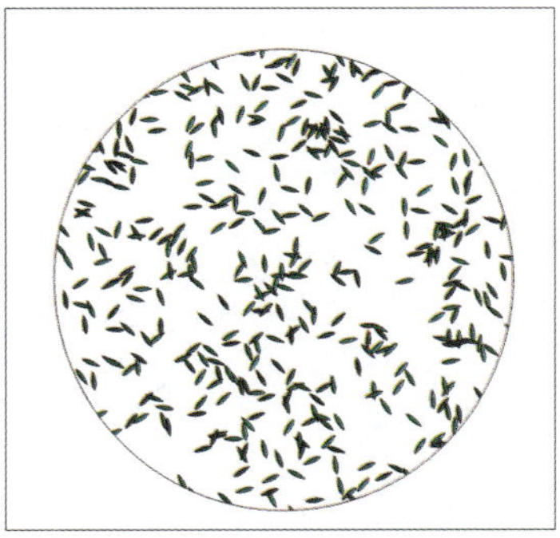

4.1.2 智能填充工具

智能填充工具能够自动检测闭合区域并填充颜色，可以进行单一对象填充、多个对象合并填充和交叉区域填充。在工具箱中选择智能填充工具，其属性栏如下图所示。

- **填充选项：** 用来设置填充的状态，包括“使用默认值”“指定”和“无填充”3个选项。
- **填充色：** 用来设置填充的颜色，单击下拉按钮，在打开的颜色面板中选择颜色。
- **轮廓选项：** 用来设置将默认或自定义轮廓应用到新对象，包括“使用默认值”“指定”和“无轮廓”3个选项。
- **轮廓宽度：** 在数值框中输入数值，调整填充对象的轮廓宽度。
- **轮廓色：** 用来设置填充对象的轮廓颜色，单击下拉按钮，在打开的颜色面板中选择颜色。

（1）单一对象填充

选择智能填充工具，在属性栏调整填充色，单击填充对象，可见图形应用了智能填充设置的样式，如下左图所示。使用选择工具将填充后的图形移走，可见被填充的图形是独立存在的对象，原图形依然存在，如下右图所示

（2）多个对象合并填充

使用常见的形状工具绘制两个重叠的心形，如下左图所示。选择智能填充工具，在工作区空白处单击，可以看见重叠的心形被填充为一个独立的对象，如下右图所示。

（3）交叉区域填充

使用矩形工具绘制多个重叠的对象，如下左图所示。选择智能填充工具，在图形的交叉区域内部单击，可以看见交叉区域被填充了颜色，如下右图所示。

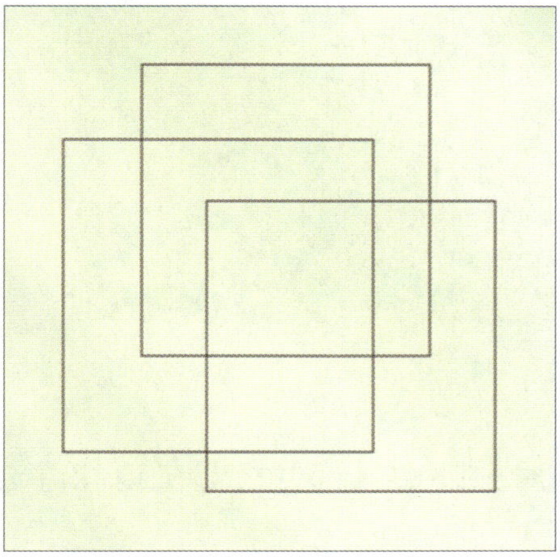

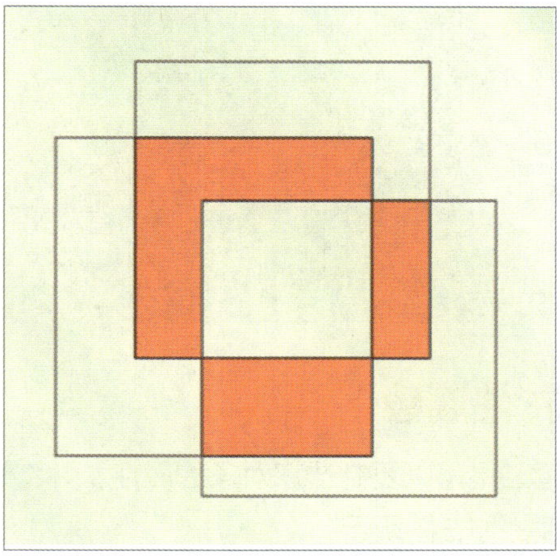

4.2 滴管工具的应用

滴管工具包括颜色滴管工具和属性滴管工具两种，用来从绘图窗口或桌面的对象中吸取颜色或属性，从而应用到指定的对象上。接下来，将详细介绍滴管工具的应用。

4.2.1 颜色滴管工具

颜色滴管工具可以在对象上进行颜色取样，然后应用到其他对象上。在工具箱中选择颜色滴管工具，其属性栏如下图所示。

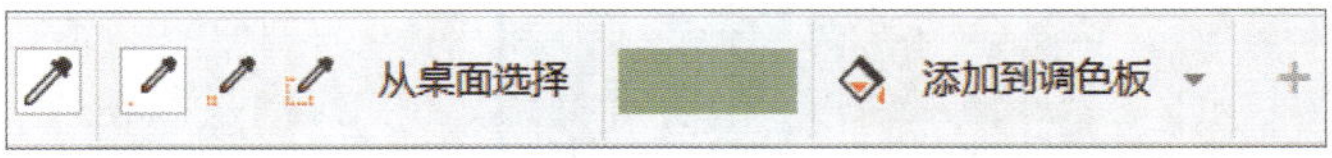

- **选择颜色**：用来从文档窗口进行颜色取样。
- **滴管1 × 1**：单击该按钮，进行单像素颜色取样。
- **滴管2 × 2**：单击该按钮，对2 × 2像素区域中的平均颜色值进行取样。
- **滴管5 × 5**：单击该按钮，对5 × 5像素区域中的平均颜色值进行取样。
- **从桌面选择**：单击该按钮，对应用程序外的颜色进行取样。
- **所选颜色**：吸取颜色后，可在“所选颜色”框预览。
- **应用颜色**：单击该按钮，将取样颜色应用到对象上。
- **添加到调色板**：单击该按钮，将取样的颜色添加到调色板或文档调色板。

使用常见的形状工具绘制一个图形，如右图所示。

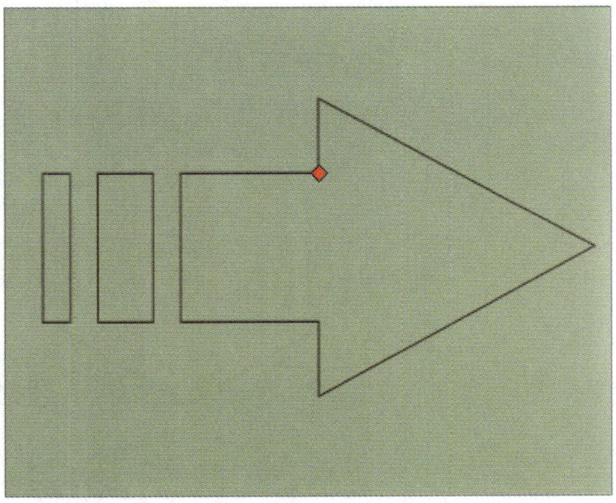

在工具箱中选择颜色滴管工具，将光标移动到工作区单击吸取颜色，光标变为滴管形状，如下左图所示。然后移动滴管到图形内部，滴管形状变为油漆桶形状，单击鼠标左键进行填色，效果如下右图所示。

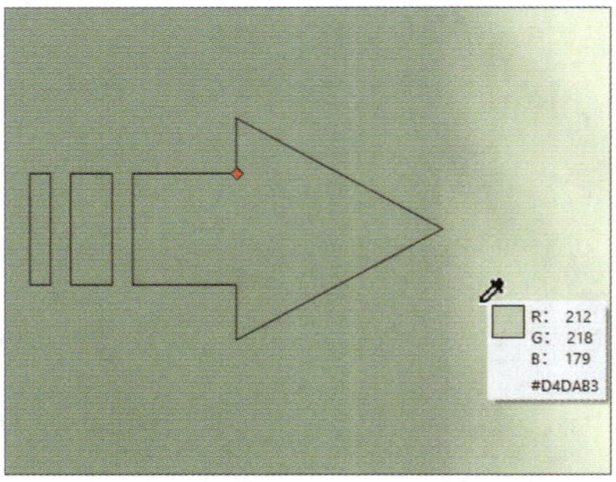

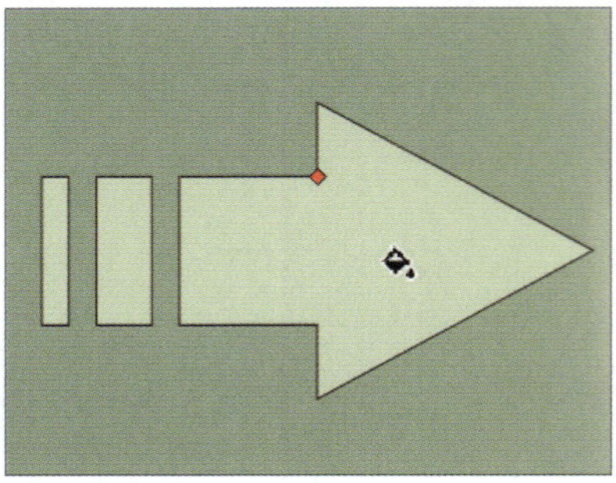

4.2.2 属性滴管工具

属性滴管工具可以复制选定对象的属性，并将这些属性应用到其他对象上。在工具箱中选择属性滴管工具，其属性栏如右图所示。

- **属性**：单击右侧的下三角按钮，勾选要取样的属性，包括“轮廓”“填充”和“文本”。
- **变换**：单击右侧的下三角按钮，勾选要取样的变化样式，包括“大小”“旋转”和“位置”。
- **效果**：单击右侧的下三角按钮，勾选要取样的效果，包括“透视点”“封套”和“混合”等。

使用多边形工具绘制一个六边形，选择交互式填充工具，填充颜色，如下左图所示。单击属性栏的“渐变填充”按钮，应用渐变效果，单击“排列”下拉按钮，在下拉列表中选择“重复”选项，通过拖拽中心控制点达到重复效果。轮廓大小改为1mm，最终效果如下右图所示。

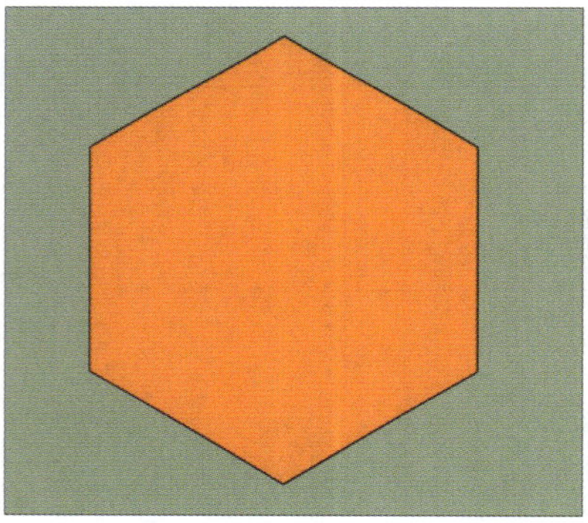

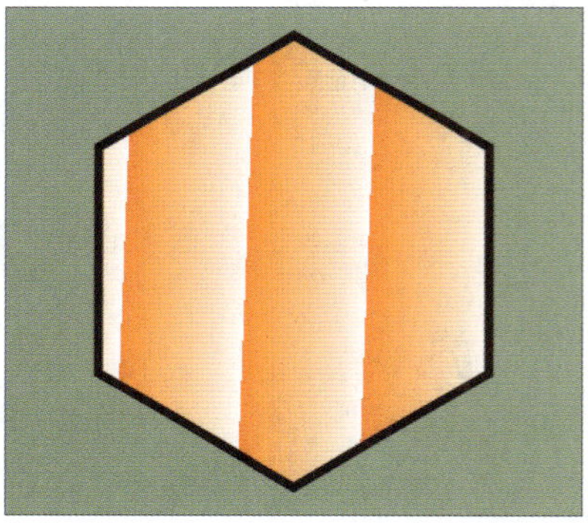

使用多边形工具在六边形一侧绘制一个三角形，如下左图所示。选择属性滴管工具，在属性栏单击“属性”下拉按钮，在下拉列表中勾选“轮廓”和“填充”复选框，单击三角形，可见三角形应用了六边形的属性，效果如下右图所示。

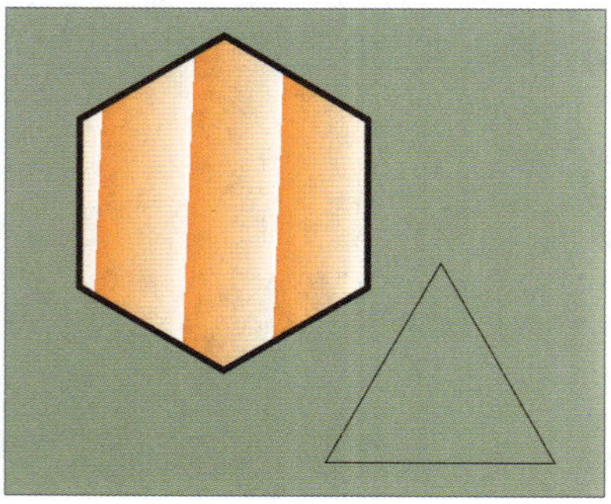

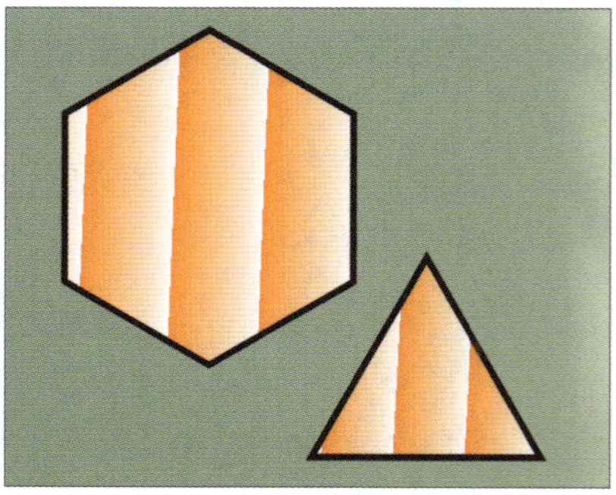

知识延伸：矢量图形轮廓线编辑

用户可以对矢量图形轮廓线的颜色、宽度和样式等属性进行编辑，从而使图形效果更丰富。下面将详细介绍矢量图形轮廓线属性的相关设置。

（1）轮廓线属性

在菜单栏中执行“窗口 > 泊坞窗 > 属性”命令，打开“属性”面板的“轮廓”选项面板，可以看到轮廓线的具体属性，如下左图所示。单击下方的折叠按钮，展开更多的参数设置选项，如下右图所示。

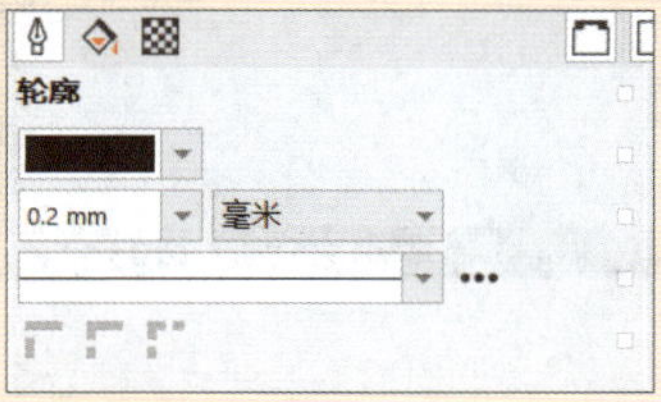

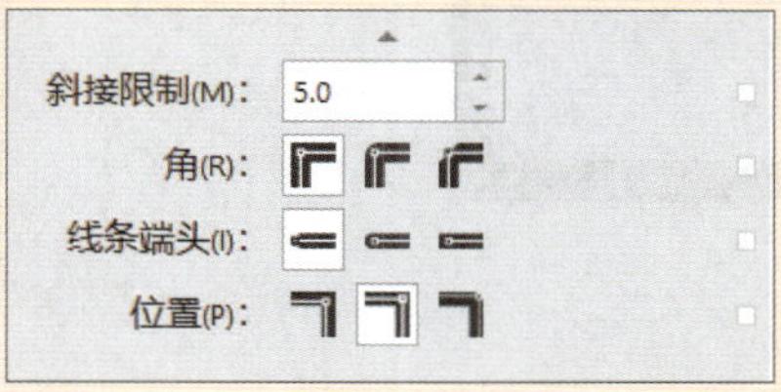

- **颜色：**单击下拉按钮，在打开的颜色面板中选择要填充的轮廓线颜色，也可单击“颜色滴管”按钮，吸取图片上的颜色进行填充，如下左图所示。
- **轮廓宽度：**在下拉列表中选择轮廓线的宽度，如下中图所示。
- **轮廓单位：**在下拉列表中选择矢量图形轮廓线宽度的单位，如下右图所示。

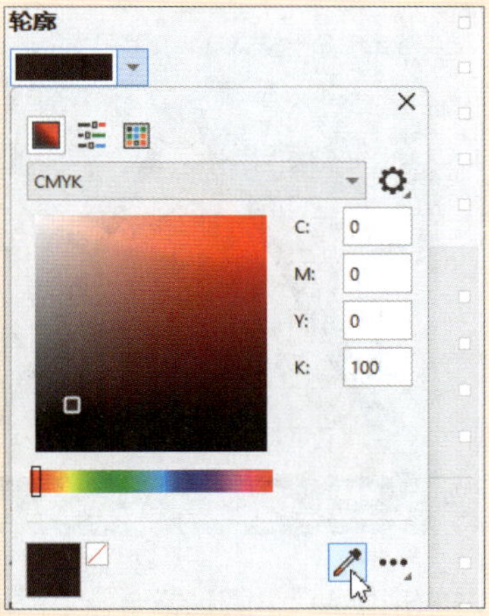

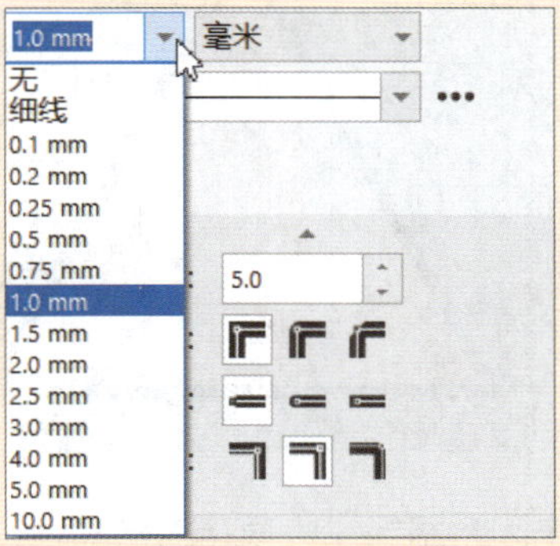

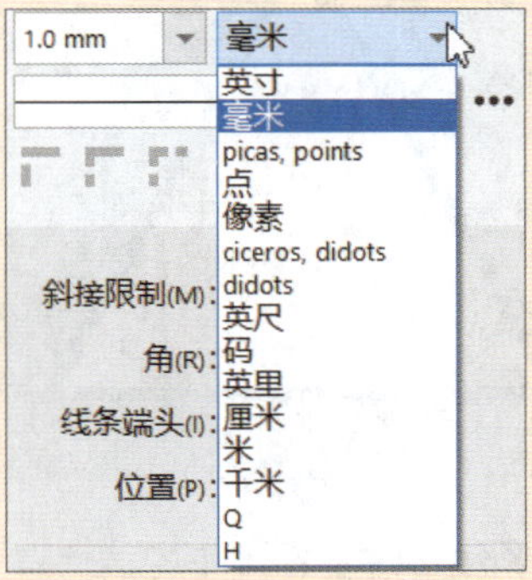

- **线条样式：**单击下三角按钮，在下拉列表中选择线条样式，如下左图所示。用户也可以自定义编辑样式，则单击“线条样式”右侧三点的“设置”按钮，打开“编辑线条样式”对话框进行设置，如下右图所示。

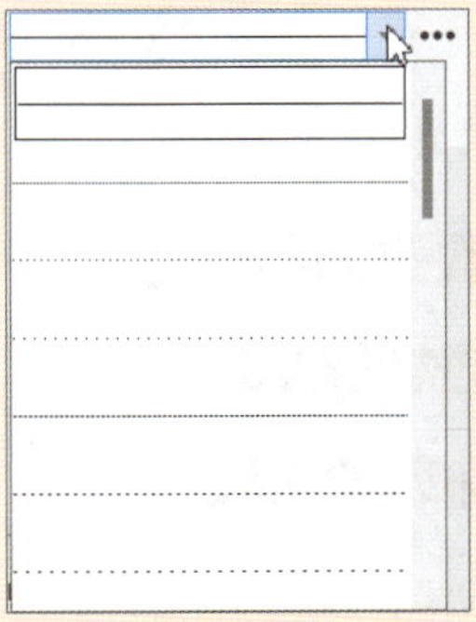

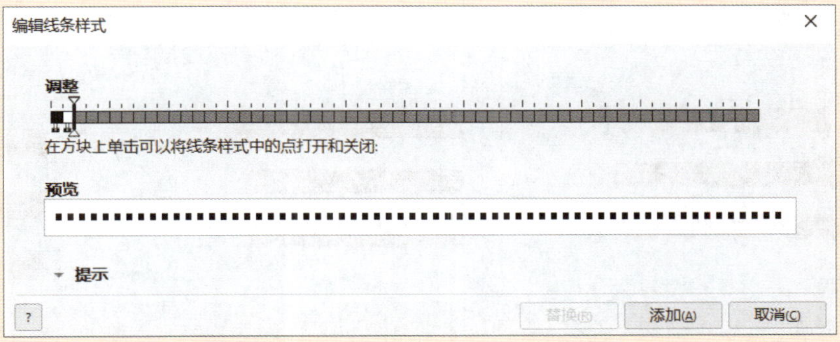

● **斜接限制：**用于控制图形轮廓在锐角处显示的方式。斜接限制的值越小，越容易形成尖突；值越大，越容易形成斜角，进行平滑处理。默认状态下，斜接限制值为5，效果如下左图所示。将斜接限制的值设为100，可见形成斜角，如下右图所示。

● **角：**用于设置轮廓线的拐角类型，包括斜接角、圆角和斜切角。使用选择工具单击对象轮廓线，在泊坞窗单击“斜接角”按钮，效果如下左图所示。单击“圆角”按钮，效果如下中图所示。单击“斜切角”按钮，效果如下右图所示。

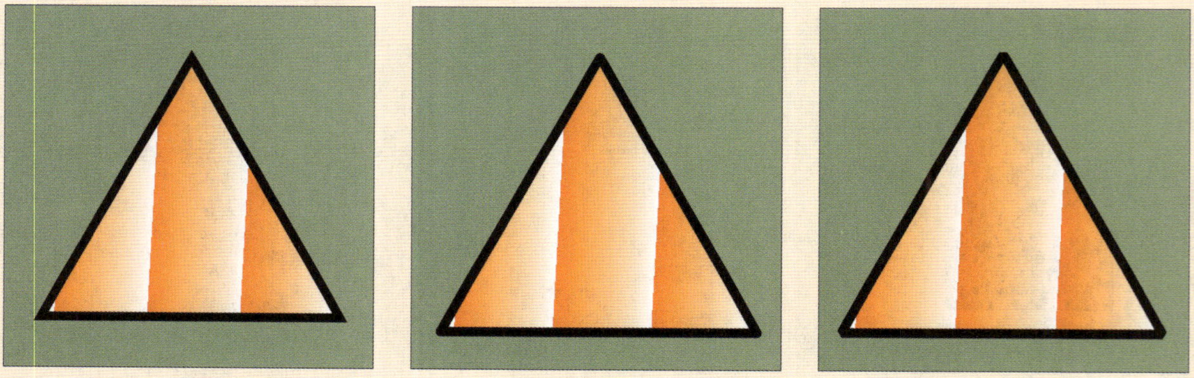

● **线条端头：**用于设置线条或未闭合路径线段顶端的样式，包括“方形端头”“圆形端头”和“延伸方形端头”3种。使用手绘工具绘制一条直线，在泊坞窗单击“方形端头”按钮，效果如下左图所示。单击“圆形端头”按钮，效果如下中图所示。单击“延伸方形端头”按钮，效果如下右图所示。

- **位置：**用于设置轮廓线相对于物体的位置，包括“外部轮廓”（将轮廓置于对象外）、“居中的轮廓”（轮廓居中）和“内部轮廓”（将轮廓置于对象内）3种。选中直线，在泊坞窗单击外部轮廓按钮，效果如下左图所示。单击居中轮廓按钮，效果如下中图所示。单击内部轮廓按钮，效果如下右图所示。

（2）将轮廓线转换为对象

将轮廓线转换为对象后，轮廓线将成为一个独立的对象，用户可以单独执行移动、编辑或填充等操作。在工具箱中选择“选择”工具，单击对象，执行“对象 > 转换为曲线”命令，如下左图所示。鼠标左键单击轮廓线，在泊坞窗填充轮廓线颜色为红色，效果如下右图所示。

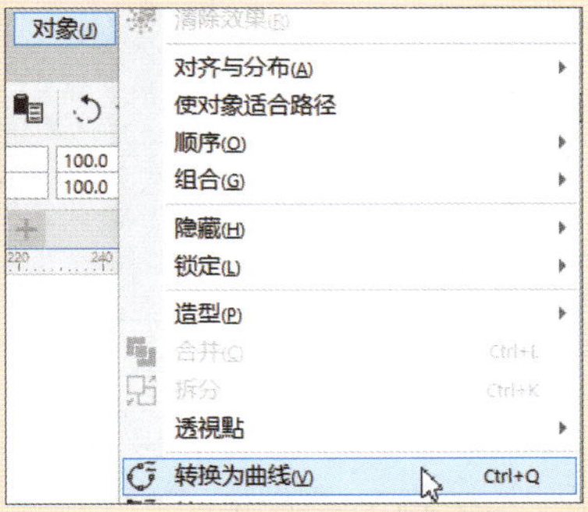

上机实训：绘制小蛋糕图形

通过本章内容的学习，读者了解到了CorelDRAW 2024中颜色应用与填充效果方面的知识。下面我们将以小蛋糕图形的绘制为例，对所学内容进行巩固。具体步骤如下。

扫码看视频

步骤 01 打开CorelDRAW 2024软件，执行“文件 > 新建”命令，新建一个空白文档，参数如下左图所示。

步骤 02 使用矩形工具在工作区绘制一个矩形，如下右图所示。

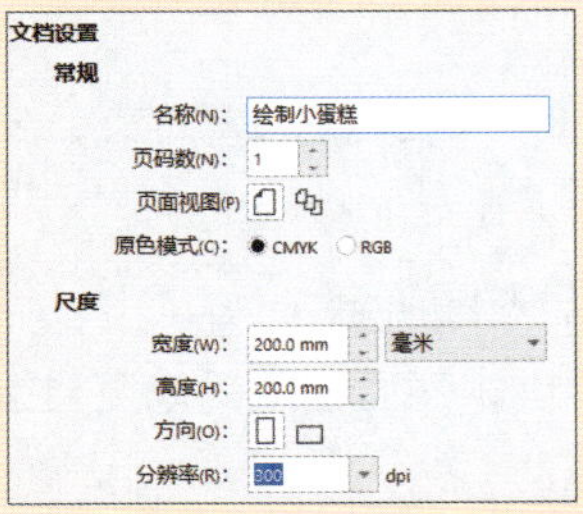

步骤 03 在矩形工具属性栏单击“圆角”按钮，调整圆角半径，如下左图所示。

步骤 04 选中图形，单击鼠标右键，在弹出的快捷菜单中选择“转换为曲线”命令，如下右图所示。

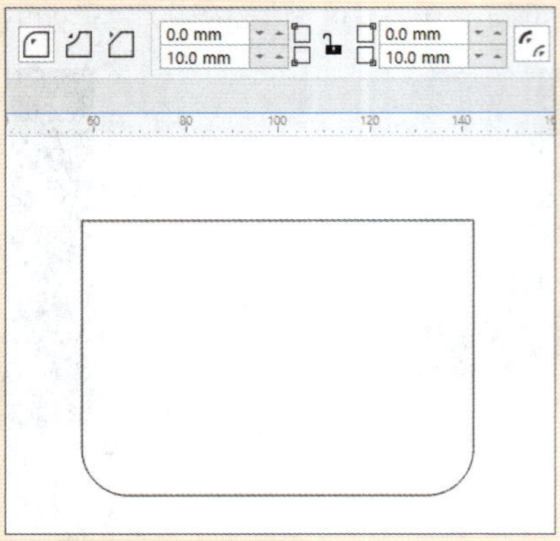

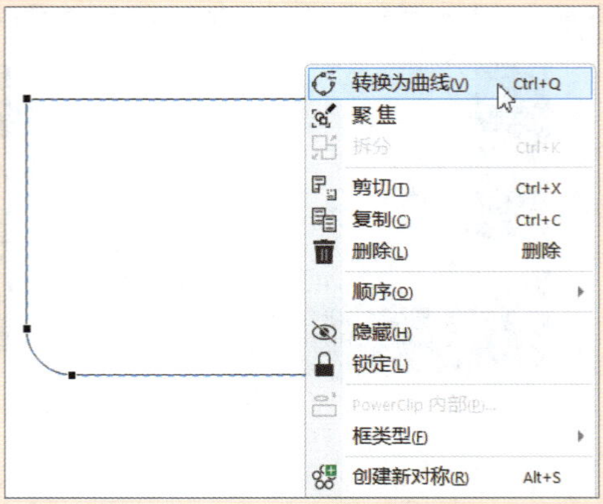

步骤 05 使用形状工具框选圆角的两个节点，如下左图所示。

步骤 06 拖动节点向矩形内部移动，形成斜边。左边两个节点重复相同的操作，效果如下右图所示。

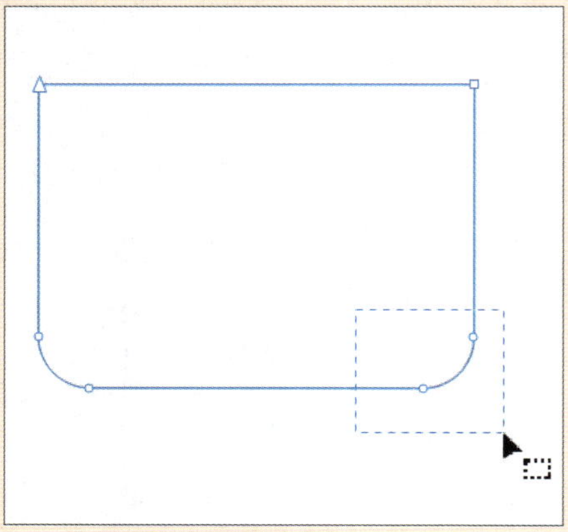

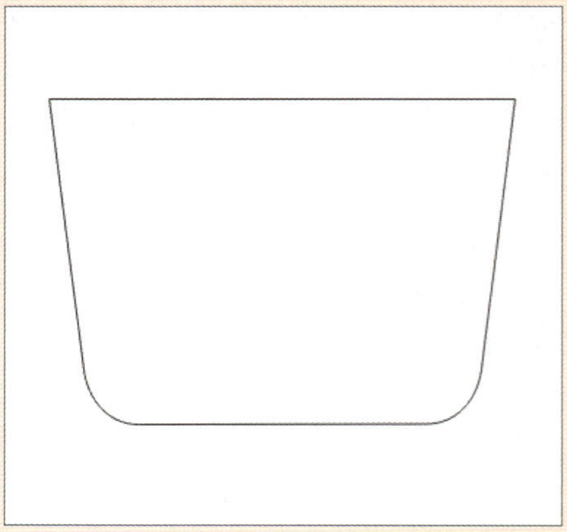

步骤 07 使用椭圆形工具绘制一个椭圆，相交于矩形，如下左图所示。

步骤 08 将椭圆形转换为曲线，使用形状工具双击添加节点并拖拽，形成蛋糕的形状，如下右图所示。

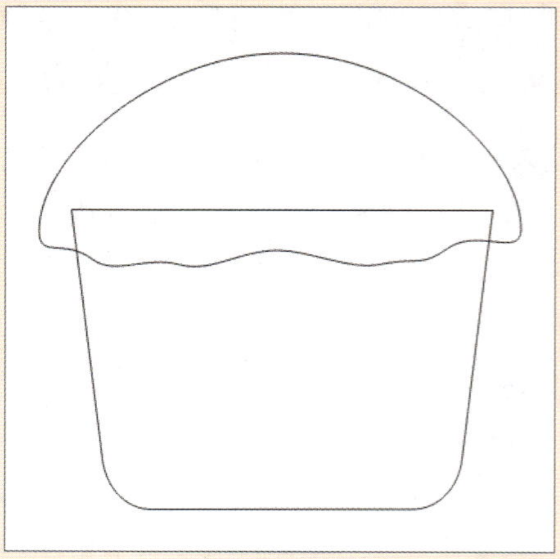

步骤 09 在椭圆上方添加节点，拖拽出一个凹槽，如下页左图所示。

步骤 10 使用椭圆形工具，在凹槽处绘制一个圆形的樱桃，然后使用钢笔工具绘制樱桃的蒂，如下页右图所示。

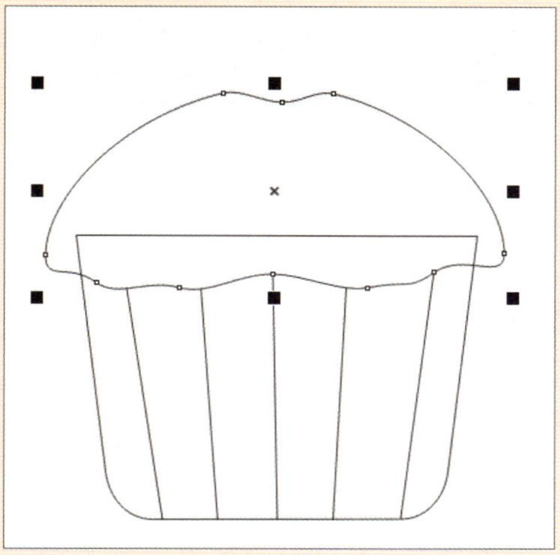

步骤 11 使用交互式填充工具为小蛋糕填色，效果如下左图所示。

步骤 12 在“属性”泊坞窗调整轮廓线宽度为0.75mm，加粗轮廓线，效果如下右图所示。

步骤 13 使用钢笔工具绘制曲线，设置宽度为2mm，填充颜色为白色，效果如下左图所示。

步骤 14 执行“文件 > 导入”命令，导入一张星星氛围图，调整图片的位置。至此，所有的绘制已结束，最终效果如下右图所示。

课后练习

一、选择题（部分多选）

（1）在渐变填充中使用（　　）功能，可以进行更详细的图案编辑。

A. 编辑填充　　B. 复制填充
C. 反转填充　　D. 自由缩放和倾斜

（2）使用交互式填充工具可以填充（　　）填充类型。

A. 渐变填充　　B. 底纹填充
C. 位图图样填充　　D. 智能填充

（3）（　　）可以填充对象的交叉区域。

A. 智能填充工具　　B. 交互式填充工具
C. 平滑工具　　D. 以上都错

（4）关于滴管工具，下列说法正确的是（　　）。

A. 滴管工具包括颜色滴管工具和属性滴管工具
B. 颜色滴管工具只能从绘图窗口对颜色取样
C. 颜色滴管工具可以从绘图窗口或桌面的对象中取样
D. 属性滴管工具也可以吸取颜色

二、填空题

（1）在CorelDRAW 2024软件中，交互式填充工具包括__________、__________、__________、__________、__________、__________、__________、__________。

（2）对多个对象进行合并填充时，选择智能填充工具后在工作区的__________，即可将多个对象合并填充为一个独立对象。

（3）对矢量图轮廓线进行填色，需要____________________后才能进行编辑。

三、上机题

学习颜色应用与填充效果的相关知识后，用户可以自己绘制并填充四叶草图形，从而进一步巩固所学习的知识点。下图为笔者绘制的卡通四叶草图形，供参考。

操作提示

① 使用渐变填充工具为四叶草填充渐变效果。

② 绘制两条曲线，通过调整曲线宽度、颜色和线段端头，为四叶草制作高光效果。

第 5 章 文本处理

本章概述

本章将对CorelDRAW 2024软件的文本处理功能进行介绍，包括创建和编辑文本、设置文本属性和掌握文本特殊效果等。通过本章内容的学习，用户将学会创建丰富的文字效果。

核心知识点

❶ 掌握创建和编辑文本的方法
❷ 掌握文本的属性设置
❸ 了解文本的特殊效果应用
❹ 了解文本样式的应用

5.1 创建和编辑文本

CorelDRAW提供了美术文本和段落文本两种主要的文本类型。美术文本允许用户在画布上直接输入单个文本对象，而段落文本则适用于多行文本，并可以在文本框内部进行编辑和格式化。接下来，将详细介绍文本的创建和编辑。

5.1.1 文本工具

文本在平面设计中，主要起到解释说明的作用。在工具箱中选择文本工具，其属性栏如下图所示。

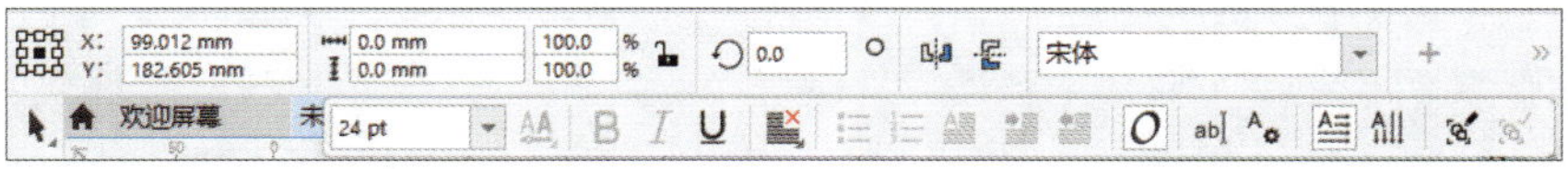

- **旋转角度：** 在数值框中输入数值，设置文本的旋转角度。
- **水平镜像：** 单击该按钮，可将选中的文本进行水平方向的镜像调整。
- **垂直镜像：** 单击该按钮，可将选中的文本进行垂直方向的镜像调整。
- **字体列表：** 选中输入的文本，单击右侧的下拉按钮，在下拉列表中选择要应用的字体选项。
- **字体大小：** 在下拉列表中选择字号或手动输入数值，调整字体的大小。
- **可变字体：** 选中的文本字体支持可变字体特性才可以使用，用户可以在不更换字体的情况下调整字体的样式。
- **字体效果：** 从左到右依次为粗体、斜体和下划线。用户在选中文本后，单击相应的按钮，应用对应的效果。
- **文本对齐：** 下拉列表中包括无、左、中、右、两端对齐和强制两端对齐6种对齐方式。
- **项目符号列表：** 输入段落文本后选中文本，单击该按钮，为段落文本添加项目符号。
- **编号列表：** 输入段落文本后选中文本，单击该按钮，为段落文本添加数字编号。
- **首字下沉：** 输入段落文本后单击该按钮，即可显示首字下沉效果。
- **增加缩进量：** 单击该按钮，增加段落文本的缩进量。
- **减少缩进量：** 单击该按钮，减少段落文本的缩进量。
- **交互式Open Type：** 当某种Open Type功能用于选定文本时，在屏幕上会显示指示。
- **编辑文本：** 单击该按钮，打开“编辑文本”对话框，可设置文本的大小、效果和对齐方式等。
- **文本：** 单击该按钮，打开“文本”泊坞窗，可对文本进行进一步编辑。
- **文本方向：** 包括“将文本更改为水平方向”和“将文本更改为垂直方向”两种文本方向。用户在选中文本后，单击相应的按钮，应用对应的文本方向。

选择文本工具，在工作区输入“惟江上之清风　与山间之明月”。选中文本，在属性栏设置字体为“华文楷体”、字体大小为“36pt”，如下左图所示。调整字体大小为“24pt”，单击“将文本更改为垂直方向”按钮，效果如下右图所示。

5.1.2 美术文本

使用文本工具在工作区输入的文字即是美术文本。在工具箱中选择文本工具，在工作区单击创建一个文本插入点，如下左图所示。然后输入文本，如下右图所示。如果需要换行，按Enter键，文本插入点自动换至下一行。

在设置文本属性前，需要将文本选中，选择文本的方法有以下3种。

方法1：单击要选择的文本字符的起点位置，按住鼠标左键拖动到字符的终点位置，释放鼠标，即可选中文本。

方法2：单击要选择的文本字符的起点位置，按住Shift键的同时，再按键盘上的左键方向或右键方向，即可选中文本。

方法3：使用选择工具单击输入的文本，即可选中该文本中的所有字符。

提示：美术文本转换为段落文本

美术文本能够提供独特的视觉效果，但编辑时不如段落文本直观和灵活。段落文本允许用户更容易地调整字体大小、行距、字距以及进行文本重排等操作。

使用选择工具选中文本后，单击鼠标右键，在弹出的快捷菜单中选择“转换为段落文本”命令，即可将美术文本转换为段落文本。用户也可使用快捷键Ctrl+F8进行操作。

实例 制作母亲节海报

下面讲解如何使用美术文本制作母亲节海报。通过本案例的学习，读者将掌握美术文本的应用技巧，具体操作如下。

步骤 01 打开CorelDRAW 2024软件，执行“文件＞新建”命令，创建一个A4大小的文档，单击“OK”按钮，具体参数如下左图所示。

步骤 02 在菜单栏执行“文件＞导入”命令，将母亲节背景图导入到页面，调整图片的位置和大小，如下右图所示。

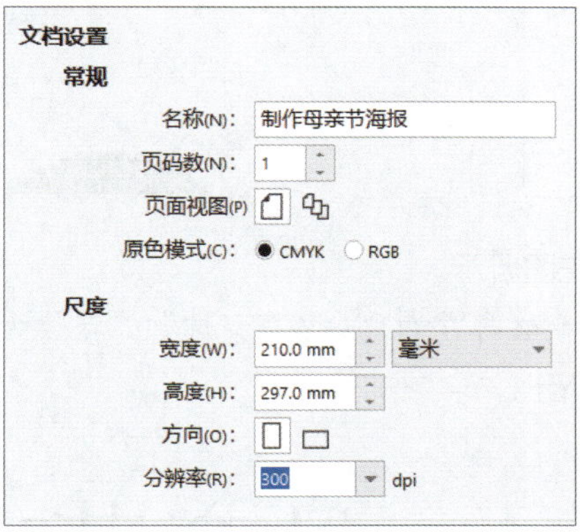

步骤 03 选择工具箱中的文本工具，在工作区输入“母亲节”文本，创建美术字，如下左图所示。

步骤 04 在文本工具属性栏中设置美术字的字体为“字体圈欣意吉祥宋”、字体大小为“127pt”，效果如下右图所示。

步骤 05 使用矩形工具在“母亲节”文本下方绘制一个矩形边框，如下左图所示。

步骤 06 为矩形填充颜色，并设置矩形轮廓为“无”，如下右图所示。

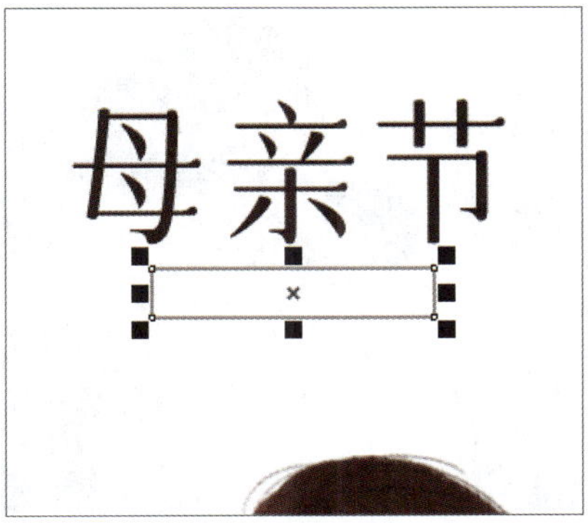

步骤 07 使用文本工具在矩形中输入文本，如下左图所示。

步骤 08 在文本属性泊坞窗中设置文本字体为“思源宋体”、文本大小为“24pt”、颜色为白色，效果如下右图所示。

步骤 09 使用文本工具输入英文文本，如下左图所示。

步骤 10 在属性栏设置“旋转角度”为10、字体样式为“站酷文艺体”、“字体大小”为“60pt”，在“属性”泊坞窗调整文本的颜色，效果如下右图所示。

步骤 11 使用文本工具输入文本，在属性栏将文本设置为竖排显示，如下左图所示。

步骤 12 在属性泊坞窗设置美术文本的字体为“站酷文艺体”、“字体大小”为“20pt”，并调整文本颜色，最终效果如下右图所示。

5.1.3 段落文本

段落文本是指使用文本框输入的文本，通常用于处理大量文本内容。下面将详细介绍段落文本的创建与编辑。

（1）输入段落文本

在工具箱中选择文本工具，按住鼠标左键在工作区拖拽，创建一个段落文本框，如下左图所示。在文本框中输入文字，当文字排满一行，可以看见文本自动换行了，如下右图所示。

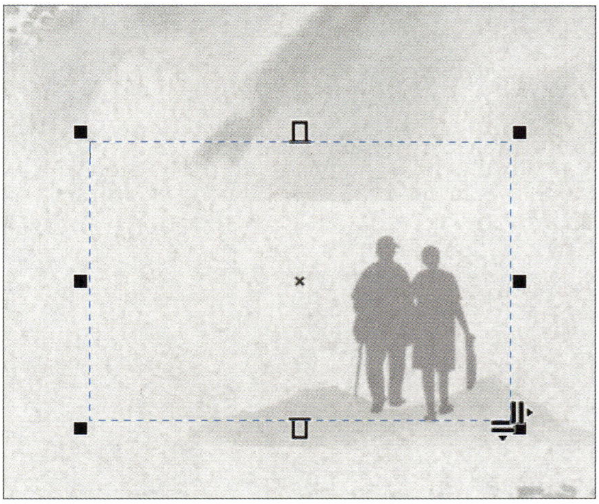

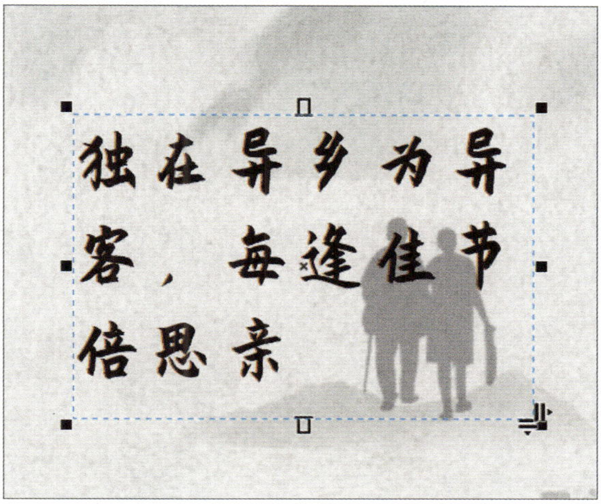

（2）调整文本框

用户可以通过单击文本框控制点并拖拽来调整文本框的大小。当文本超出了文本框的边界，文本框会显示为红色，提示存在溢出文本，如下左图所示。将光标移动到文本框控制点并拖拽，放大文本框，可以使隐藏的文字显示出来，如下右图所示。也可缩小文字适应文本框。

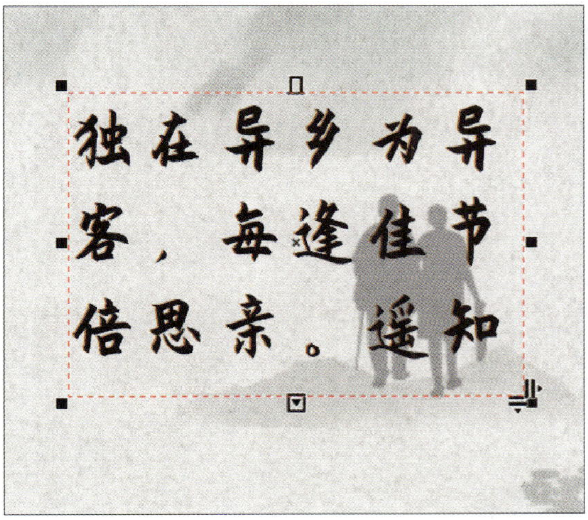

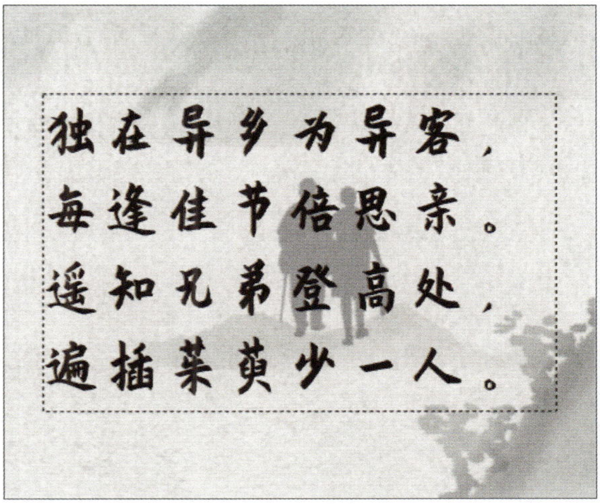

（3）显示或隐藏文本框

在设计工作中，有时需要将文本框隐藏起来。在工具箱中选择文本工具，然后在菜单栏中执行“文本>段落文本框”命令，在弹出的子菜单中可以看到勾选了“显示文本框”，如下页左图所示。执行取消勾选“显示文本框”后，文本框被隐藏起来了，如下页右图所示。要显示文本框的边界，则勾选上述菜单子列表中的“显示文本框”选项即可。

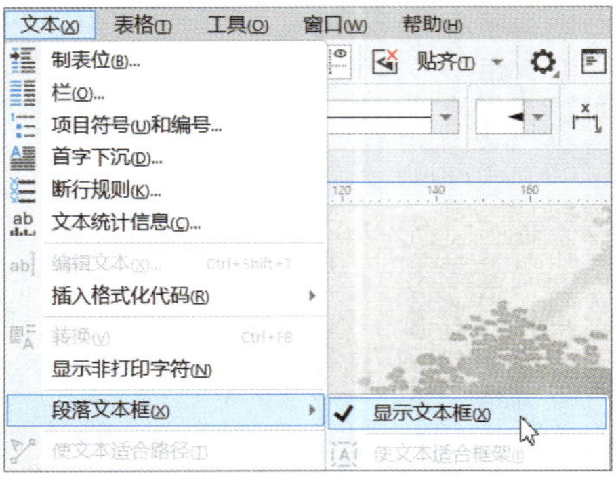

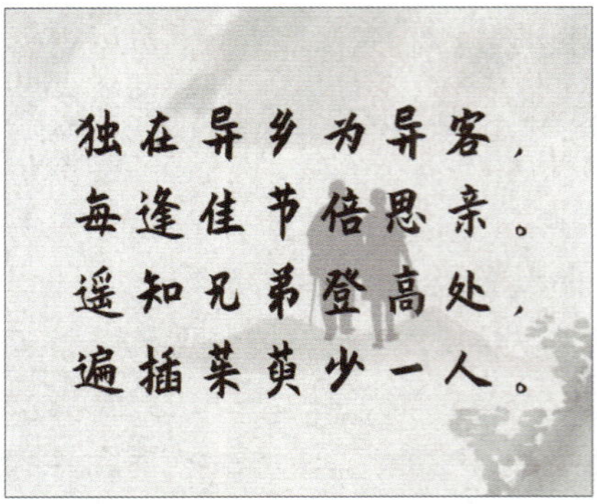

（4）使文本适合框架

使文本适合框架功能可以自动调整文本的大小或间距，以确保文本完全适应文本框。当文本超出文本框边界，如下左图所示。在菜单栏中执行“文本＞段落文本框＞使文本适合框架”命令，效果如下右图所示。可以看到文本排版变得整齐，字体大小由原来的“36pt”缩小成“29pt”了。

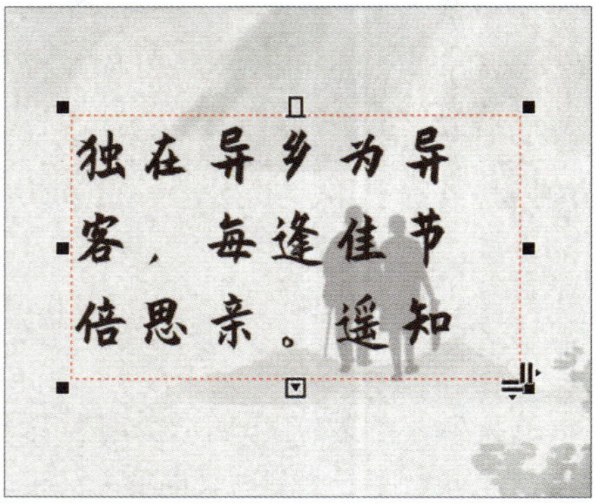

5.2 文本属性

在CorelDRAW中，文本属性设置允许用户自定义文本的字符样式、段落样式和图文框样式。文本属性提供了对文本基本的编辑操作，接下来将详细介绍文本属性的相关操作。

5.2.1 字符样式

用户可以对字符进行编辑操作，在菜单栏中执行“窗口＞泊坞窗＞文本”命令，调出“文本”泊坞窗，单击字符按钮，如下左图所示。单击下方的字符面板扩展按钮，显示所有的字符参数，如下右图所示。

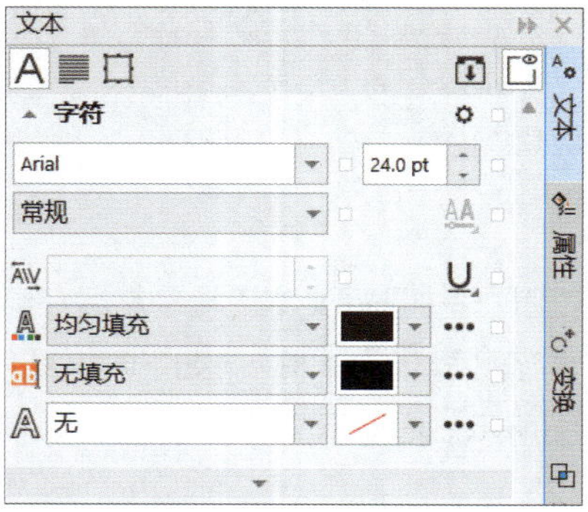

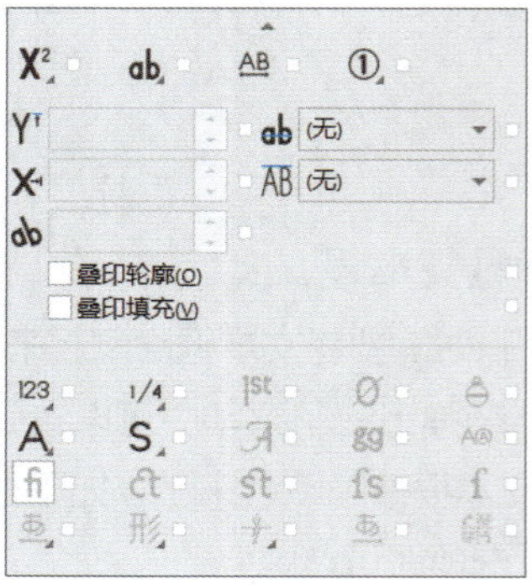

- **脚本：** 单击该按钮，选择要限制的文本类型，包括所有脚本、拉丁文、亚洲和中东，如下左图所示。
- **字体列表：** 在下拉列表中选择需要的字体样式，如下右图所示。

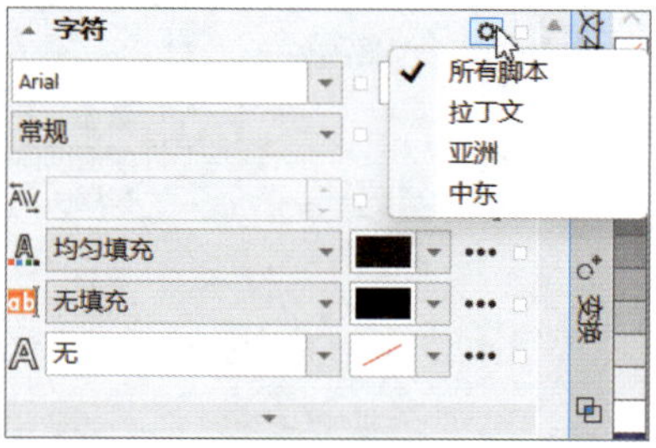

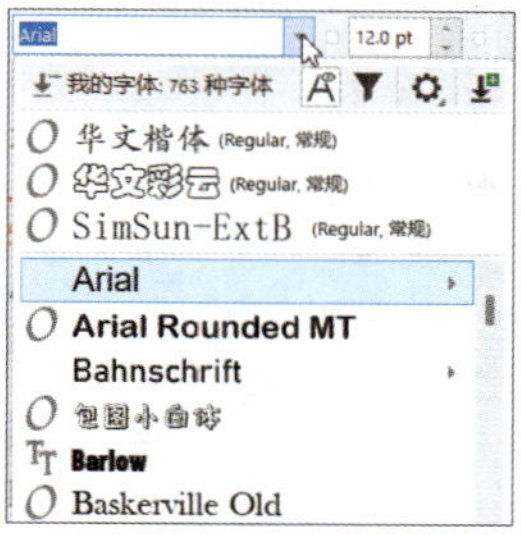

- **字体大小：** 单击上、下微调按钮，增大或减小字体。用户也可以在文本框中手动输入数值，调整字体的大小。
- **字距调整范围：** 用来调整选中字符之间的间距，可以单击上、下按钮微调字距，也可手动输入数值。
- **下划线：** 单击右下角的小三角，为字符选择下划线样式，包括无、单细、单倍细体字、单粗、单粗字、双细和双细字，如下左图所示。
- **填充类型：** 下拉列表中包括无填充、均匀填充和渐变填充等选项，如下右图所示。单击“文本颜色”下三角按钮，在弹出的颜色面板上选择文本颜色。

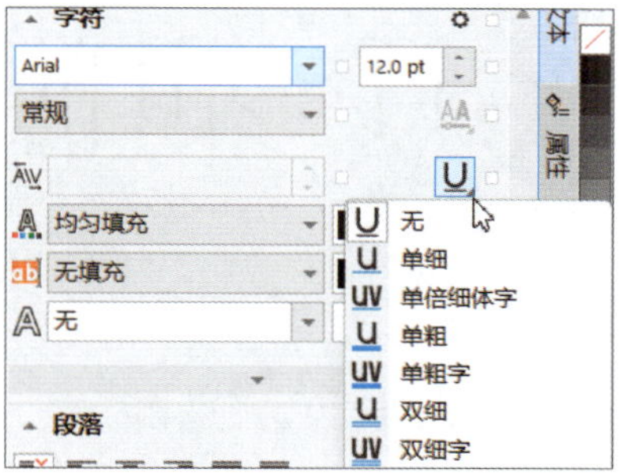

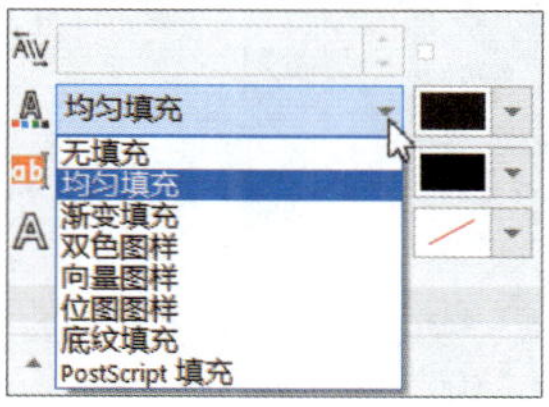

- **背景填充类型：** 用于选择字符的背景填充，背景填充类型下拉列表与填充类型一致。
- **轮廓宽度：** 用来设置所选字符的轮廓宽度，可以在下拉列表中选择系统预设的轮廓宽度，如下左图所示。也可以手动输入数值，设置字符轮廓宽度。
- **位置：** 用来更改选定字符相对于周围字符的位置。单击下三角按钮，列表中包括无、上标（自动）和下标（自动）等选项，如下右图所示。

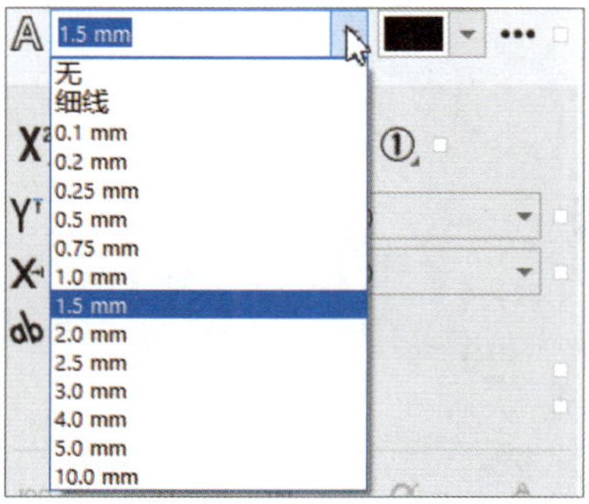

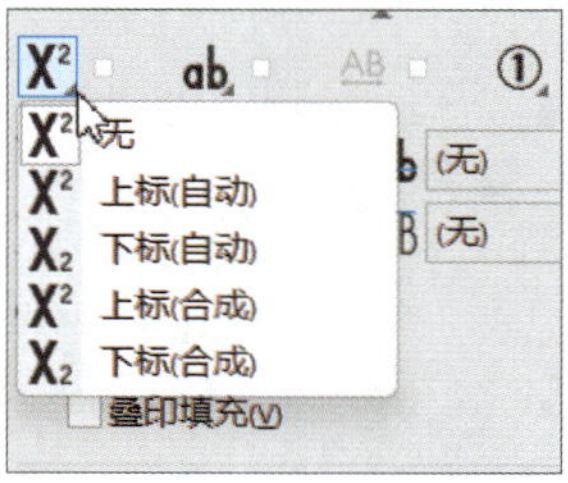

- **大写字母：** 用来更改文本大小写。单击下三角按钮，列表中包括无、全部大写字母和标题大写字母等选项，如下页左图所示。
- **字符垂直偏移：** 指定文本字符之间的垂直间距。单击上、下按钮微调偏移程度，也可手动输入数值。

- **字符删除线：** 删除线位于字体垂直偏移右侧，单击下三角按钮，为字符挑选删除线，包括无、单细、单倍细体字、单粗、单粗字、双细和双细字，如下右图所示。

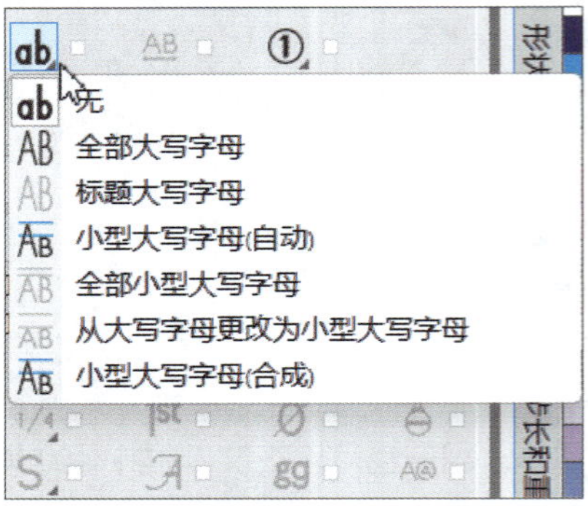

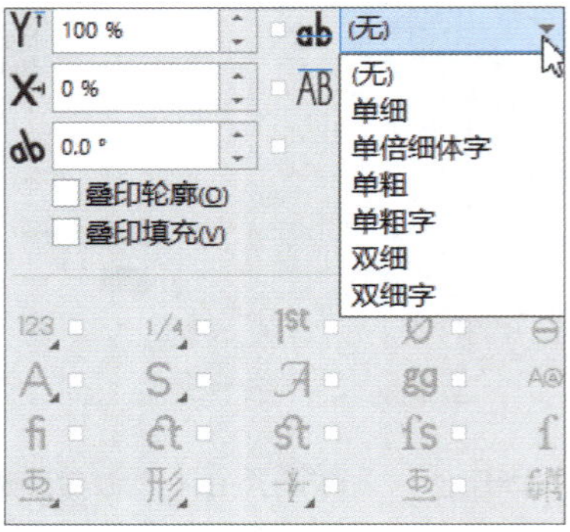

- **字符水平偏移：** 指定文本字符之间的水平间距。单击上、下按钮微调偏移程度，也可手动输入数值。使用文本工具选中“自由的风”文本，如下左图所示。设置水平偏移为100%，效果如下右图所示。

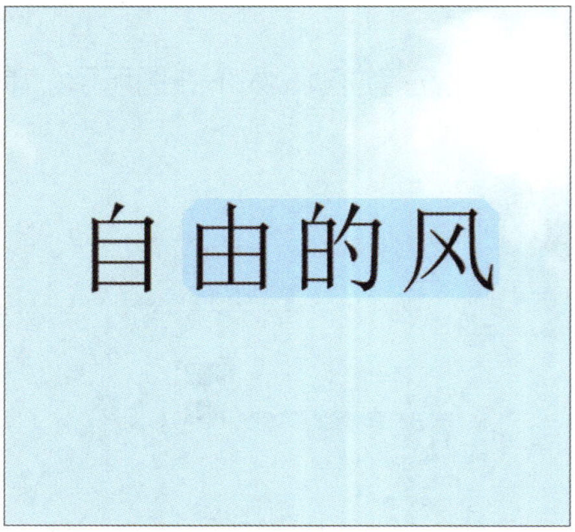

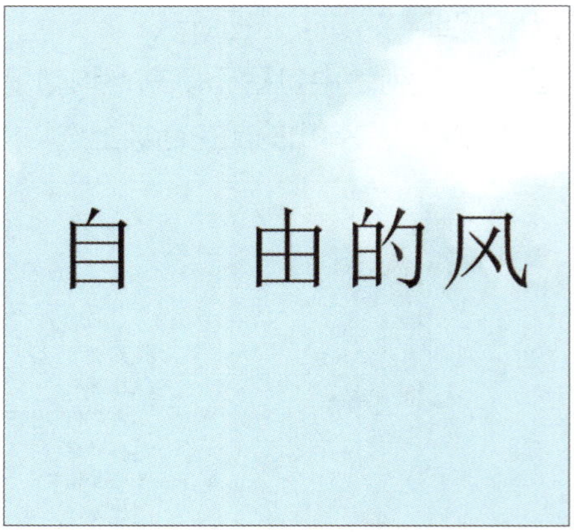

- **字符上划线：** 上划线位于字体垂直偏移右侧，单击下三角按钮，为字符挑选上划线，包括无、单细、单倍细体字、单粗、单粗字、双细和双细字。

5.2.2 段落样式

用户可以更改文本中的字距、行距和段落文本断行等属性。在菜单栏中执行“窗口 > 泊坞窗 > 文本”命令，调出“文本”泊坞窗，展开“段落”面板，如下左图所示。单击“段落”下方的下三角扩展按钮，显示所有段落面板的参数，如下右图所示。

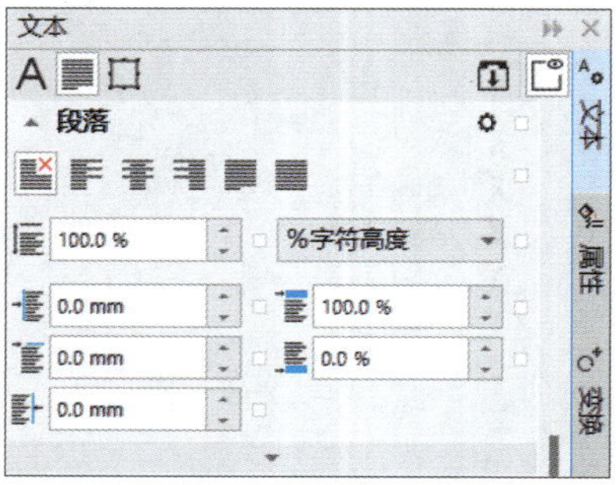

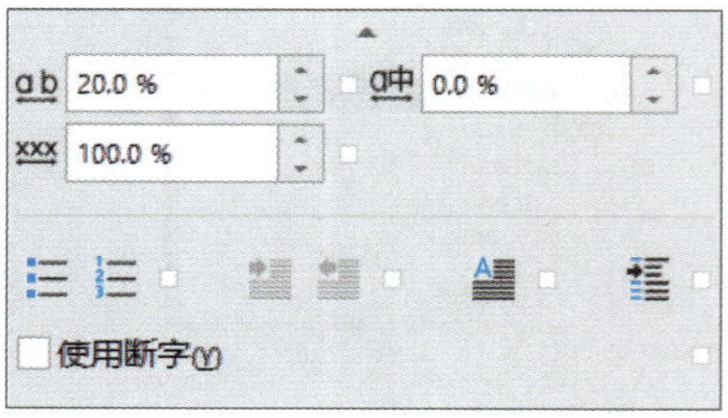

- **段落对齐方式：** 用来设置段落的对齐方式，包括无水平对齐、左对齐、中、右对齐、两端对齐和强制两端对齐，如下页图所示。

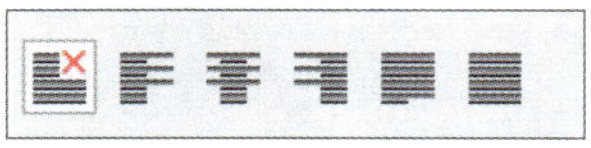

- **行间距：** 用来设置段落中各行之间的间距，如下左图所示。
- **垂直间距单位：** 设置文本间距的度量单位，包括字节高度、点和点大小的%，如下右图所示。

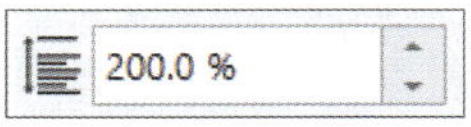

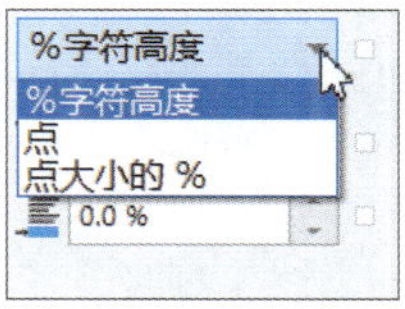

- **左行缩进：** 设置段落文本相对于文本框左侧的缩进距离，首行除外，如下左图所示。
- **首行缩进：** 设置段落文本的首行相对于文本框左侧的缩进距离，如下中图所示。
- **右行缩进：** 设置段落文本相对于文本框右侧的缩进距离，如下右图所示。

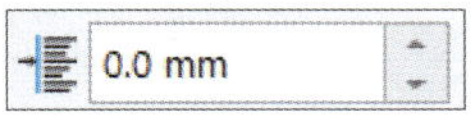

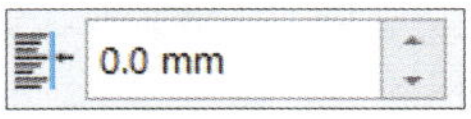

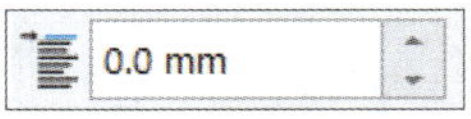

- **段前间距：** 指定在段落上方插入的间距值，如下左图所示。
- **段后间距：** 指定在段落下方插入的间距值，如下右图所示。

- **字符间距：** 指定段落文本中字符之间的间距，如下左图所示。
- **文字间距：** 指定单个字之间的间距，如下中图所示。
- **语言间距：** 用来设置文档中多语言文本之间的间距，如下右图所示。

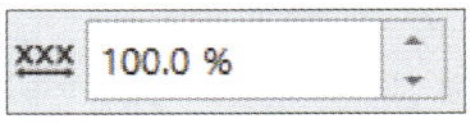

- **项目符号列表：** 在输入段落文本后，选中文本单击该按钮，为段落文本添加项目符号，效果如下左图所示。
- **编号列表：** 在输入段落文本后，选中文本并单击该按钮，为段落文本添加数字编号，效果如下右图所示。

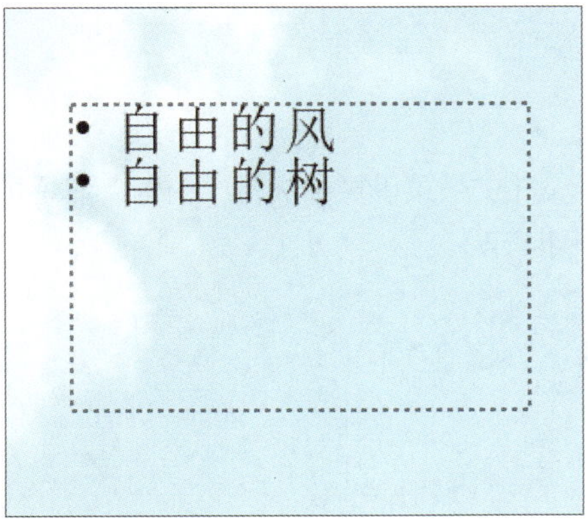

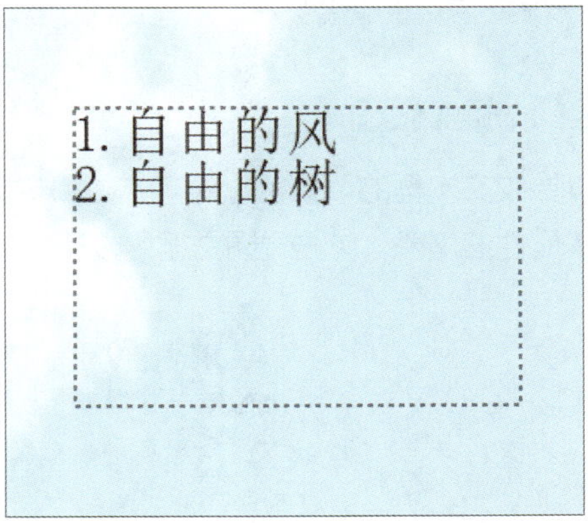

- **首字下沉：** 用于将段落中的第一个字放大并向下移动。选中段落文本，单击首字下沉按钮，效果如下页左图所示。
- **制表位设置：** 使用控制文本的缩进量或者对齐方式，使文本排列得整齐有序。单击“制表位设置”按钮，弹出“制表位设置”对话框，如下页右图所示。

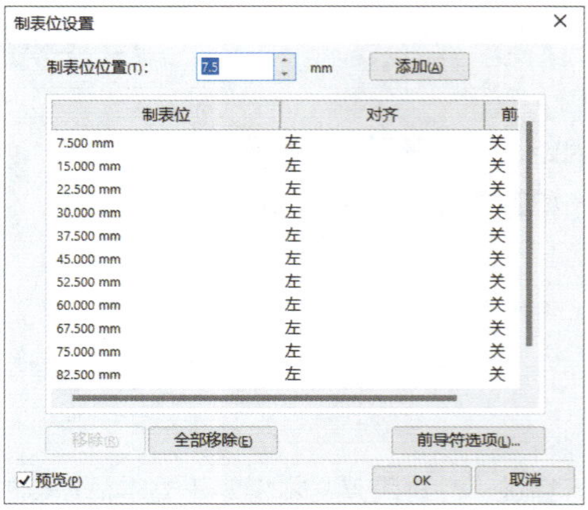

接下来，将详细介绍“制表位设置”对话框各选项的含义。

- **制表位位置：** 用来添加新的制表位位置，可以直接在列表中输入新的数值，也可以通过单击“添加”按钮来输入。
- **移除：** 在列表中选择制表位，然后单击“移除”按钮，即可移除选中的制表位。
- **全部移除：** 单击该按钮，可以移除所有现有的制表位。
- **前导符选项：** 单击该按钮，弹出“前导符设置”对话框，设置前导符的样式和间距，如下左图所示。
    - **字符：** 在下拉列表中可以选择系统预设的符号作为制表符间的显示符号，如下中图所示。
    - **间距：** 用于设置各符号间的间距。
    - **预览：** 设置字符后，可在此预览效果。下右图是字符为“0”的效果预览。

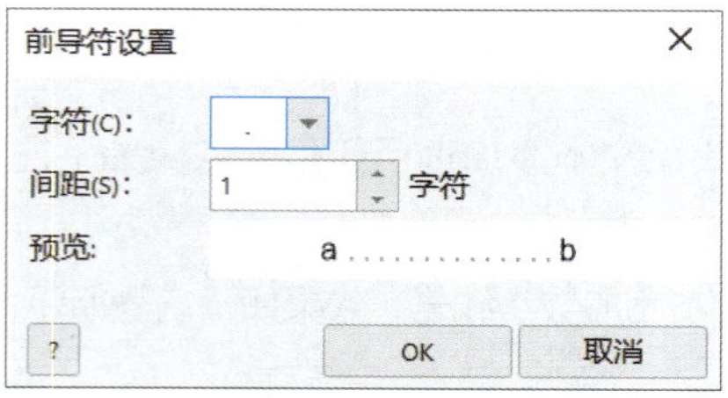

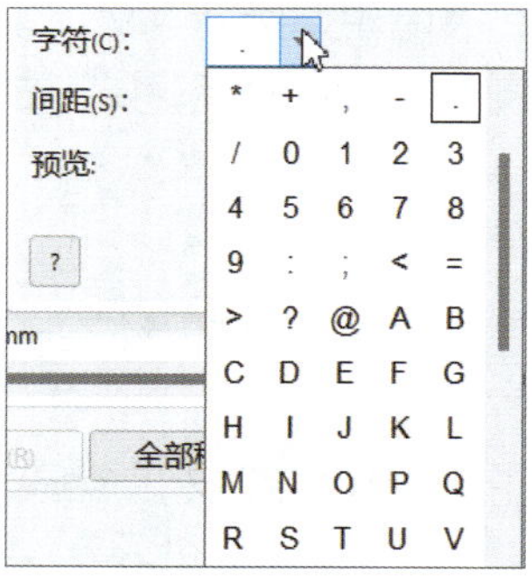

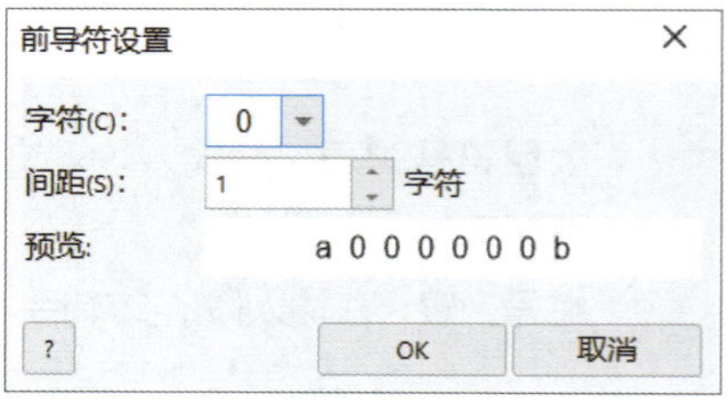

5.2.3 图文框样式

用户可以更改文本框的背景色、对齐方式和栏数等属性。在菜单栏中执行“窗口 > 泊坞窗 > 文本”命令，调出文本属性泊坞窗，单击“图文框”按钮，如下图所示。

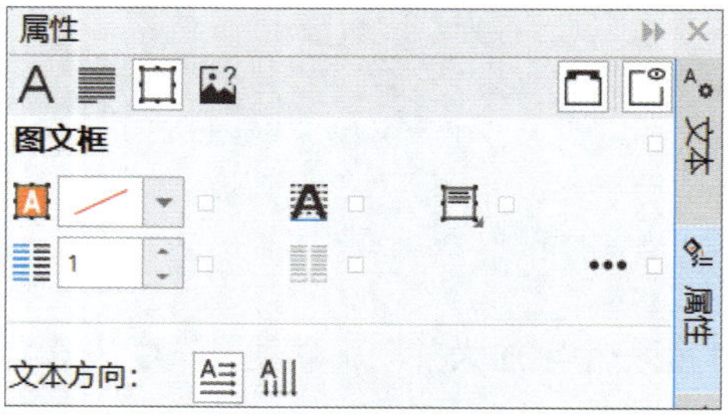

- **背景色：** 用于选择文本框的背景颜色。单击下拉按钮，在打开的颜色面板中选择背景颜色，如下页左图所示。可以看到文本框的背景更改颜色了，如下右图所示。

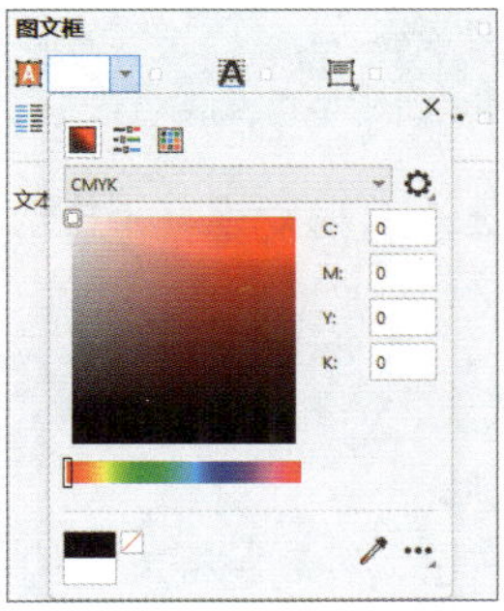

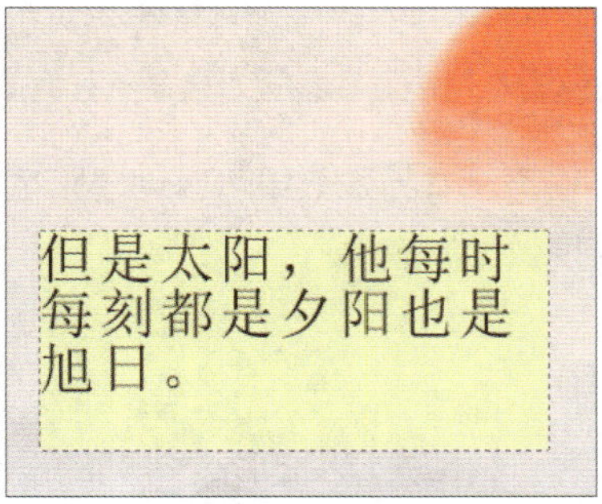

- **与基线网格对齐：** 将文本框内的文本与文档的基线网格对齐。
- **垂直对齐：** 选择垂直对齐文本的方式，包括顶端垂直对齐、居中垂直对齐和底部垂直对齐等，如下左图所示。
- **栏数：** 设置要添加到文本框中的栏的数量。将栏数设置为2，效果如下右图所示。

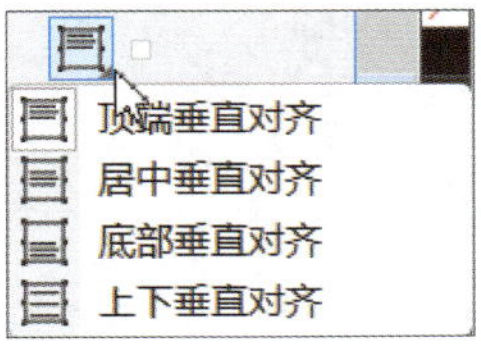

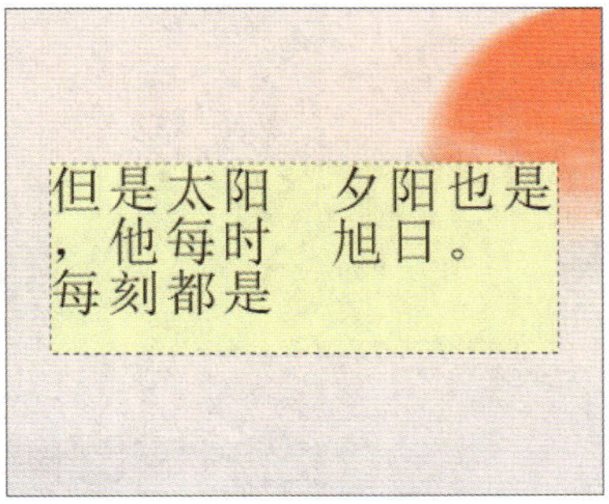

- **栏宽相等：** 调整文本框中栏的宽度，以使栏宽相等。
- **栏：** 修改栏设置。单击该按钮，弹出“栏设置”对话框，如下图所示。
- **文本方向：** 将文本更改为水平或垂直方向。

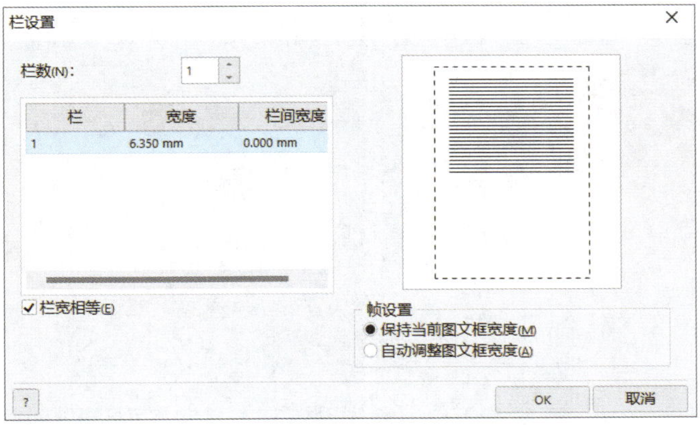

接下来，将详细介绍“栏设置”对话框中各选项的含义。

- **栏数：** 设置要添加到文本框中的栏的数量，在列表中可以设置各分栏的宽度和栏间宽度。勾选“栏宽相等”复选框，设置各栏宽度相等。
- **保持当前图文框宽度：** 选择该单选按钮，保持分栏后文本框宽度不变。
- **自动调整图文框宽度：** 选择该单选按钮，在段落文本进行分栏设置时，根据设置的栏宽自动调整文本框的宽度。

5.3 文本特殊效果

在CorelDRAW中，使用文本特殊效果可以创建路径文本和区域文本，也可以将文本转换为曲线。接下来，将详细介绍文本特殊效果的应用。

5.3.1 路径文本

路径文本是指文本沿着一个预先定义的路径排列的设计方法，绘制路径文本的常用方法有以下2种。

方法1： 选择工具箱中的贝塞尔工具，绘制一条路径，如下左图所示。使用文本工具单击路径，输入文字，效果如下右图所示。

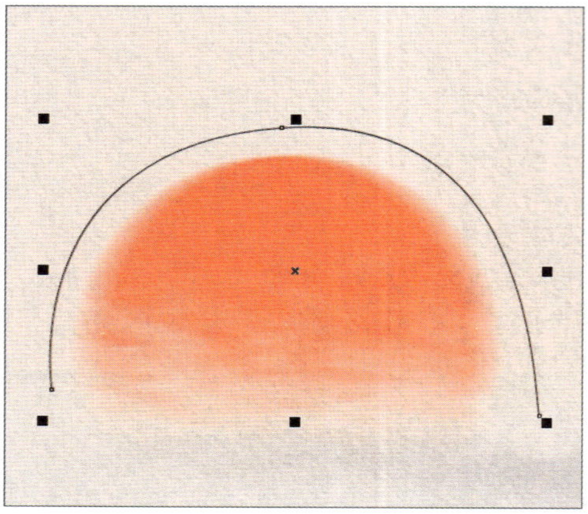

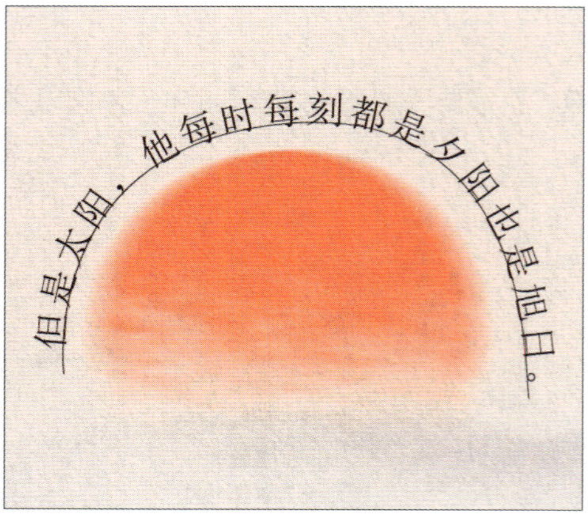

方法2： 绘制路径后，选中文本，在菜单栏中执行“文本＞使文本适合路径”命令，将光标移动到路径上，变成曲线形状，如下左图所示。单击路径，滑动鼠标，调节文本与路径的距离，如下右图所示。

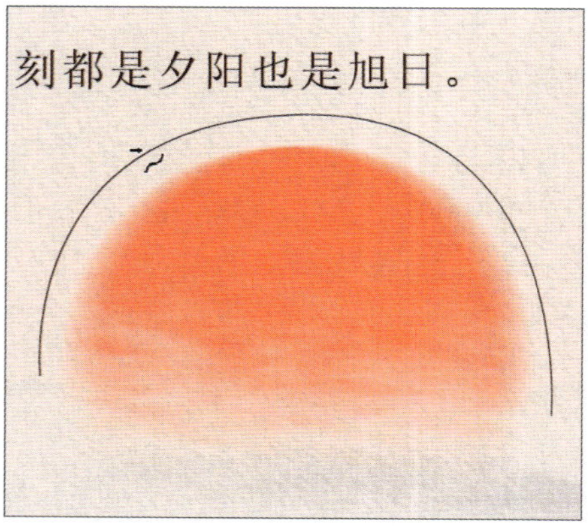

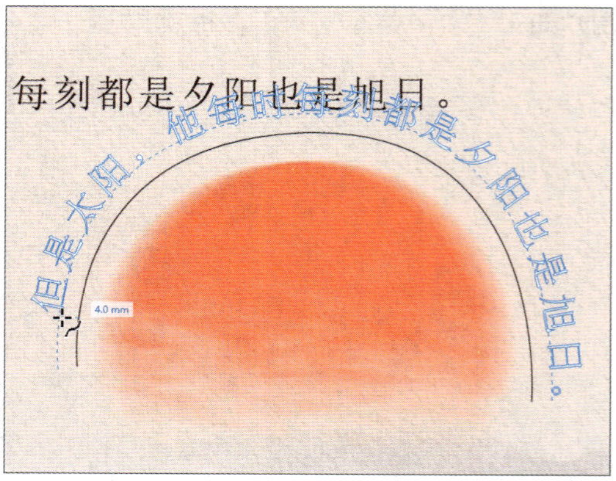

当处于路径文本状态时，可以在文本工具属性栏设置文本方向、距离和偏移等参数，属性栏如下图所示。

- **文本方向：** 指定文本的总体朝向。单击下拉按钮，在下拉列表中选择需要的文本路径方向。
- **与路径的距离：** 指定文本和路径间的距离。数值为正，文本向路径之外的距离变大；数值为负，文本向路径内距离变大。
- **偏移：** 通过指定正值或负值来移动文本，使其靠近路径的终点或起点。

- **水平镜像文本**：从左至右翻转文本。
- **垂直镜像文本**：从上至下翻转文本。
- **贴齐标记**：指定贴齐文本到路径的间距增量。

5.3.2 区域文本

区域文本是指文本被放置在一个特定的图形区域内，可以是矩形，也可以是其他不规则的图形。

在工具箱中选择椭圆形工具，绘制一个椭圆。选择文本工具，将光标移动到椭圆形边缘，当光标显示为“字”时单击，如下左图所示。此时可以在椭圆形内部输入文本，输入时自动换行，如下右图所示。

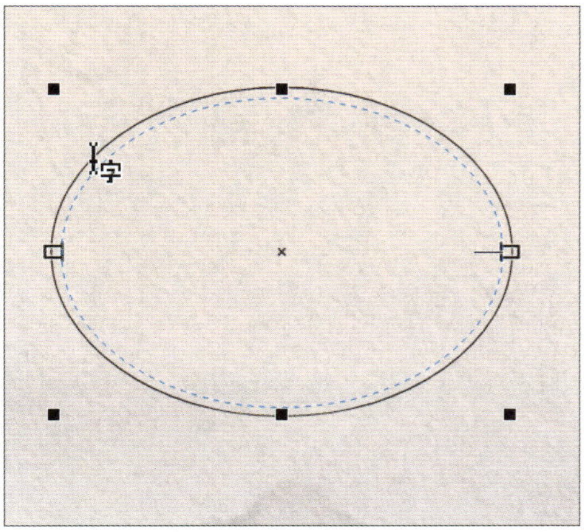

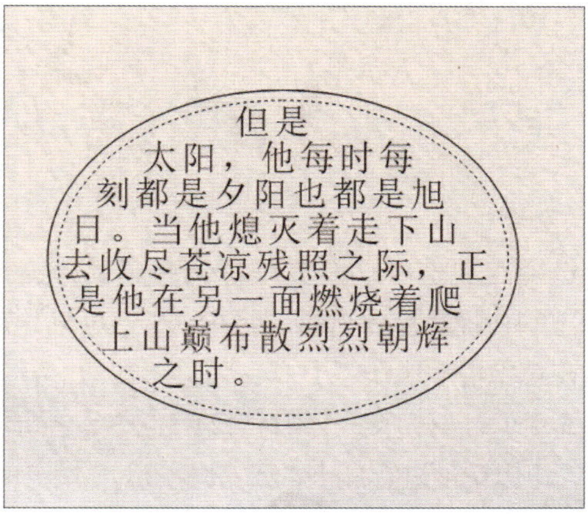

5.3.3 链接文本

文本的编排和链接是比较常用的操作，下面将介绍段落文本与段落文本之间的链接以及段落文本与图形之间的链接。

（1）段落文本之间的链接

按住Shift键，使用选择工具选中两个文本框，如下左图所示。在菜单栏中执行“文本 > 段落文本框 > 链接”命令，可以看到两个文本框被蓝色的线链接起来了，如下右图所示。链接后，可以调整文本框的大小，创建不同的显示效果。

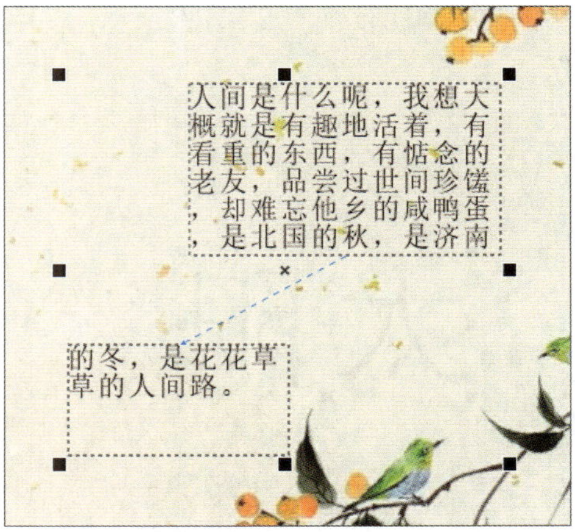

（2）文本与图形之间的链接

将光标放在文本框底部的控制点上，单击后光标变为黑色单箭头形状，如下页左图所示。移动光标到链接图形的边缘，光标变为向右的黑色箭头时单击，创建链接，如下右图所示。

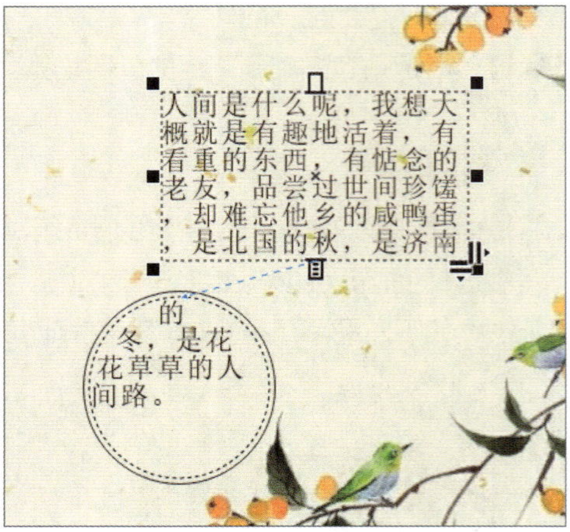

（3）断开链接

使用选择工具选中两个文本框，单击鼠标右键，在弹出的快捷菜单中选择“拆分选定2对象”命令，或在菜单栏中执行“文本 > 段落文本框 > 断开链接”命令，断开链接。断开链接后的文本之间互不影响，可以单独进行操作，如右图所示。

5.3.4 将文本转换为曲线

将文本转换为曲线后，可以使用形状工具来调整曲线的节点和控制点，从而改变文本的形状，创建特殊效果。

使用选择工具选中文本，单击鼠标右键，在快捷菜单中选择“转换为曲线”命令，即可将文本转换为曲线，选中的文本出现节点，如下左图所示。使用形状工具拖拽节点，调节文本形状，制作特殊效果，如下右图所示。

知识延伸：文本样式的应用

应用文本样式可以帮助用户统一文档中的文本格式，提高设计效率。接下来，将详细介绍文本样式的创建和套用。

（1）创建文本样式

常用的创建文本样式的方法有以下2种。

方法1：使用选择工具选中想要创建样式的文本，单击鼠标右键，在弹出的快捷菜单中选择“对象样式>从以下项新建样式集”命令，在打开的“从以下项新建样式集”对话框中单击“OK”按钮，如下左图所示。即可打开“对象样式”泊坞窗，进行创建。

方法2：在菜单栏中执行“窗口>泊坞窗>对象样式”命令，打开“对象样式”泊坞窗进行创建，如下中图所示。

在打开的“对象样式”泊坞窗中选中“样式设置1”样式，设置文本的字符样式，包括字符样式、段落样式和图文框样式等，如下右图所示。

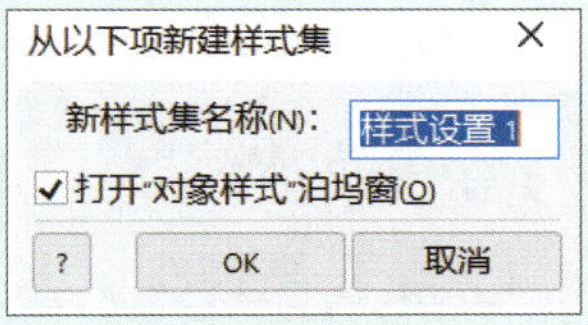

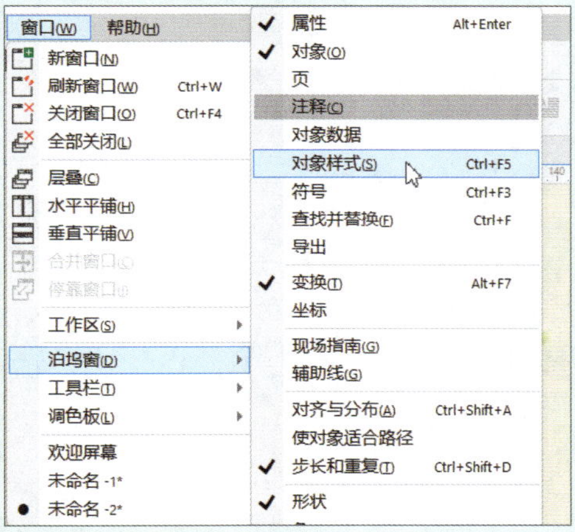

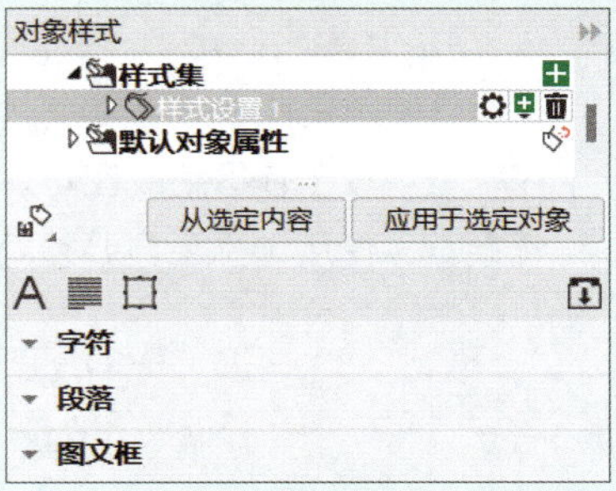

（2）套用文本样式

选中要套用文本样式的文本，在“对象样式”泊坞窗中设置字体为“思源宋体”、填充类型为“红色”，如下左图所示。单击“应用于选定对象”按钮，可以看到文本样式改变了，如下右图所示。

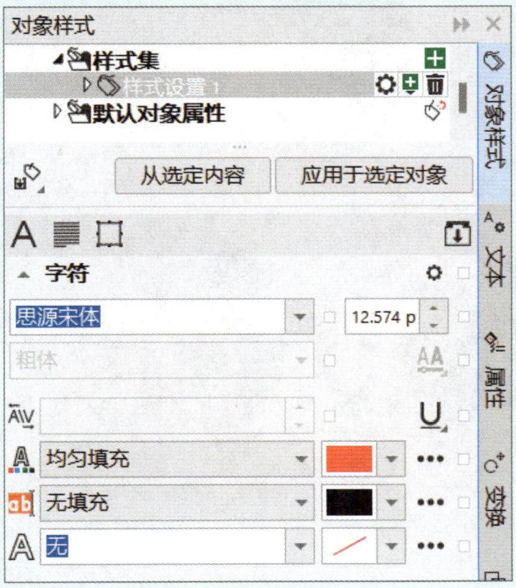

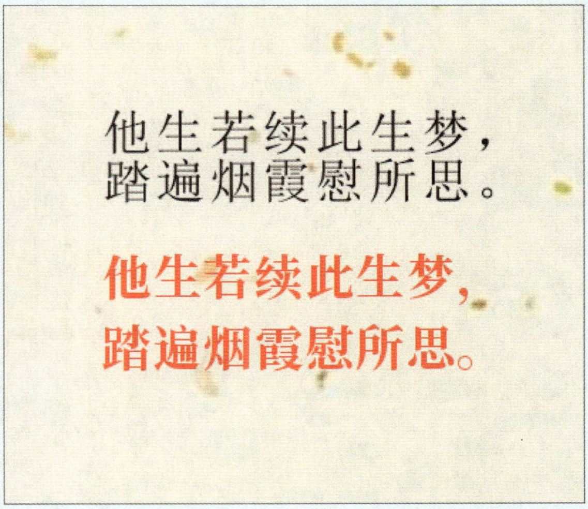

上机实训：制作苹果宣传海报

通过本章内容的学习，读者了解了CorelDRAW 2024中文本设计方面的知识。下面我们将通过苹果宣传海报的制作，对所学知识进行巩固，具体步骤如下。

扫码看视频

步骤 01 打开CorelDRAW 2024软件，执行“文件>新建”命令，新建一个空白文档，参数如下左图所示。

步骤 02 在菜单栏中执行“文本>导入”命令，在弹出的“导入”对话框中选中“苹果宣传图”图片，单击“导入”按钮，如下右图所示。

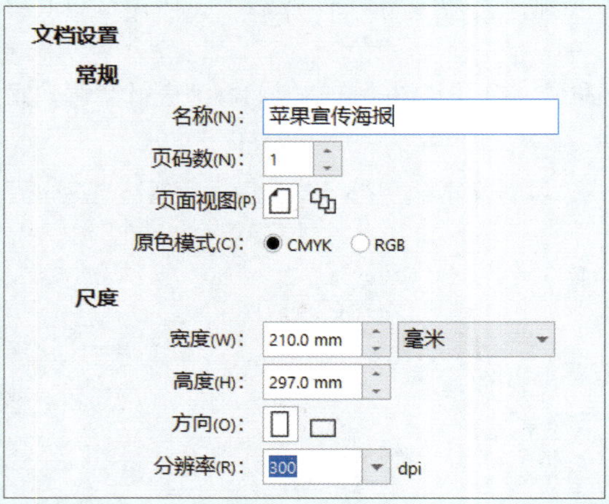

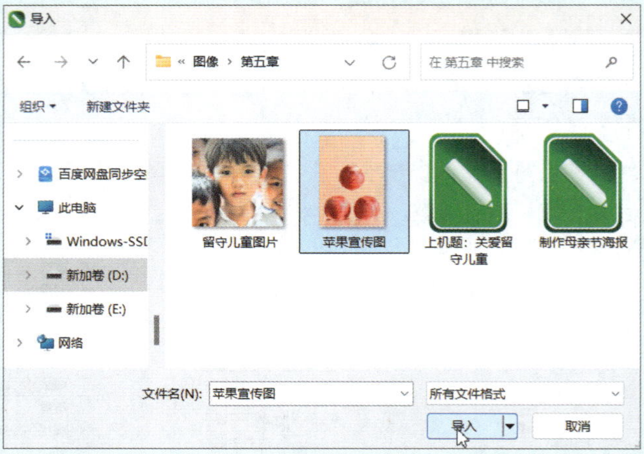

步骤 03 在工作区绘制出导入图片的大小，如下左图所示。

步骤 04 使用选择工具调整苹果图片的位置，进一步调整大小以适合工作区，如下右图所示。

步骤 05 使用椭圆形工具在苹果外侧绘制椭圆，如下左图所示。

步骤 06 在工具箱中选择文本工具，移动光标到椭圆形边缘，光标变为曲线形状时单击路径，输入文本，如下右图所示。

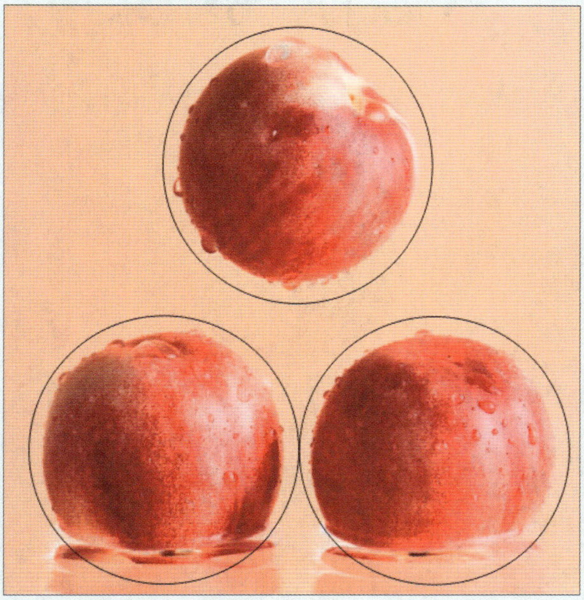

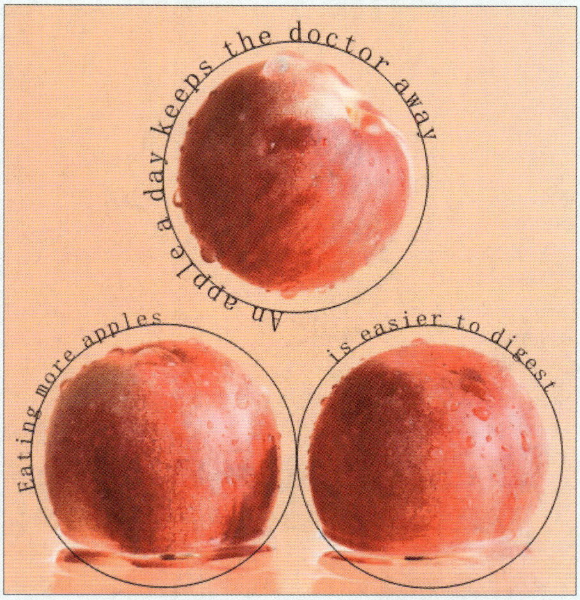

步骤 07 使用选择工具选中所有文字和椭圆形曲线，单击鼠标右键，执行“拆分选定6对象”命令，如下左图所示。

步骤 08 在“对象”泊坞窗中隐藏椭圆形，使用形状工具调整英文文本的旋转位置，如下右图所示。

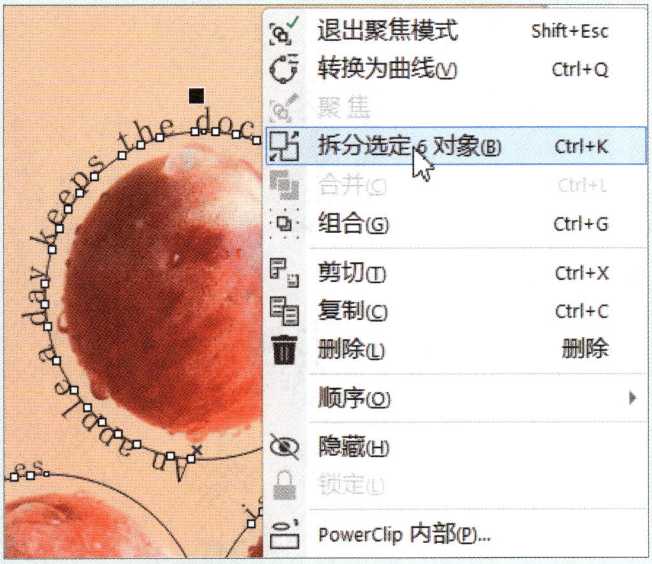

步骤 09 使用文本工具输入“只想你‘苹’安”等文本，如下页左图所示。

步骤 10 使用文本工具选择“只想你‘苹’安”文本，在属性栏设置字体为“得意黑”、字体大小为“80pt”。选择“生活虽苦，苹果超甜”和“抗氧化，抗疲劳，增强记忆。”文本，设置字体大小为“24pt”，如下页右图所示。

步骤 11 在工具箱中选择常用的形状工具，绘制两个心形装饰海报，效果如下左图所示。

步骤 12 使用交互式填充工具进行填色，效果如下右图所示。

步骤 13 到此，完成所有的绘制，苹果宣传海报的最终效果如右图所示。

课后练习

一、选择题（部分多选）

（1）使用文本工具，在工作区绘制文本框并输入的文本被称为（　　）。

A. 美术文本　　B. 段落文本

C. 区域文本　　D. 路径文本

（2）下列方式中，打开“文本”泊坞窗的操作正确的是（　　）。

A. 执行“窗口 > 泊坞窗 > 文本”命令

B. 执行“窗口 > 泊坞窗 > 对象样式”命令

C. 选中文本，单击鼠标右键，选择“文本”命令

D. 以上都错

（3）文本样式的应用包括（　　）。

A. 字符样式　　B. 段落样式

C. 图文框样式　　D. 以上都错

二、填空题

（1）CorelDRAW软件提供了__________和__________两种主要的文本类型。

（2）当文本超出文本框边界，可以在菜单栏中执行______________________________命令，使文本适合框架。

（3）____________________，可以使用形状工具来调整曲线的节点和控制点，从而改变文本的形状，创建特殊效果。

三、上机题

学习文本处理的相关知识后，用户可以自己创建文本并制作效果。通过设计关爱留守儿童海报的操作，进一步巩固所学的知识点。下左图为文本参数设置面板，下右图为海报的效果。

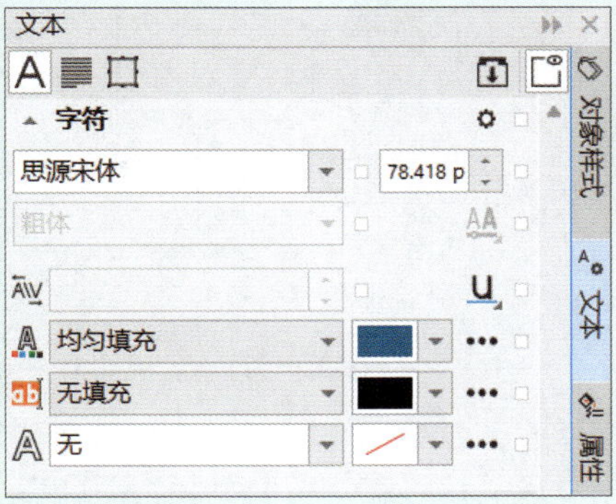

操作提示

① 将矩形转换为曲线，使用形状工具添加节点，进行拖拽并填充为白色。

② 选中“关爱留守儿童”文本，通过属性栏中的设置为文本添加下划线。

第6章 表格工具

本章概述

本章将对CorelDRAW 2024软件中表格工具的应用进行介绍，包括创建表格、设置表格和编辑表格等知识点。通过对表格方面知识的学习，用户可以方便地制作表格相关的平面作品。

核心知识点

1. 掌握表格的创建方法
2. 掌握表格的设置方法
3. 掌握表格的编辑方法
4. 掌握文本与表格的互转方法

6.1 创建表格

表格在日常生活、工作中用途非常广泛，在使用CorelDRAW进行平面设计时，可以快速创建表格和编辑表格，使用表格工具可以帮助设计师安排和布局版面，创作出具有艺术感的图形和背景。

创建表格的方法主要有两种：使用表格工具创建和通过菜单命令创建。接下来，将详细介绍这两种创建方法。

6.1.1 表格工具创建

在工具箱中单击文本工具下三角按钮，选择表格工具，将光标移动到工作区，可见光标的形状变为表格的样式，如下左图所示。按住鼠标左键在工作区拖拽，即可创建表格，如下右图所示。在表格被选中的状态下，可以在属性栏调整表格的行数和列数。

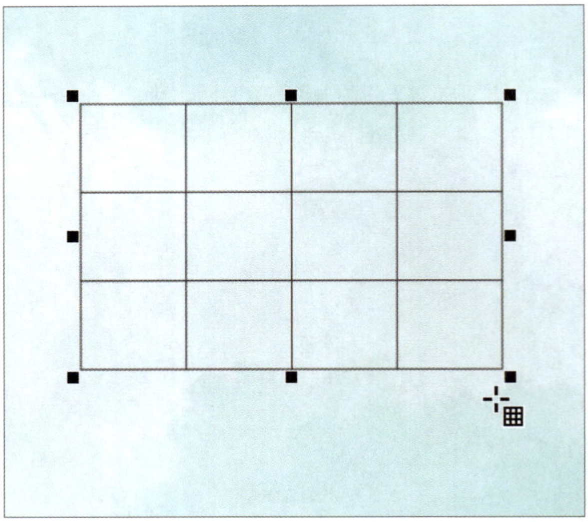

6.1.2 菜单命令创建

在菜单栏中执行“表格>创建新表格”命令，如下页左图所示。在弹出“创建新表格”对话框中设置表格的行数、栏数、高度和宽度等，如下页中图所示。单击“OK”按钮，可以看见工作区出现了设置好的表格，如下页右图所示。

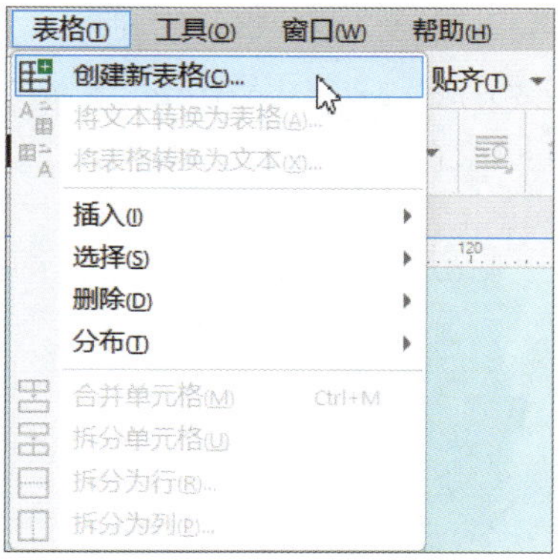

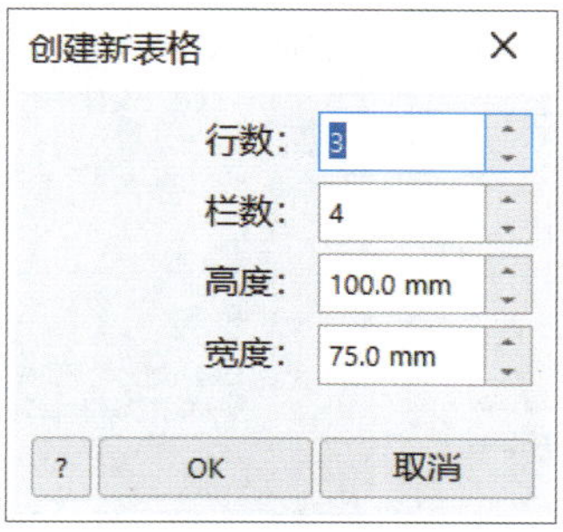

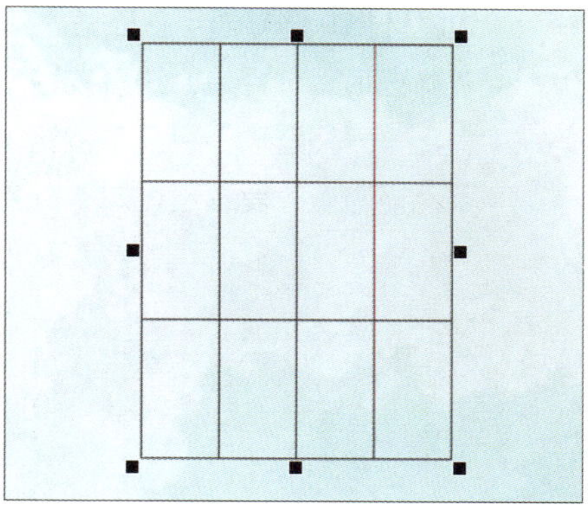

6.2 设置表格

创建完表格，用户还可以通过属性栏对整个表格的行数、列数和边框等进行修改，也可以单独对单个单元格进行操作。

6.2.1 表格属性设置

在工具箱中选择表格工具，表格属性栏如下图所示。

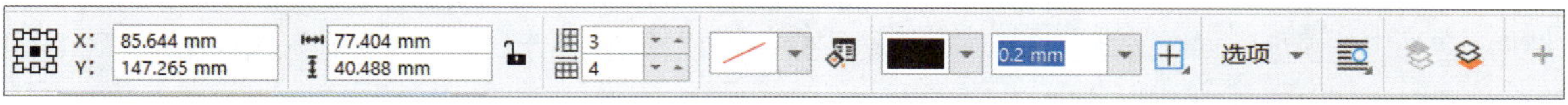

- **对象位置：** 通过设置X和Y坐标，确定对象在页面中的位置。
- **对象大小：** 设置对象的宽度和高度。
- **行数和列数：** 设置表格的行数和列数。
- **填充色：** 设置对象的填充色。单击下三角按钮，任意选择一种颜色，表格的填充效果如下左图所示。
- **编辑填充：** 更改当前填充的属性。单击“编辑填充”按钮，在弹出的对话框中选择填充类型，包括“无填充”“均匀填充”“渐变填充”“向量图样填充”“位图图样填充”“双色图样填充”“底纹填充”和“PostScript填充”。
- **轮廓色：** 设置对象的轮廓颜色，单击下三角按钮，任意选择一种颜色，轮廓色的填充效果如下右图所示。

- **轮廓宽度：** 设置对象的轮廓宽度。

- **边框选择：** 调整显示在表格内部和外部的边框，包括“全部”“内部”和“外部”等，如下左图所示。
- **表格选项：** 选择是否在键入数据时自动调整单元格大小以及将表格拆分成单独的单元格进行编辑。单击“表格选项”下三角按钮，在弹出的面板中勾选“在键入时自动调整单元格大小”或“单独的单元格边框”复选框，如下右图所示。

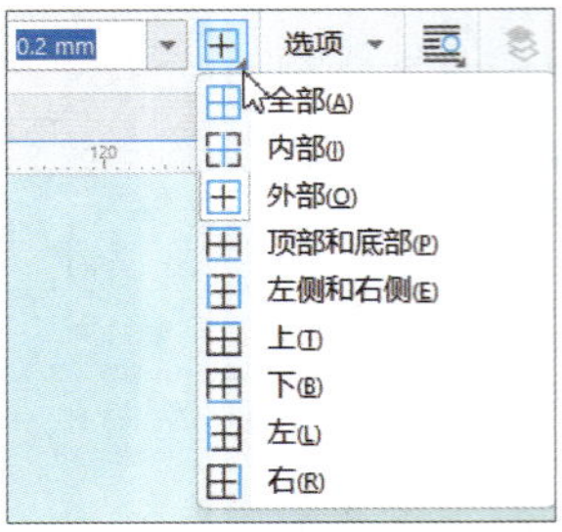

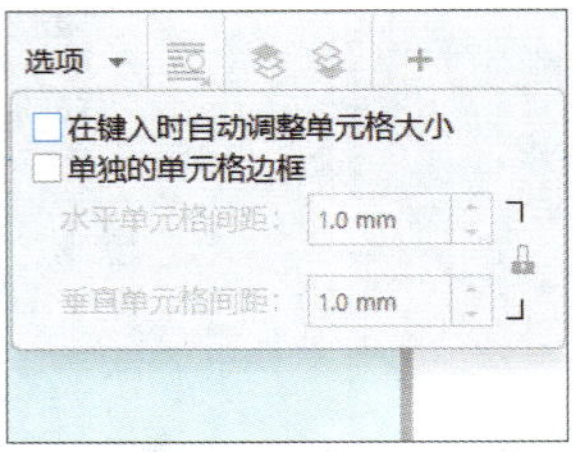

- **文本换行：** 选择段落文本环绕对象的样式并设置偏移路径。
- **到图层前面：** 将对象移动到堆叠顺序的顶部。
- **到图层后面：** 将对象移动到堆叠顺序的底部。

6.2.2 选择单元格

常用的选择单元格的方法有以下4种。

方法1： 选择单个单元格。在工具箱中选择表格工具，将光标移动到要选择的单元格内部，单击鼠标右键，在弹出的快捷菜单中选择“选择>单元格”命令，如下左图所示。可见单元格被选中了，如下右图所示。用户也可以按住Ctrl键，单选单元格。

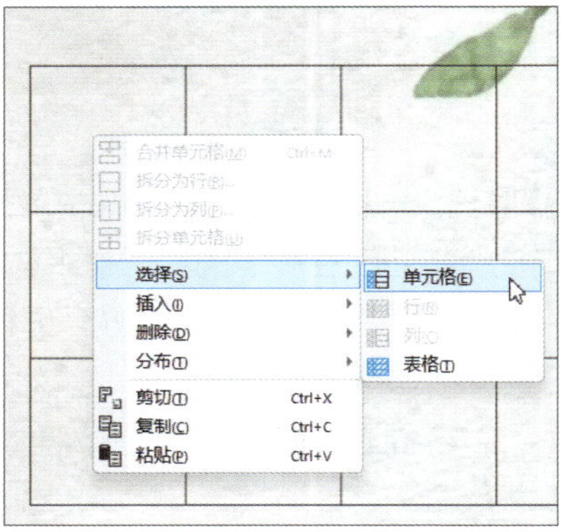

方法2： 连续选择单元格。将光标移动到要连续选择的单元格中的起始单元格位置，如下左图所示。按住鼠标左键进行拖拽，可见多个单元格被选中了，如下右图所示。

方法3： 对单元格进行加选或减选。选中单元格后，按住Ctrl键，鼠标左键单击空白单元格，即可对单元格进行加选，如下左图所示。按住Ctrl键，单击多选的单元格，即可对单元格进行减选，如下右图所示。

方法4： 选择一行或一列单元格。选择行单元格时，将光标移到单元格左侧，当光标变为向右的箭头时单击，即可选中该行，如下左图所示。选择列单元格时，将光标移到单元格顶部，当光标变为向下的箭头时单击，即可选中该列，如下右图所示。同理，按住Ctrl键可对行或列单元格进行加选或减选。

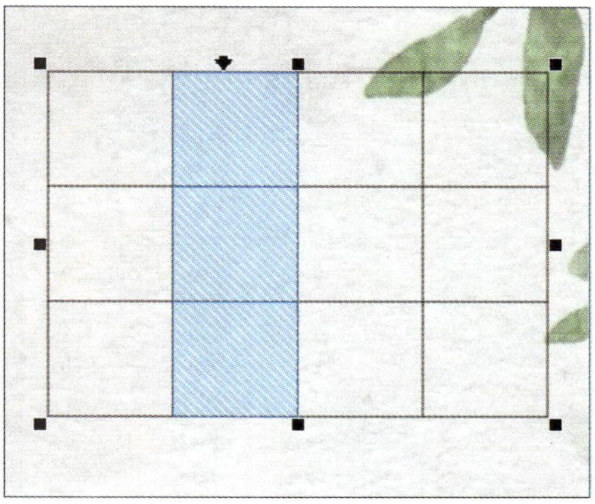

6.2.3 单元格属性设置

使用表格工具选中单元格后，其属性栏如下图所示。

- **页边距：** 为所选单元格指定顶部、底部、左侧和右侧边距。单击“页边距”下三角按钮，修改页边距，如下左图所示。
- **合并单元格：** 将多个单元格合并为一个单元格。使用表格工具选中单元格，单击“合并单元格”按钮，可见选中的单元格变为一个单元格了，如下右图所示。

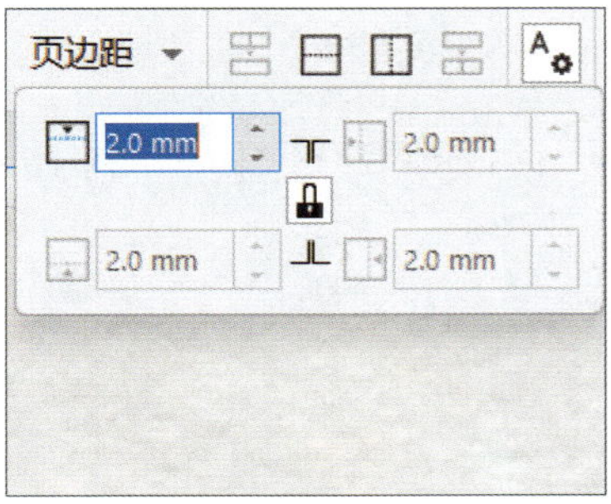

- **水平拆分单元格：** 将单元格拆分为特定的行数。单击该按钮，在弹出的“拆分单元格”对话框中设置行数为2，效果如下左图所示。
- **垂直拆分单元格：** 将单元格拆分为特定的列数。单击该按钮，在弹出的“拆分单元格”对话框中设置栏数为2，效果如下右图所示。

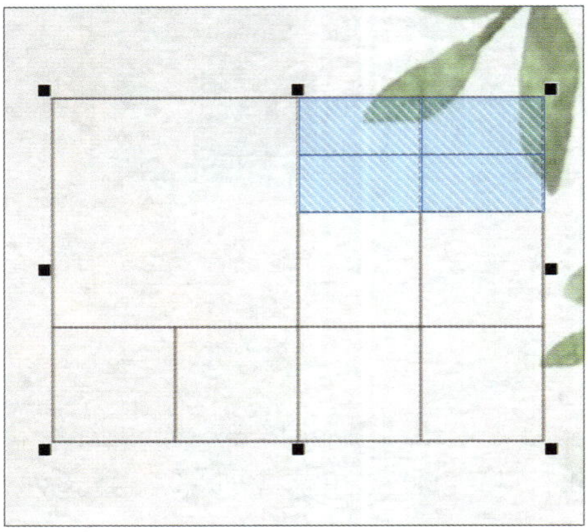

- **撤销合并：** 将合并的单元格分割回单独的单元格。使用表格工具选中合并的单元格，如下左图所示。单击“撤销合并”按钮，可以看见合并的单元格被分割为单独的单元格了，如下右图所示。
- **文本：** 编辑段落和艺术文本属性。单击该按钮，打开“文本”泊坞窗，在泊坞窗里修改轮廓色、轮廓宽度和线条样式等属性。

实例 制作手账内页

下面讲解如何使用表格功能制作手账内页。通过本案例的学习，希望读者可以掌握表格工具应用的要点。具体操作如下。

步骤 01 打开CorelDRAW 2024软件，执行“文件＞新建”命令，创建一个A4大小的页面，单击“OK”按钮，具体参数如右图所示。

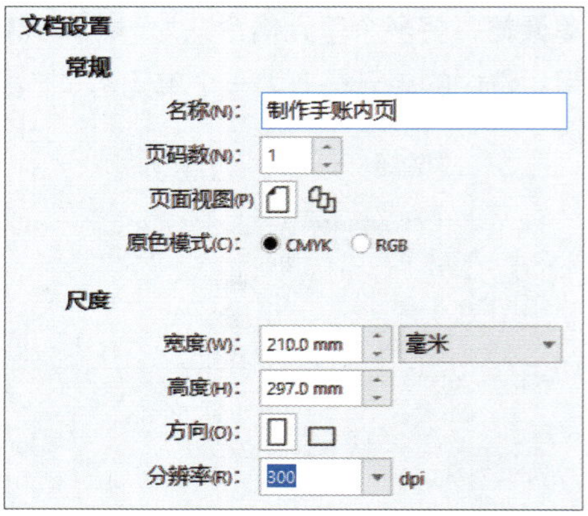

步骤 02 在菜单栏中执行“文件 > 导入”命令，将手账内页背景图导入到页面，调整图片的位置和大小，如下左图所示。

步骤 03 在工具箱中选择表格工具，设置属性栏中表格的行数为“8”、列数为“1”，在工作区绘制表格，如下右图所示。

步骤 04 绘制表格后，继续在属性栏中单击“边框选择”下三角按钮，选择“左侧和右侧”选项。再单击“轮廓宽度”按钮，设置轮廓宽度为“无”，效果如下左图所示。

步骤 05 使用选择工具选中表格，在属性栏中单击“边框选择”下三角按钮，选择“全部”选项。然后在“轮廓色”下拉面板中为表格轮廓线设置填充颜色（C=40、M=33、Y=57、K=0），如下右图所示。

步骤 06 使用选择工具选中表格，复制一份与原表格顶部重叠对齐，在属性栏中设置行数为“3”，可以看到重叠的线变粗了，如下页左上图所示。

步骤 07 使用选择工具选中表格，在属性栏中单击“边框选择”下三角按钮，选择“外部”选项。然后在“轮廓宽度”下拉列表中选择“无”选项，效果如下页左下图所示。

步骤 08 使用选择工具选中表格，拖动右侧边缘以缩小表格长度，最终效果如下右图所示。

6.3 编辑表格

创建表格后，用户还可以根据需要对表格进行编辑，包括插入行/列、删除行/列和移动边框位置等，本节将分别进行介绍。

6.3.1 插入行/列

常用的插入行/列的方法有以下2种。

方法1： 选择任意单元格，在菜单栏中执行“表格＞插入”命令，在子菜单中选择插入行或列的位置，包括“行上方”“行下方”和“列左侧”等，如下左图所示。选择“表格＞插入＞行上方”命令，可见选中的单元格上方插入了新的一行，如下右图所示。

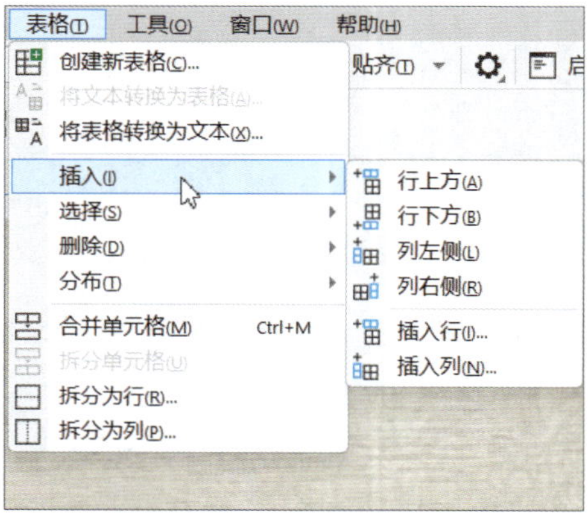

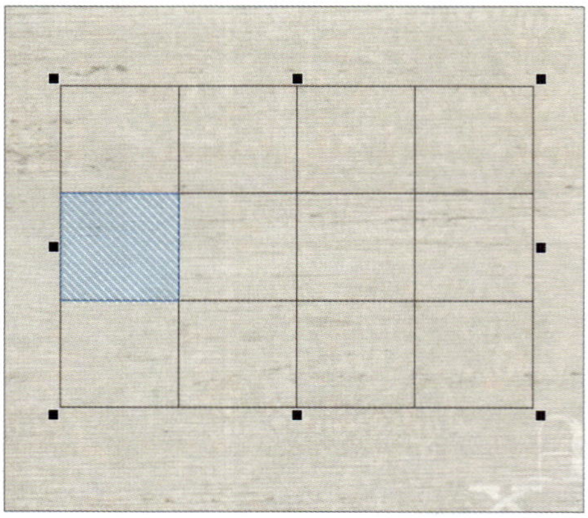

方法2：任意选择单元格，单击鼠标右键，在快捷菜单中选择“插入”命令，选择插入行或列的位置，如下左图所示。选择“插入 > 列左侧”命令，可见选中的单元格左侧插入了新的一列，如下右图所示。

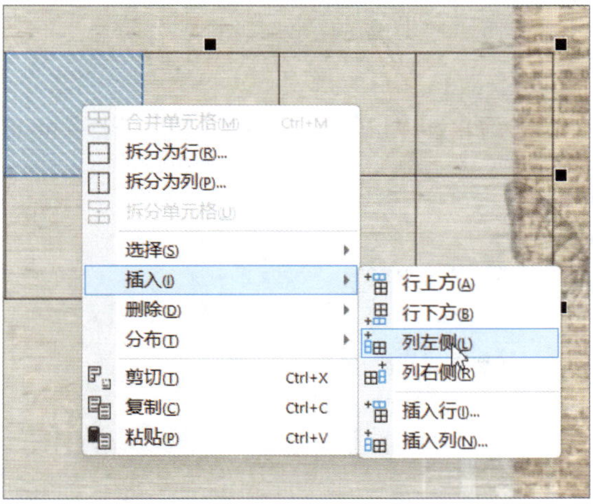

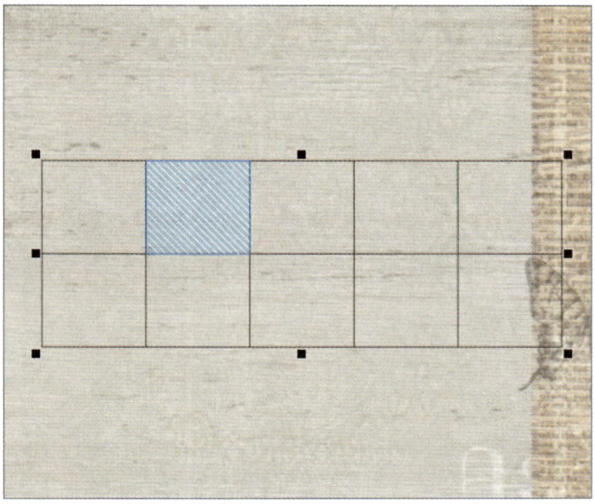

用户也可以根据自己的需要插入多行或多列。选中单元格，单击鼠标右键，在快捷菜单中选择“插入 > 插入行”命令，打开“插入行”对话框，设置行数为“2”、位置为“在选定行下方”，单击“OK”按钮，如下左图所示。可以看见选定单元格的下方插入了两行，如下右图所示。

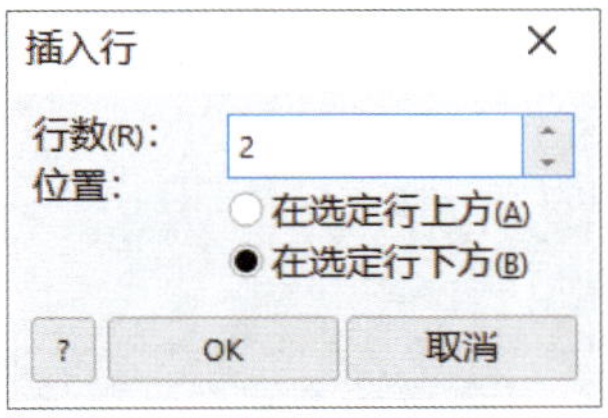

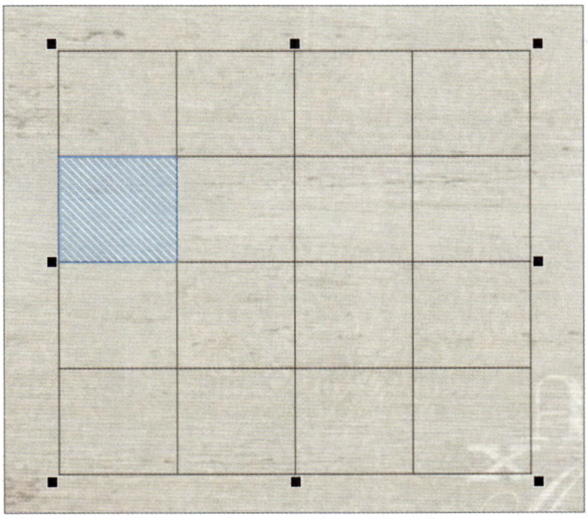

提示：选中不同行和列单元格执行插入命令的效果

使用选择工具选择不同行和列的单元格，执行插入行或列命令后，会插入相同行或列数的表格。选择不同行和列单元格，单击鼠标右键，选择“插入 > 行上方”命令，可见选中单元格上方插入了新的两行表格，如右图所示。

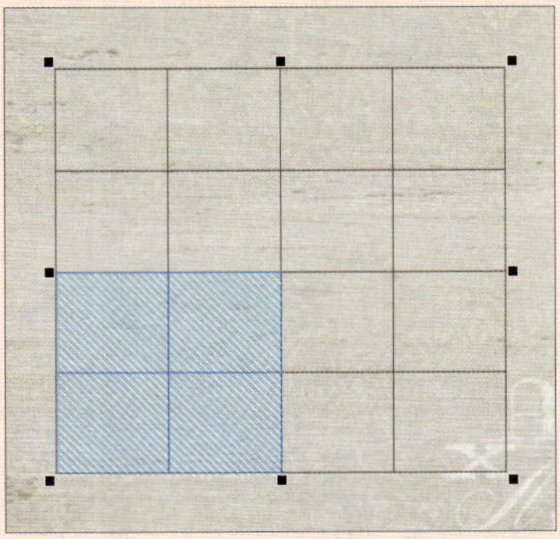

6.3.2 删除行/列

常见的删除行/列的方法有以下2种。

方法1：使用表格工具选择要删除的行或列，在菜单栏中执行“表格＞删除”命令，在子菜单中选择“行”“列”或“表格”，如下左图所示。

方法2：使用表格工具选择要删除的行或列，单击鼠标右键，选择“删除”命令，然后选择要删除的对象，如下右图所示。

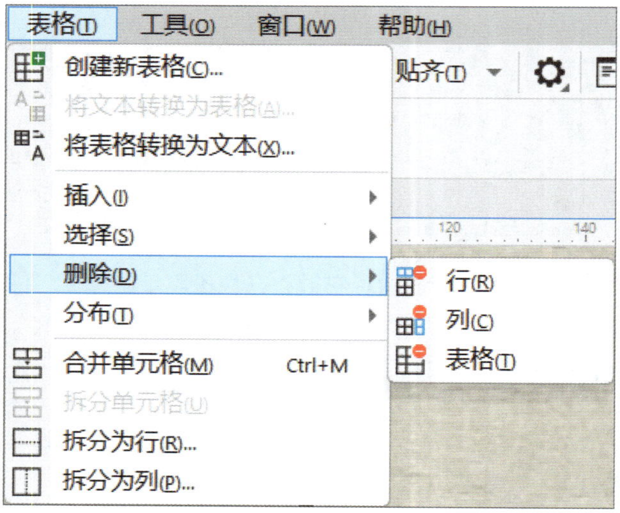

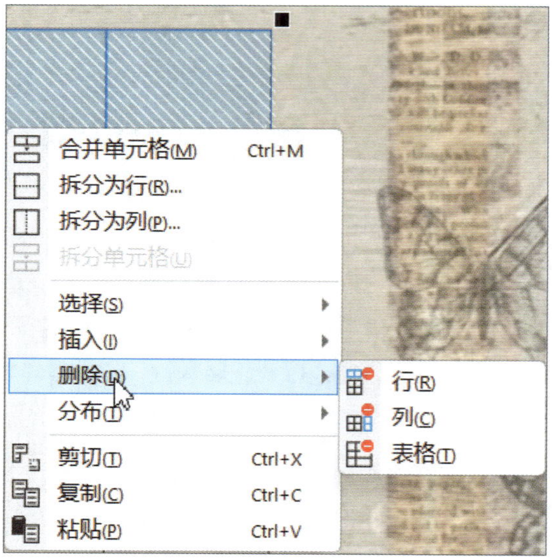

6.3.3 移动边框位置

使用表格工具选中表格，将光标移动到表格边框线上，当光标变为垂直或水平箭头样式时，按住鼠标左键可以进行拖拽，下左图为光标变成垂直箭头的样式，下右图为向上拖拽箭头产生的效果，可见边框线的位置改变了。

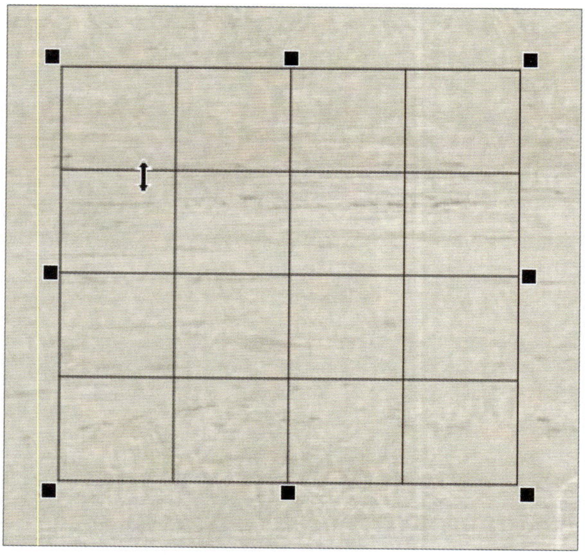

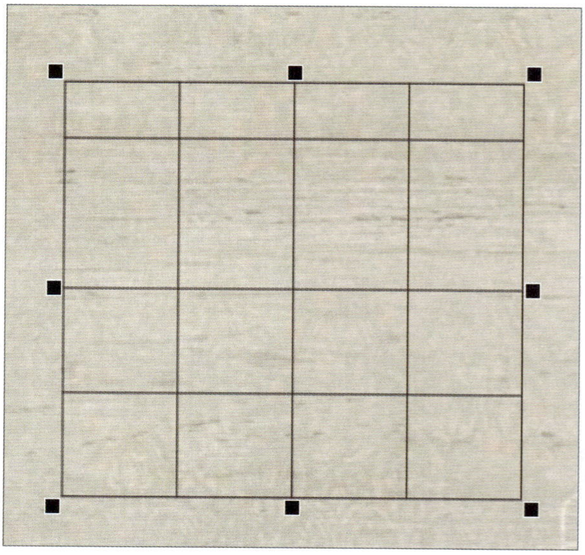

将光标移动到两条边框线交叉位置，当光标变成了倾斜箭头，如下页左图所示。按住鼠标左键向左上方向进行拖拽，可见两条边框线的位置同时调整了，如下页右图所示。

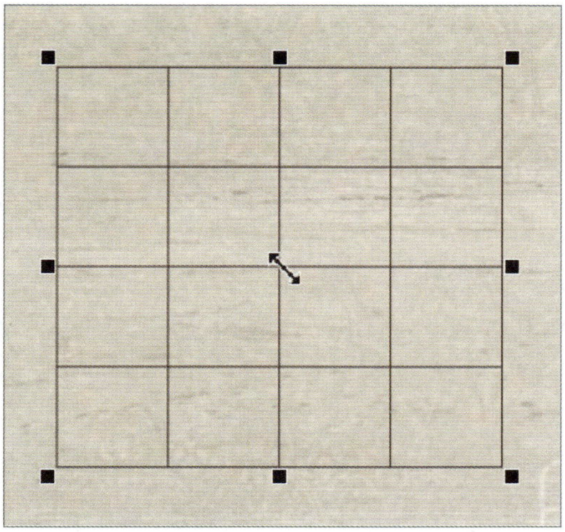

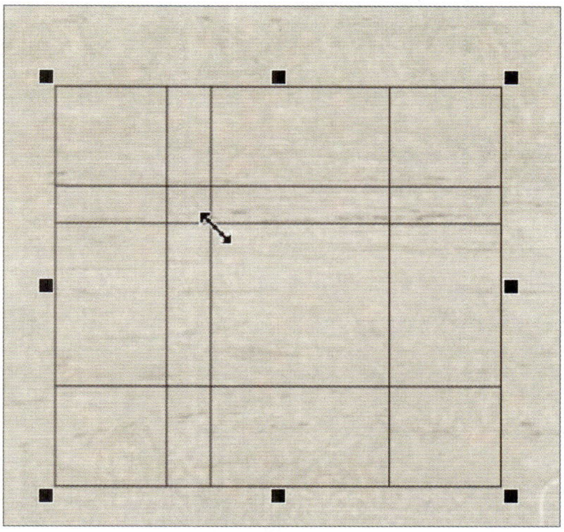

6.3.4 调整行/列间距

“分布”命令常用于调整表格中选定行或列的间距，使它们均匀分布。下面介绍两种均分行/列的方法。

方法1：使用选择工具选中所有的单元格，在菜单栏中执行“表格 > 分布”命令，在子菜单中选择“行均分”或“列均分”，如下左图所示。选择“行均分”命令，效果如下右图所示。

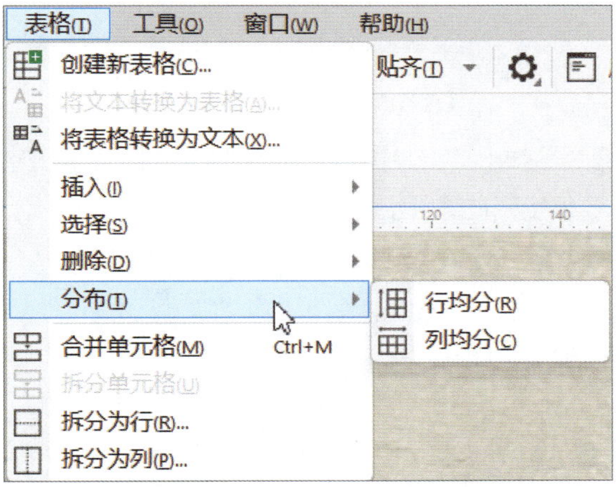

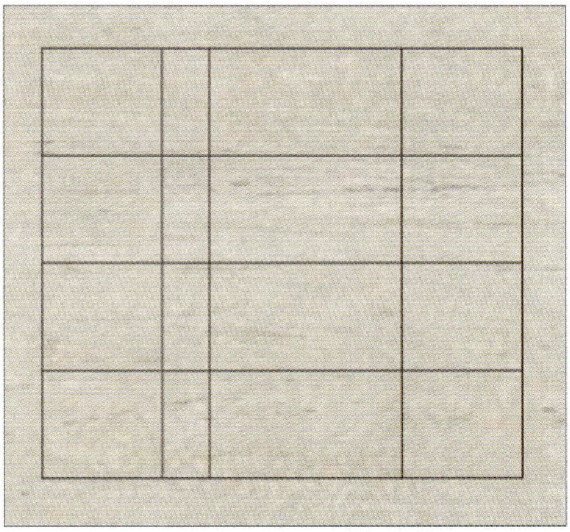

方法2：使用选择工具选中所有的单元格，单击鼠标右键，在弹出的快捷菜单中选择“分布 > 列均分”命令，如下左图所示。可见表格中的列被均分了，如下右图所示。

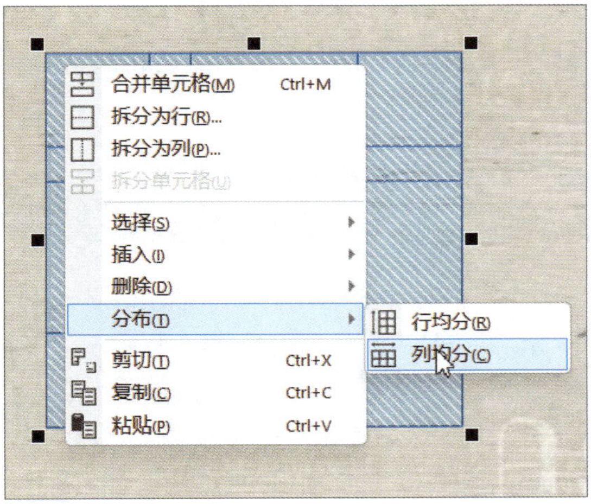

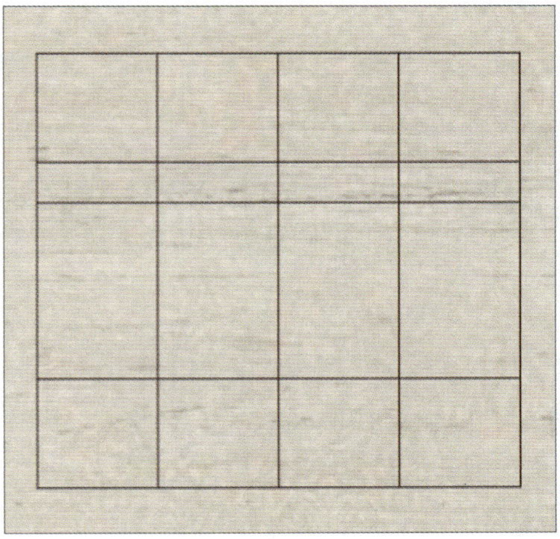

知识延伸：文本表格互转

创建段落文本后，用户可以将文本转换为表格，也可以将表格转换为文本，具体操作介绍如下。

（1）将文本转换为表格

使用文本工具在工作区绘制文本框，输入文字，逗号为英文半角状态下输入，如下左图所示。在菜单栏中执行“表格>将文本转换为表格”命令，弹出“将文本转换为表格”对话框，选中“逗号”单选按钮，单击“OK” 按钮，效果如下右图所示。

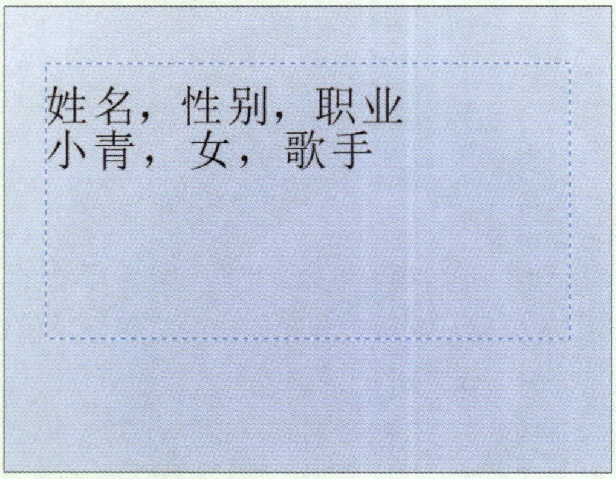

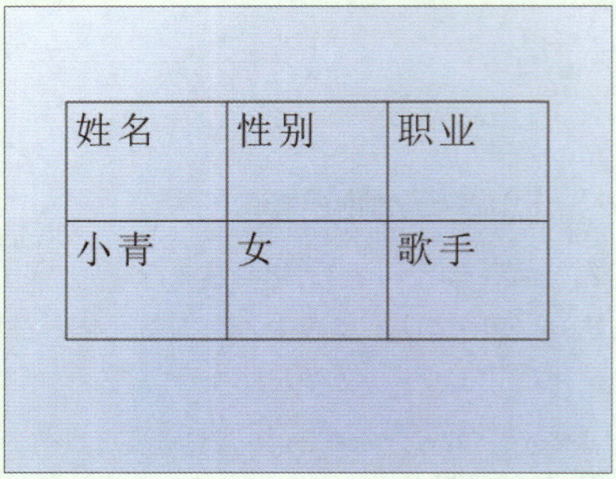

（2）将表格转换为文本

在菜单栏中执行“表格>将表格转换为文本”命令，弹出“将表格转换为文本”对话框，如下左图所示。选中“制表位”单选按钮，单击“OK”按钮，效果如下右图所示。

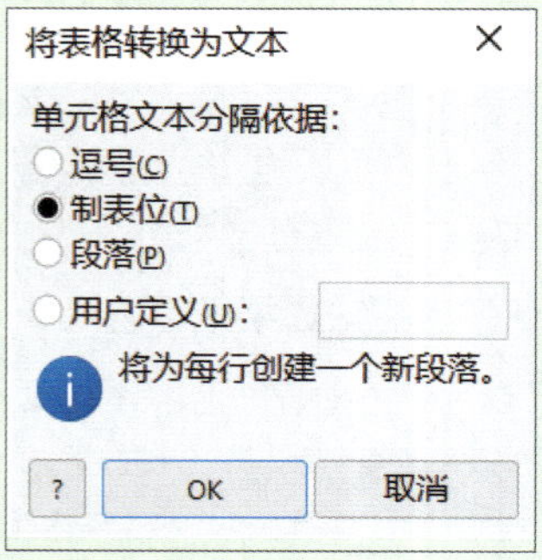

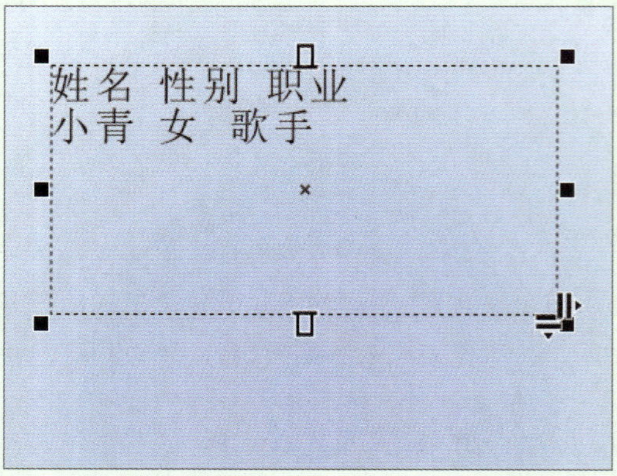

上机实训：制作融合美景与文化的日历

通过本章内容的学习，读者了解了CorelDRAW 2024中表格工具的应用。下面我们将制作一张以郁郁葱葱的森林景观为背景的挂历，营造出一种清新而宁静的氛围。具体操作步骤如下。

扫码看视频

步骤 01 打开CorelDRAW 2024软件，执行“文件>新建”命令，新建一个空白文档，参数如下页左图所示。

步骤 02 使用矩形工具在工作区绘制一个矩形，如下页右图所示。

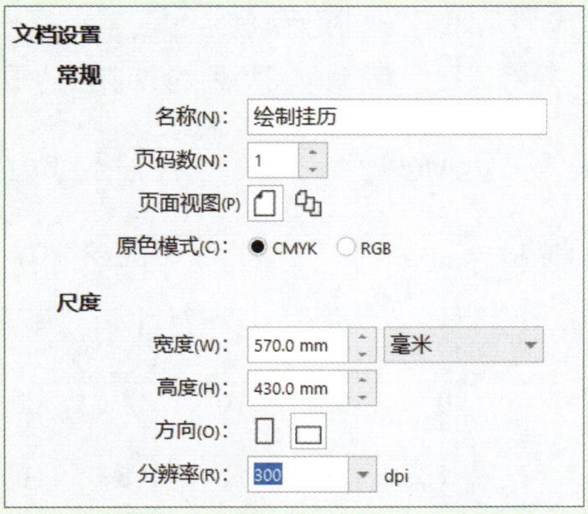

步骤 03 执行“文件＞导入”命令，在打开的对话框中选择挂历图片，单击“导入”按钮，如下左图所示。

步骤 04 将图片放置在矩形右下方，使用选择工具调整图片的大小和位置，如下右图所示。

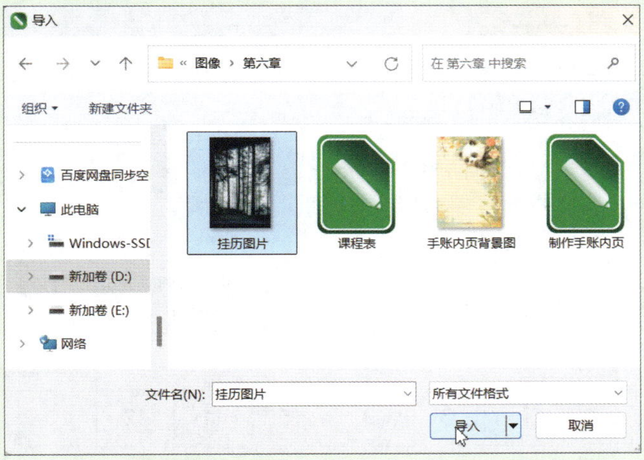

步骤 05 选择交互式填充工具，为矩形填充颜色，并在“属性”泊坞窗中设置矩形的轮廓线为“无”，效果如下左图所示。

步骤 06 在工具箱中选择表格工具，在属性栏设置表格的行数为“6”、列数为“7”，按住鼠标左键在工作区绘制表格，效果如下右图所示。

步骤 07 选择文本工具，在表格中输入8月份的日期排列，如下左图所示。

步骤 08 选择文本，在属性栏中调整文本字体大小，并将“日”和“六”两列的数字颜色填充为红色，如下右图所示。

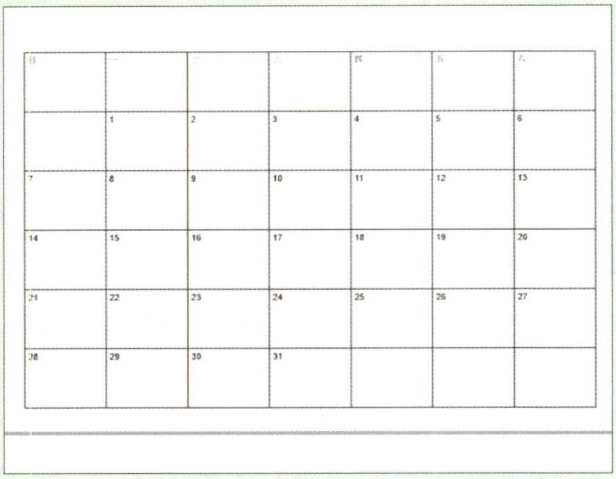

步骤 09 使用表格工具选择“日”和“六”的单元格，在属性栏单击填充色下三角按钮，为单元格填充背景色，再选择“一”至“五”的单元格，填充颜色，如下左图所示。

步骤 10 选中所有的单元格，在“属性”泊坞窗中单击“段落”按钮，选择“居中”选项。然后在属性栏中单击“页边距”下三角按钮，调整页边距，使文本垂直居中，如下右图所示。

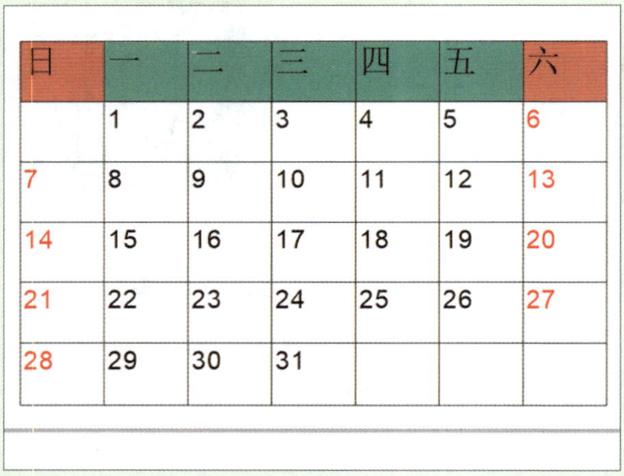

步骤 11 使用表格工具选中所有单元格，在属性栏单击“边框选项”下三角按钮，选择“全部”选项。然后单击“轮廓宽度”下拉按钮，选择“无”选项，效果如右图所示。

步骤 12 使用矩形工具绘制长方形，为矩形设置圆角效果，如右图所示。

步骤 13 选择矩形，为上方矩形设置轮廓色，为下方矩形填充颜色，效果如下左图所示。

步骤 14 使用文本工具在矩形方框中输入文字，在“属性”泊坞窗中修改矩形轮廓，效果如下右图所示。

步骤 15 使用文本工具在右上方添加文字并设置为白色，最终效果如右图所示。

课后练习

一、选择题（部分多选）

（1）下列关于创建表格的方法说法正确的是（　　）。

A. 使用表格工具在工作区拖拽绘制　　B. 单击鼠标右键，选择“表格”命令创建

C. 执行“表格 > 创建新表格”菜单命令创建　　D. 以上都错

（2）选择要合并的单元格，执行（　　）操作可以合并单元格。

A. 单击鼠标右键，选择“合并单元格”命令

B. 在属性栏中单击“合并单元格”按钮

C. 在菜单栏中执行“表格 > 合并单元格”命令

D. 以上都错

（3）关于分布命令，下列说法正确的是（　　）。

A. 选中表格，执行“表格 > 分布 > 行均分”命令，使所有列均分

B. 选中表格，执行“表格 > 分布 > 列均分”命令，使所有行均分

C. 选中表格，执行行均分或列均分命令，使所有的行和列均分

D.“分布命令”用于调整表格中选定行或列的间距，使它们均匀分布

（4）关于删除命令，下列说法正确的是（　　）。

A. 可以删除单独行　　B. 可以删除单独列

C. 可以删除整个表格　　D. 可以删除单个单元格

二、填空题

（1）按住＿＿＿＿＿＿键，可以对单元格进行加选或减选。

（2）使用表格工具选中表格，将光标移动到表格边框线上，当光标变为＿＿＿＿＿＿样式时，按住鼠标左键拖拽边框线，可以移动边框。

（3）使用文本工具，在工作区绘制文本框，输入文字，逗号为＿＿＿＿＿＿状态下输入。在菜单栏中执行“表格 > 将文本转换为表格”命令，弹出“将文本转换为表格”对话框，选中“逗号”单选按钮，文本即可转换为表格。

三、上机题

学习表格工具的相关知识后，用户可以自己使用表格工具创建“学生课程表”表格。在操作中，使用文本工具在工作区绘制文本框并输入文字，在菜单栏中执行“表格 > 将文本转换为表格”命令。制作的课程表可以参考右图的效果。

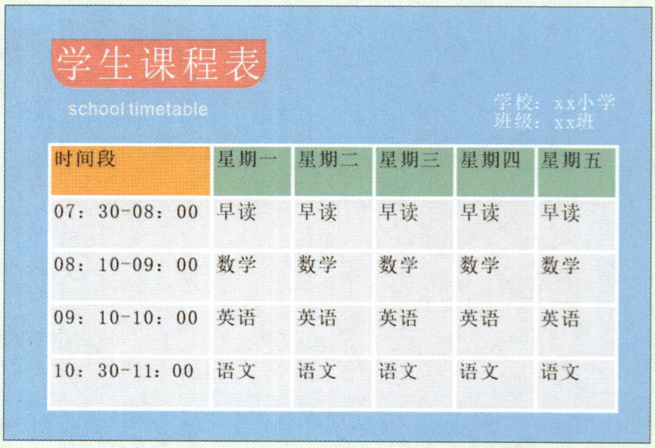

学生课程表

school timetable

学校：xx小学
班级：xx班

时间段	星期一	星期二	星期三	星期四	星期五
07：30-08：00	早读	早读	早读	早读	早读
08：10-09：00	数学	数学	数学	数学	数学
09：10-10：00	英语	英语	英语	英语	英语
10：30-11：00	语文	语文	语文	语文	语文

第 7 章 特效应用

本章概述

本章将对CorelDRAW 2024软件特效应用的相关功能进行介绍。通过本章知识的学习，用户将对图形效果的应用有进一步的认识，提高图形制作的复杂程度，加深效果。

核心知识点

1. 了解各种特效工具的应用
2. 熟悉特效工具的属性设置
3. 掌握特效的创建方法
4. 运用特效工具制作图形效果

7.1 阴影工具

在CorelDRAW中，阴影工具可以用来给图形或文字添加阴影效果，以增加立体感和深度。接下来，将详细介绍阴影工具的应用。

7.1.1 阴影工具属性栏

在工具箱中选择阴影工具，可以在属性栏切换“阴影工具”和“内阴影工具”两种属性，默认状态下显示的是“阴影工具”的属性栏。

（1）阴影工具属性

在工具箱中选择阴影工具，其属性栏如下图所示。

- **预设列表：** 在下拉预设列表中选择预设选项，包括“平面右上”“平面右下”和“平面左下”等，如下左图所示。使用选择工具选中对象，应用“平面右上”效果，如下右图所示。

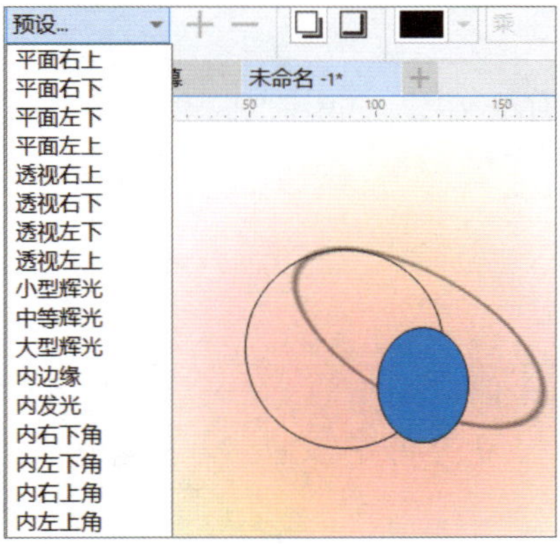

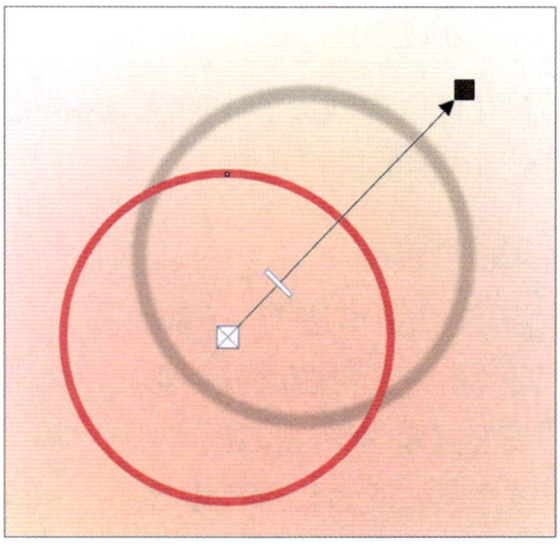

- **添加预设：** 将当前对象设置另存为预设。
- **删除预设：** 从预设列表中删除选定预设。
- **阴影工具：** 单击该按钮，在对象后面或下面应用阴影。
- **内阴影工具：** 单击该按钮，在对象内部应用阴影。
- **阴影颜色：** 单击下三角按钮，选择阴影颜色。

- **合并模式：** 选择阴影颜色与下层对象颜色的调和方式。
- **阴影不透明度：** 用于调和阴影的不透明度。在数值框中手动输入数值或滑动滑块调节不透明度。
- **阴影羽化：** 锐化或柔化阴影的边缘。
- **羽化方向：** 朝向阴影内侧、阴影外侧或同时朝向两侧柔化阴影的边缘。单击“羽化方向”下三角按钮，显示所有的选项，如下左图所示。
- **羽化边缘：** 选择羽化类型。单击“羽化边缘”下三角按钮，选择羽化边缘的类型，如下右图所示。

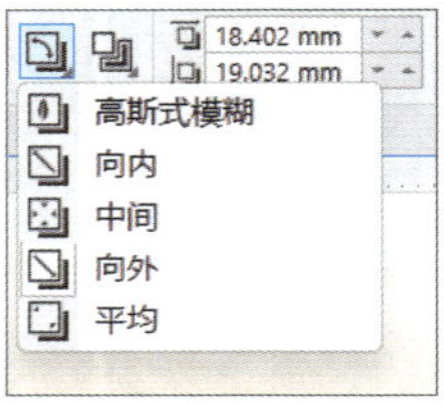

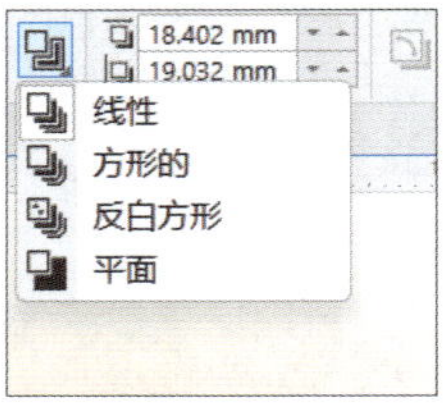

- **阴影偏移：** 设置阴影边缘与对象边缘之间的距离。
- **阴影角度：** 设置阴影的方向。
- **阴影延展：** 调整阴影的长度。
- **阴影淡出：** 调整阴影边缘的淡出程度。
- **复制阴影效果属性：** 将文档中另一个对象的阴影属性应用到所选对象上。
- **清除阴影：** 移除对象中的阴影。

（2）内阴影工具属性栏

在属性栏中单击“内阴影工具”，可见属性栏改变了，如下图所示。内阴影工具属性栏与阴影工具属性栏相似，相似内容不再赘述。

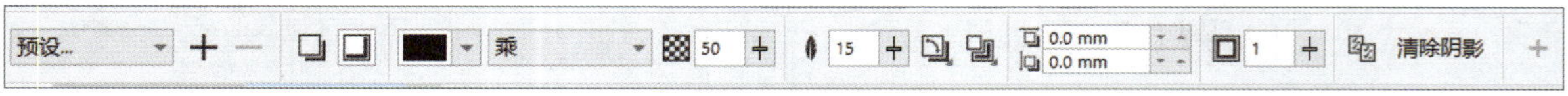

内阴影宽度： 设置不偏移的内阴影宽度。

7.1.2 阴影工具的应用

使用阴影工具，可以在图形上添加真实感强烈的阴影效果，使得平面图形具有更深的空间感和层次感。下面介绍阴影效果的添加和调整。

（1）添加阴影效果

常用的添加阴影效果的方法有以下两种。

方法1： 在工具箱中选择要添加阴影的工具，单击“预设列表”下拉按钮，选择要应用的阴影效果，右图为17种预设效果。第一个形状为原始图片，此后依次向右为应用预设的效果。

方法2：在工具箱中选择阴影工具，将光标移动到对象上，如下左图所示。按住鼠标左键并进行拖拽，蓝色轮廓为阴影位置，如下中图所示。释放鼠标，可以看到星形的阴影显示出来了，如下右图所示。

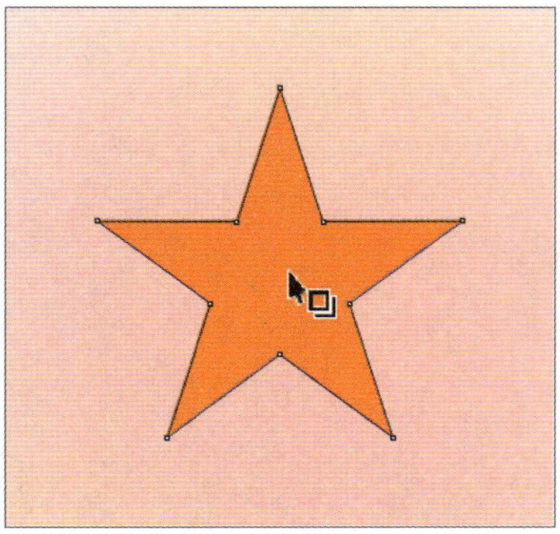
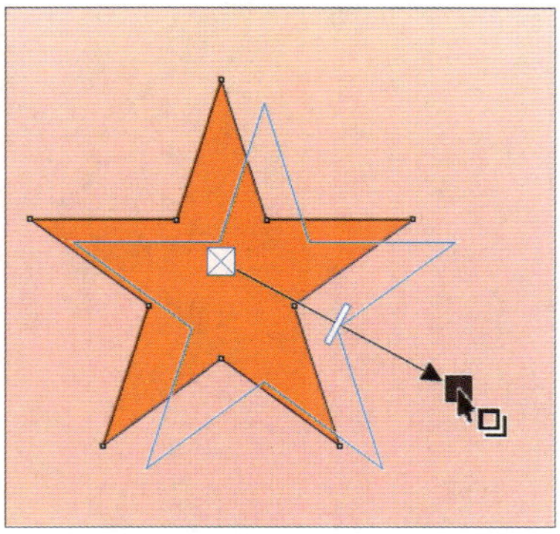
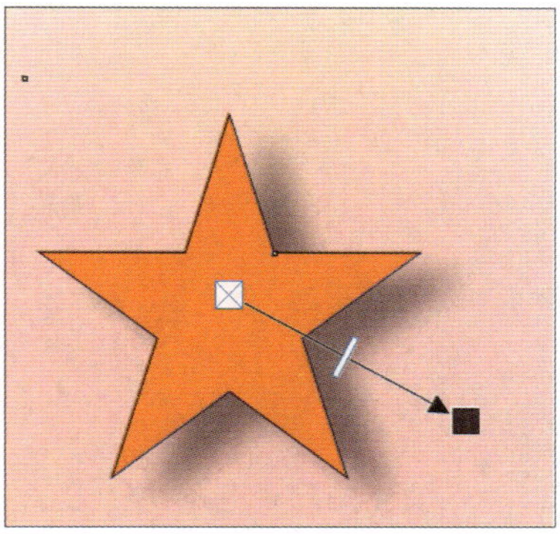

（2）调整阴影效果

为对象添加阴影效果后，可以在属性栏进一步设置效果，对阴影颜色、不透明度和阴影羽化等属性进行精细化处理。用户也可以拖动控制柄上的两个节点和滑块调整位置和透视。

- **阴影颜色**：使用阴影工具单击对象，如下左图所示。在属性栏单击“阴影颜色”下拉按钮，应用蓝色，效果如下右图所示。

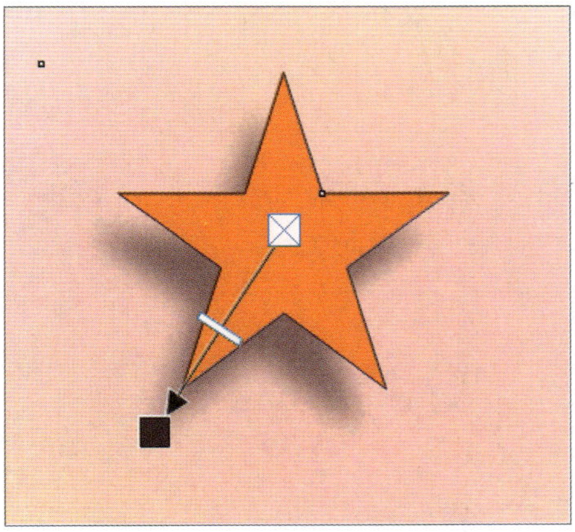
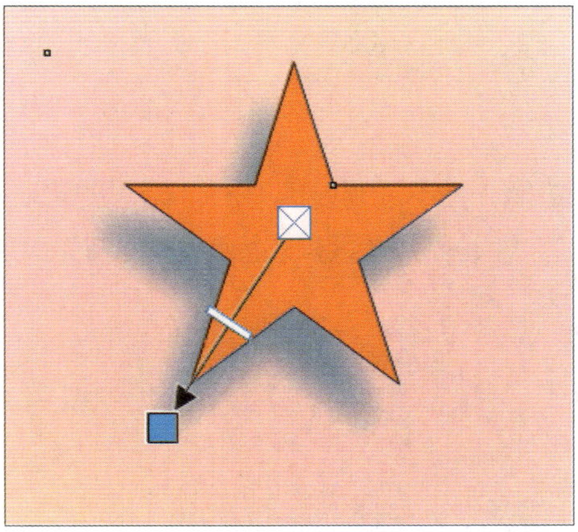

- **阴影不透明度**：用于调和阴影的透明程度，下左图为不透明度值为30的效果，下右图为不透明度值为100的效果。

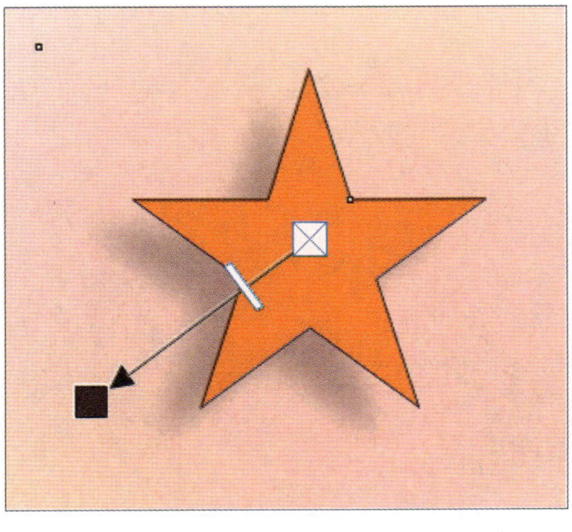
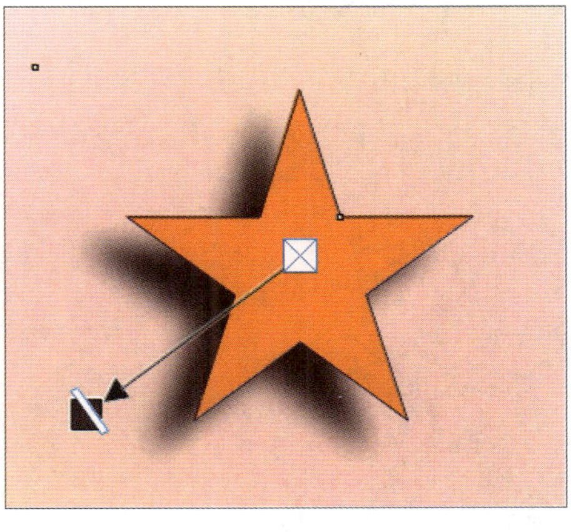

- **阴影羽化**：数值越小，阴影边缘锐化程度越高；数值越大，阴影边缘柔化程度越高。下页左图为不

透明度值为60的情况下，阴影羽化值为1的效果，下右图为阴影羽化值为70的效果。

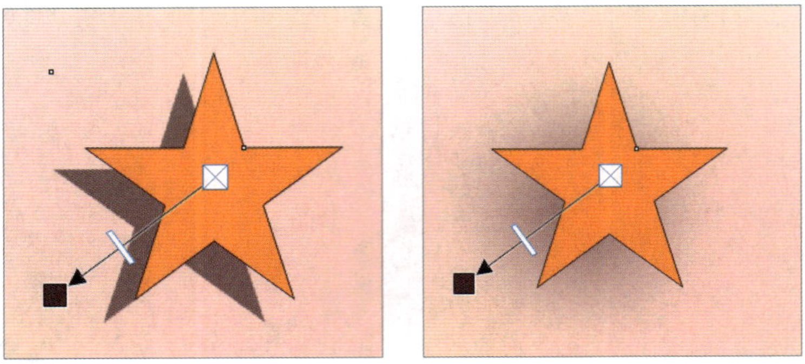

- **羽化方向：** 在不透明度值为50、阴影羽化值为10的情况下应用羽化方向效果，下图中第一个形状为应用阴影效果的原始图像，此后依次向右为应用羽化方向的阴影效果。

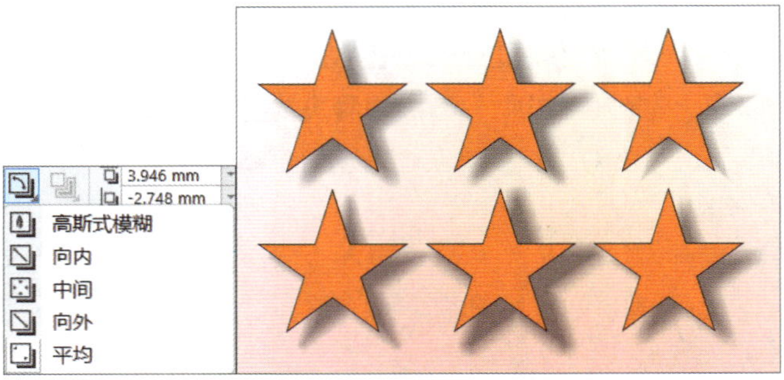

- **羽化边缘：** 在不透明度值为50、阴影羽化值为10的情况下应用羽化边缘效果，下图第一个形状为应用阴影效果的原始图像，此后依次向右为应用羽化边缘的阴影效果。

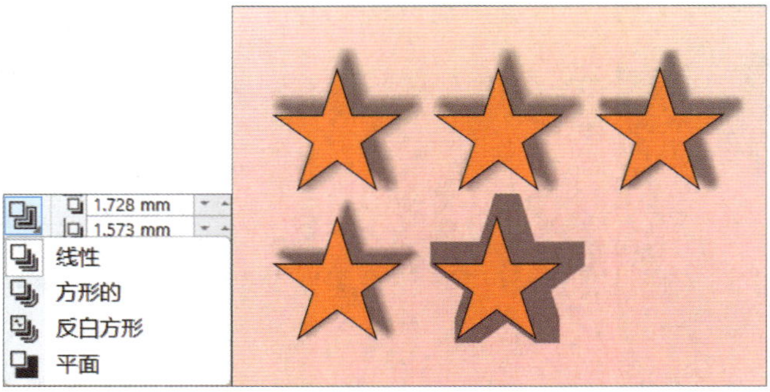

- **阴影偏移：** 用于设置阴影边缘与对象边缘之间的距离，下左图为应用阴影效果的原始图像，下中图为设置阴影水平偏移的效果，下右图为设置阴影垂直偏移的效果。

- **阴影角度：** 用于设置阴影的方向，其范围为“-360～360”。下左图是阴影角度为“-72”的效果，下右图是阴影角度为“235”的效果。

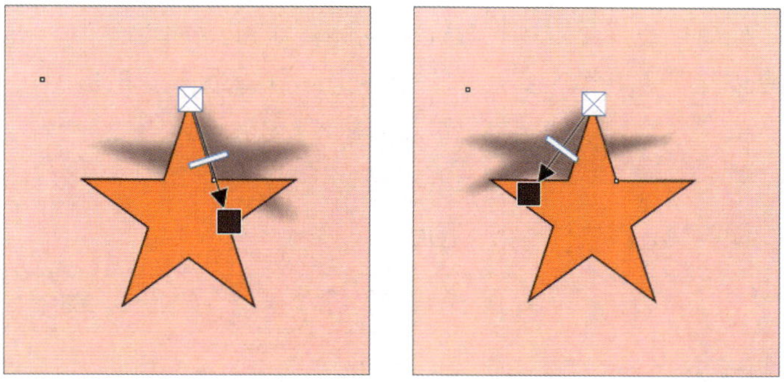

- **阴影延展：** 用于调整阴影的长度，其范围为“1～1000”。下左图为参考原始图像，下中图是设置阴影延展值为“1”的效果，下右图是设置阴影延展值为“79”的效果。

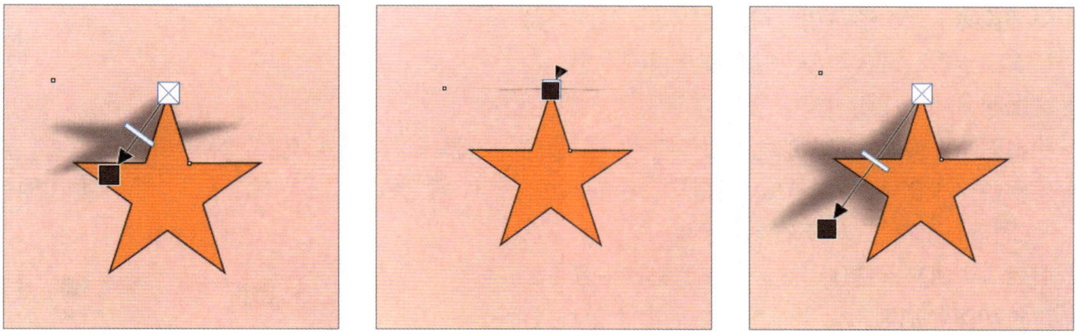

- **阴影淡出：** 用于调整阴影边缘的淡出程度，其范围为“0～100”。下左图是阴影淡出值为“0”的效果，下右图是阴影淡出值为“100”的效果。

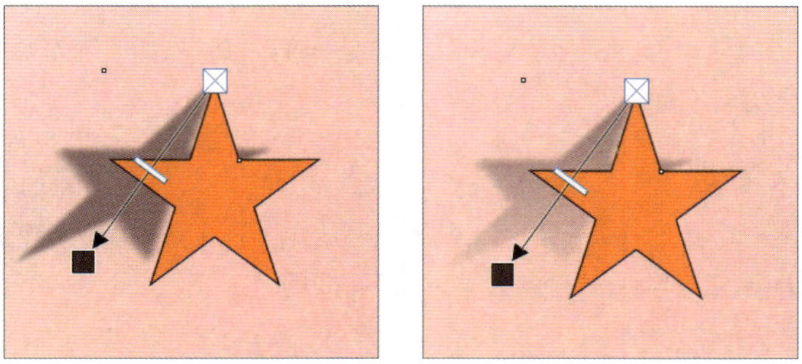

- **内阴影宽度：** 用于设置不偏移的内阴影宽度，其范围为“1～100”。下左图是内阴影宽度为“1”的效果，下右图是内阴影宽度为“13”的效果。

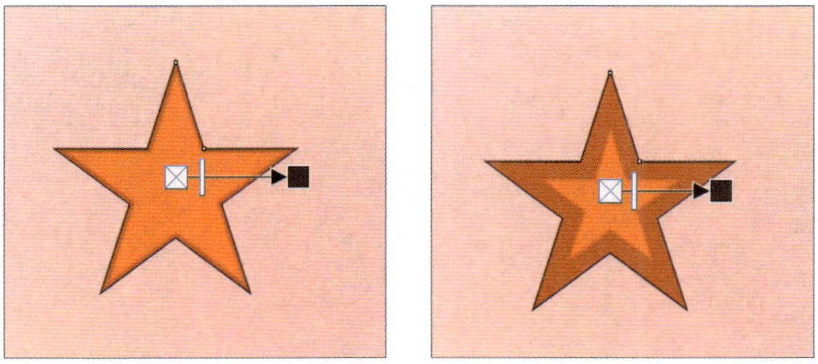

7.2 轮廓图工具

在CorelDRAW中，轮廓图工具可以用来增强图形的视觉冲击力和层次感，用户可以通过给文本添加轮廓图，创造出独特的立体文字效果等。接下来，将详细介绍轮廓图工具的应用。

7.2.1 轮廓图工具属性栏

在工具箱中选择轮廓图工具，其属性栏如下图所示。

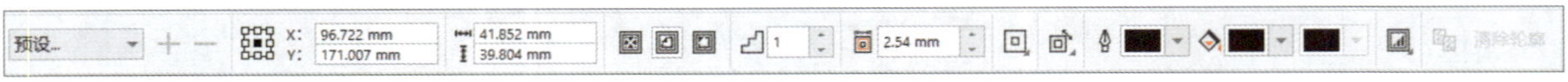

- **预设列表：** 选择预设选项，包括“内向流动”和“外向流动”。
- **到中心：** 单击该按钮，应用填充对象的轮廓。
- **内部轮廓：** 单击该按钮，将轮廓应用到对象内部。
- **外部轮廓：** 单击该按钮，将轮廓应用到对象外部。
- **轮廓图步长：** 调整对象中轮廓图步长的数量。
- **轮廓图偏移：** 调整对象中轮廓间的间距。
- **轮廓图角：** 设置轮廓图的角类型，包括“斜接角”“圆角”和“斜切角”，如下左图所示。
- **轮廓色：** 单击下三角按钮，设置轮廓色的颜色渐变序列，包括“线性轮廓色”“顺时针轮廓色”和“逆时针轮廓色”，如下右图所示。
- **最后一个填充挑选器：** 选择填充的第二种颜色。
- **对象和颜色加速：** 调整轮廓图中对象大小和颜色变化的速率。

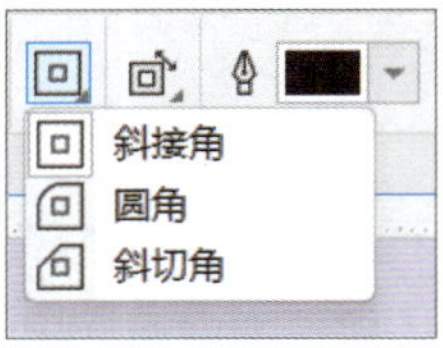

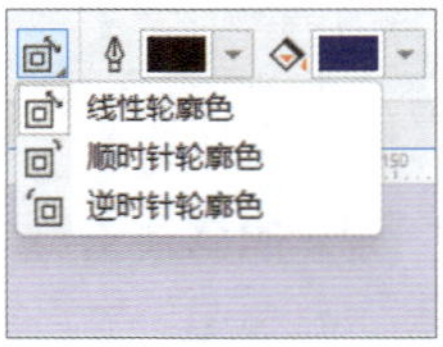

7.2.2 创建轮廓图

调整轮廓图前，要进行轮廓图的创建。轮廓图的创建包括“到中心”“内部轮廓”和“外部轮廓”三种选项。下面将详细的介绍轮廓图的创建。

（1）创建到中心轮廓图

使用椭圆形工具绘制一个圆形并填充颜色，如下左图所示。在工具箱中选择轮廓图工具，单击属性栏“到中心”按钮，可以看到轮廓到中心的颜色效果，如下右图所示。

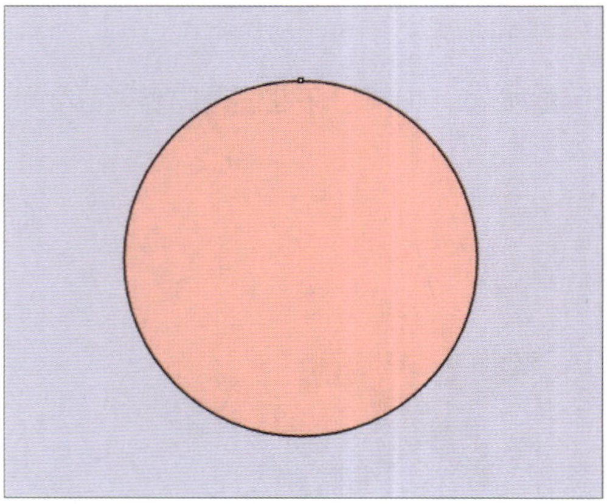

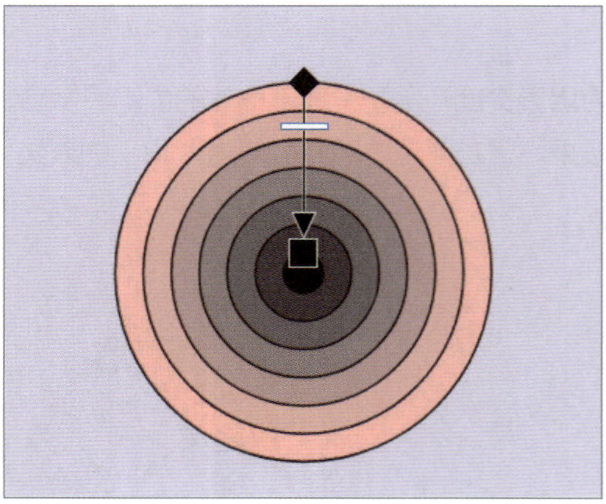

（2）创建内部轮廓图

常见的创建内部轮廓图的方法有以下两种。

方法1：使用轮廓图工具选中对象，单击轮廓边缘，按住鼠标左键向内部拖拽，出现蓝色的指引线，如下左图所示。释放鼠标完成创建，效果如下右图所示。

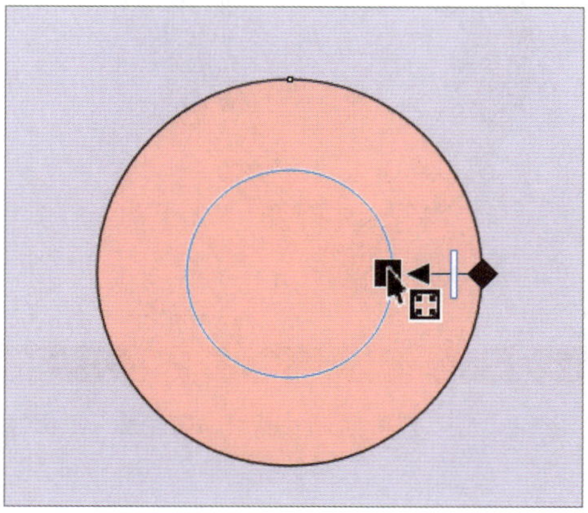

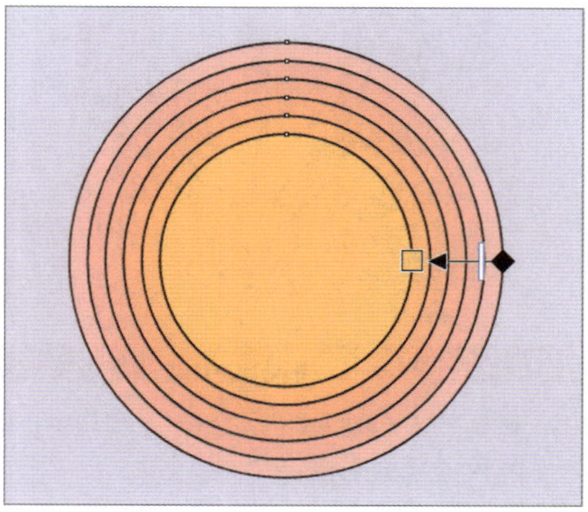

方法2：使用轮廓图工具选中图形，单击属性栏的“内部轮廓”按钮，效果如下左图所示。移动光标到颜色方框上调整中心圆的大小，如下右图所示。

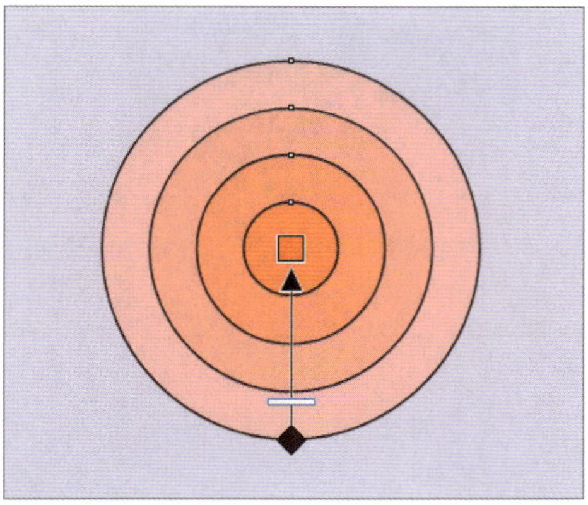

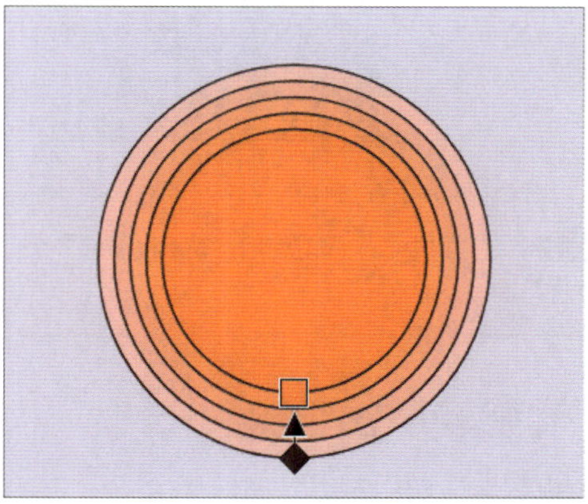

（3）创建外部轮廓图

常见的创建外部轮廓图的方法有以下两种。

方法1：使用轮廓图工具选中对象，单击轮廓边缘，按住鼠标左键向外部拖拽，出现蓝色的指引线，如下左图所示。释放鼠标完成创建，效果如下右图所示。

方法2：使用轮廓图工具选中图形，单击属性栏的“外部轮廓”按钮，效果如下左图所示。移动光标到颜色方框上并拖动，调整外轮廓的大小，滑动滑块，调整轮廓图偏移的间距，效果如下右图所示。

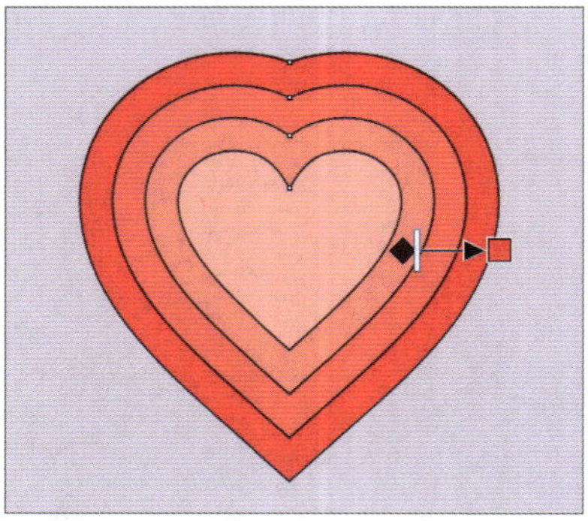

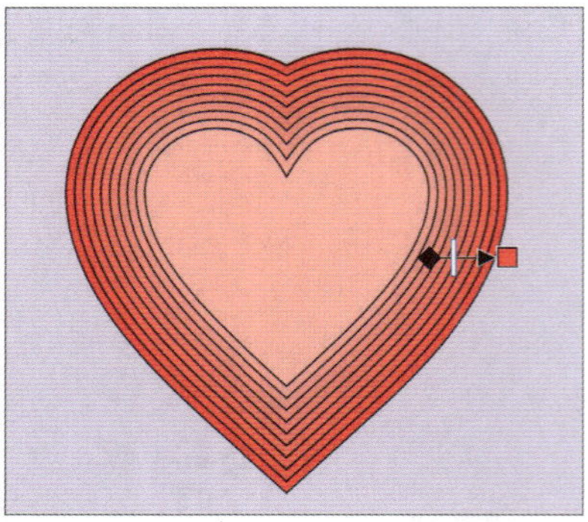

提示：“到中心”和“内部轮廓”的区别

“到中心”轮廓是指轮廓图效果从图形的边缘向中心呈层次变化，如下左图所示。而“内部轮廓”则是贴近对象边缘，可以调节中心对象轮廓大小，如下右图所示。

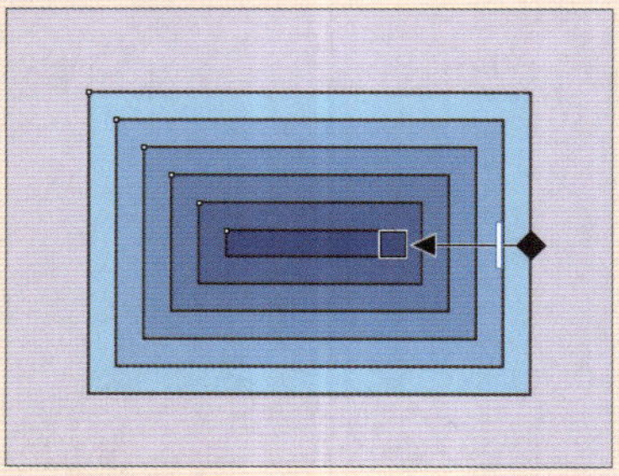

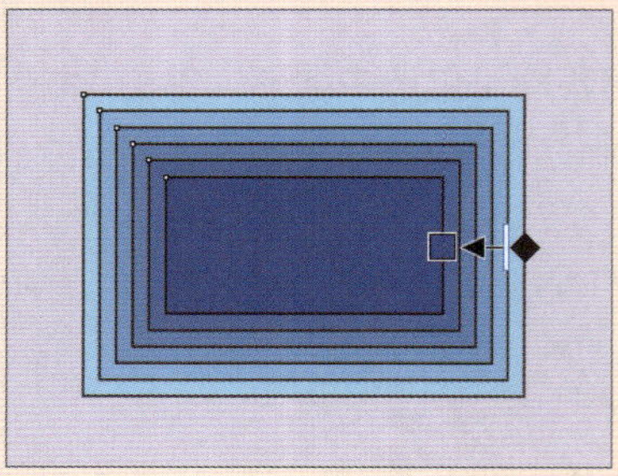

在属性栏中，“到中心”只能使用“轮廓图偏移”进行调节，而“内部轮廓”可以使用“轮廓图步长”和“轮廓图偏移”进行调节。

7.2.3 调整轮廓图效果

创建轮廓图后，用户可以在属性栏进一步设置效果，调整轮廓图步长、轮廓图角和颜色调和等属性，以达到所需的效果。

（1）轮廓图步长

“轮廓图步长”用于调整对象中轮廓图步长的数量。在工具箱中选择轮廓图工具后，选中对象，在属性栏单击“内部轮廓”按钮，设置“轮廓图步长”值为“8”，如下左图所示。设置“轮廓图步长”值为“11”，效果如下右图所示。可以看到，值越大，轮廓越向中心靠齐。

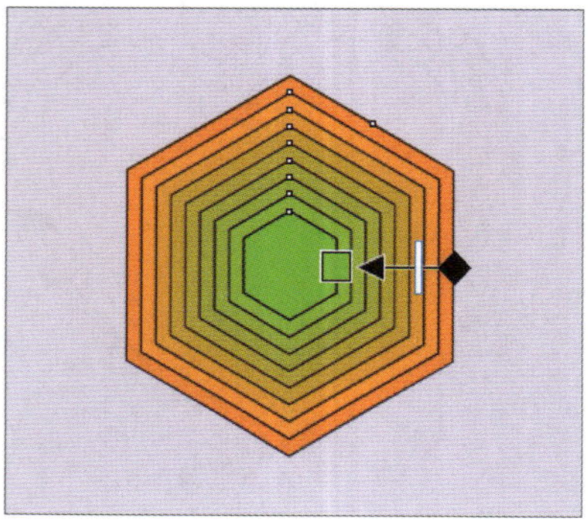

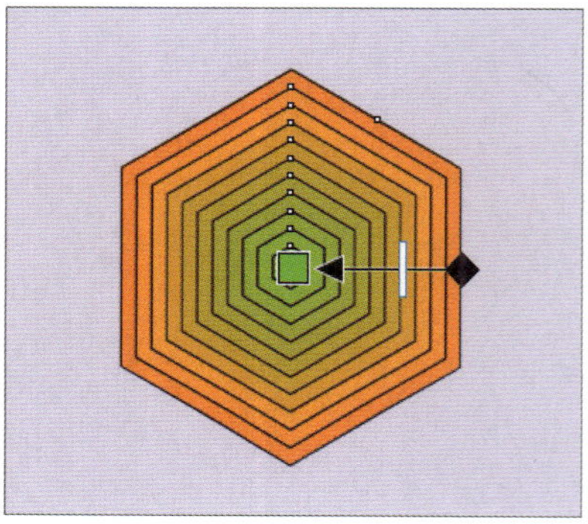

（2）轮廓图角

使用轮廓图工具选中对象，在属性栏单击“轮廓图角”下三角按钮，选择“斜接角”选项，效果如下左图所示。选择“圆角”选项，效果如下中图所示。选择“斜切角”选项，效果如下右图所示。

（3）轮廓色

选中使用“斜接角”的对象后，在属性栏单击“轮廓色”下三角按钮，选择“线性轮廓色”选项，效果如下左图所示。选择“顺时针轮廓色”选项，效果如下中图所示。选择“逆时针轮廓色”选项，效果如下右图所示。

选中对象后，在属性栏中单击“轮廓色”色块右侧的下拉按钮，在下拉面板中为图形设置轮廓色。下左图为应用红色的轮廓色渐变效果，下右图为增加轮廓图步长的轮廓色渐变效果。

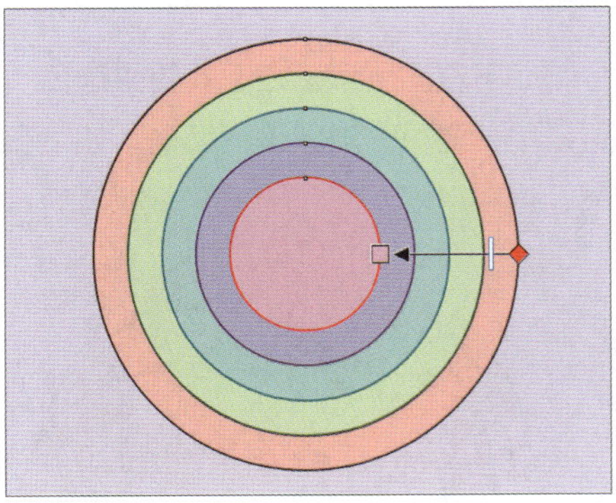
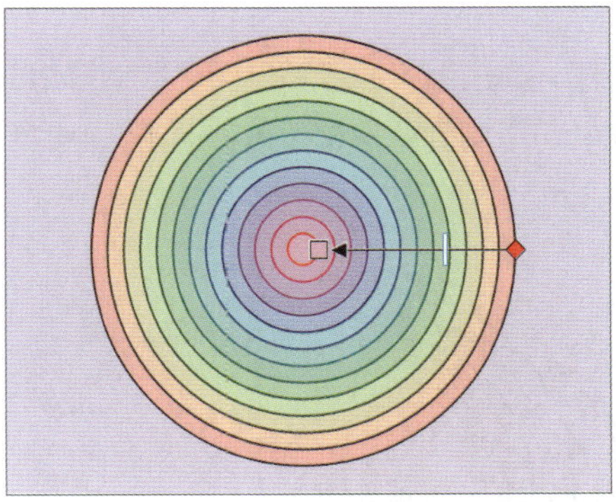

（4）填充色

使用轮廓图工具选中对象，在属性栏单击“填充色”下三角按钮，在打开的颜色面板中设置填充颜色。下页左图是设置填充色为“黄色”的效果，下页右图是设置轮廓色为“红色”、填充色为“绿色”的效果。

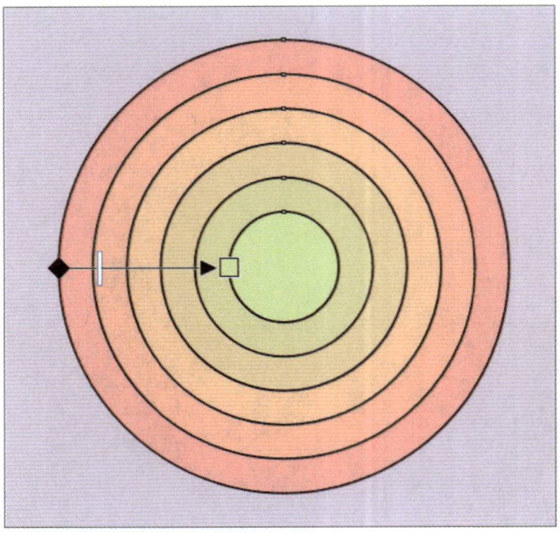 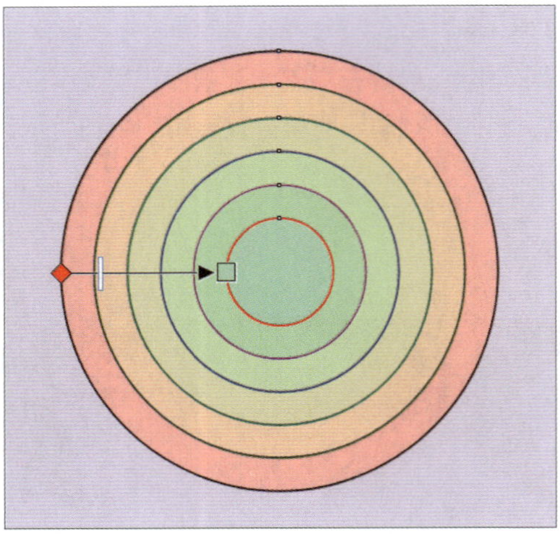

7.2.4 拆分轮廓图

在CorelDRAW中拆分轮廓图，就是将一个复杂的轮廓分成多个独立的部分，可以分别进行单独的编辑操作。拆分轮廓图的具体方法如下。

使用轮廓图工具选中对象，单击鼠标右键，选择“拆分轮廓图”命令，如下左图所示。轮廓图被拆分出来，拆分后的对象为群组对象，不能单独进行移动，其属性面板如下右图所示。

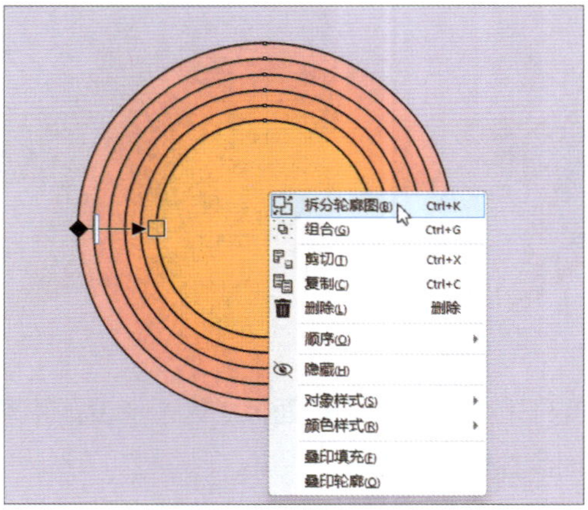

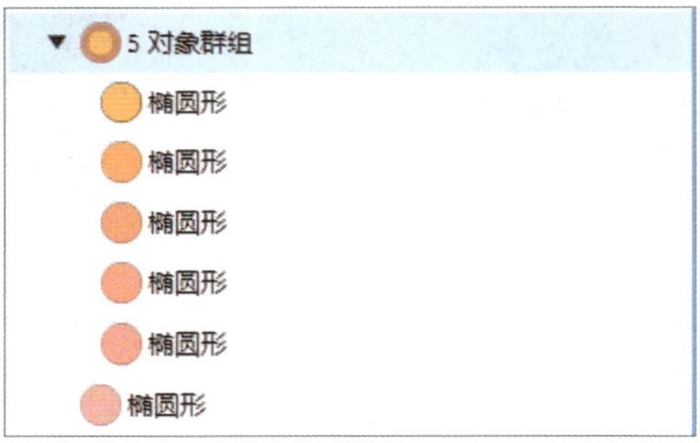

选中轮廓图，单击鼠标右键，选择“取消群组”命令，如下左图所示。在工具箱中选择“选择”工具，然后拖拽对象，可以看到图形单独被移动了，此时我们可以单独对每个对象进行编辑，如下右图所示。

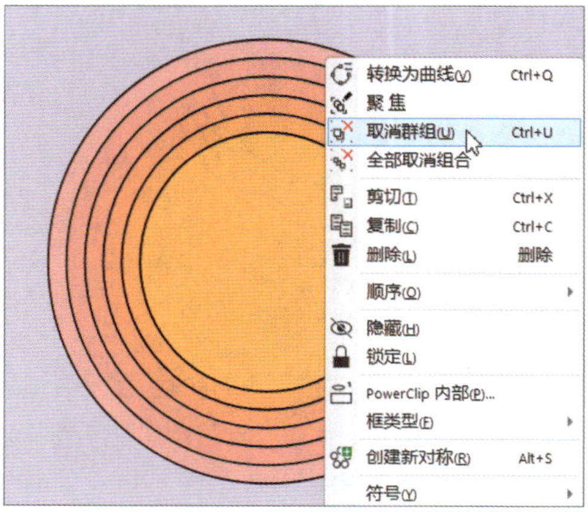

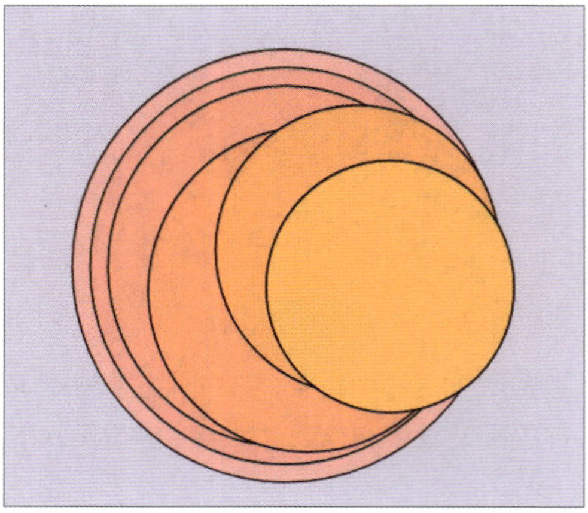

7.3 混合工具

在CorelDRAW中，用户可以使用混合工具将两个或多个对象沿着共同边界融合，创造出平滑过渡的效果。接下来，将详细介绍混合工具的应用。

7.3.1 混合工具属性栏

在工具箱中选择混合工具，其属性栏如下图所示。

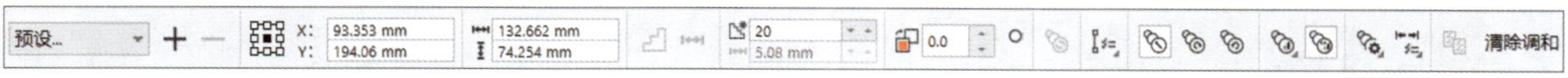

- **预设列表：** 系统提供的预设混合样式，包括“直接8步长”“直接10步长”“直接20步长减速”“旋转90度”和“环绕调和”选项。
- **调和对象：** 更改调和中的步长数或调整步长间距，上方文本框用于调和步长，下方文本框用于调和间距，调和间距只用于曲线调和。
- **调和方向：** 设置已调和对象的旋转角度。
- **环绕调和：** 单击该按钮，可将环绕效果应用到调和中。
- **路径属性：** 单击下三角按钮，包括“新建路径”“显示路径”和“从路径中分离”3个选项。
- **直接调和：** 单击该按钮，设置颜色调和序列为直接颜色渐变。
- **顺时针调和：** 单击该按钮，设置颜色调和序列为按色谱顺时针方向颜色渐变。
- **逆时针调和：** 单击该按钮，设置颜色调和序列为按色谱逆时针方向颜色渐变。
- **对象和颜色加速：** 单击该按钮，在弹出的“加速”对话框中滑动滑块，调整“对象”和“颜色”的加速效果。
- **调整加速大小：** 单击该按钮，调整调和中对象大小更改的速率。
- **更多调和选项：** 单击下三角按钮，可以选择“映射节点”“拆分”“熔合始端”“熔合末端”“沿全路径调和”或“旋转全部对象”效果选项。
- **起始和结束属性：** 单击下三角按钮，可以选择“新起点”“显示起点”“新终点”或“显示终点”效果选项。
- **复制调和属性：** 单击该按钮，将其他调和属性应用到所选调和中。

7.3.2 创建调和效果

在CorelDRAW中，调和效果可以在两个形状或颜色之间自动创建一系列过渡性的渐变，从而实现连贯且动态的视觉效果。下面介绍创建调和效果的方法。

（1）直线调和

使用常见的形状工具创建两个矢量图形并填充不同的颜色。在工具箱中选择混合工具，将光标移动到第一个对象上，按住鼠标左键拖拽到第二个对象上，可见出现了蓝色的预览线，如下页左图所示。释放鼠标，完成调和，效果如下页右图所示。

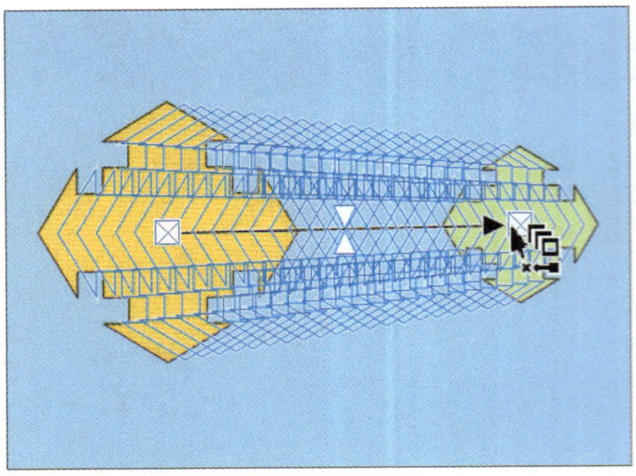
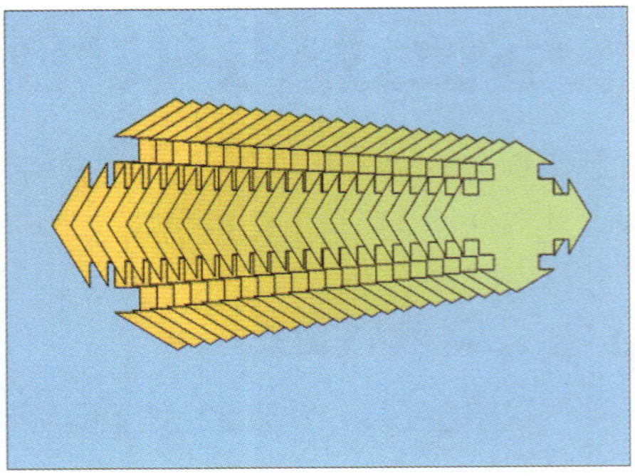

（2）曲线调和

选择混合工具，将光标移动到第一个对象上，按住Alt键，然后按住鼠标左键绘制曲线路径到第二个对象上，可见出现了蓝色的预览线，如下左图所示。释放鼠标，完成调和，效果如下右图所示。

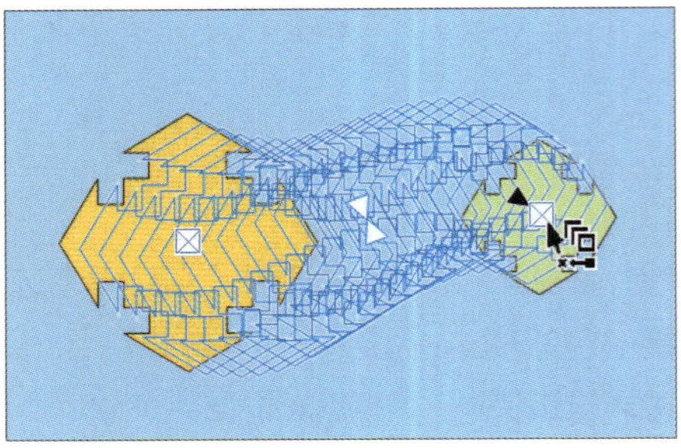
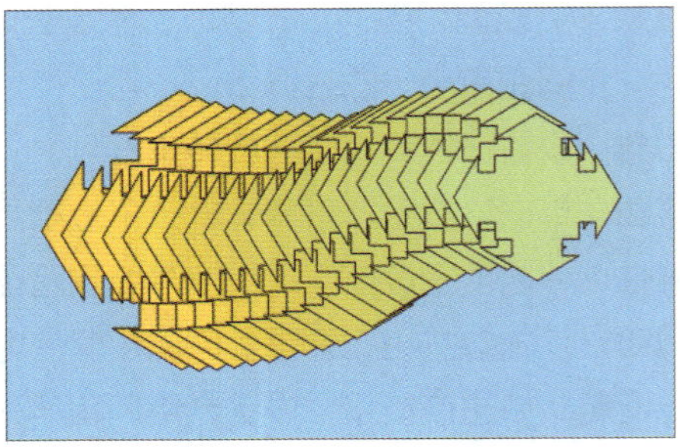

（3）复合调和

创建3个矢量图形，如下左图所示。在工具箱中选择混合工具，将光标移动到第一个对象上，按住鼠标左键拖拽到第二个对象上，释放鼠标，绘制直线调和，如下右图所示。

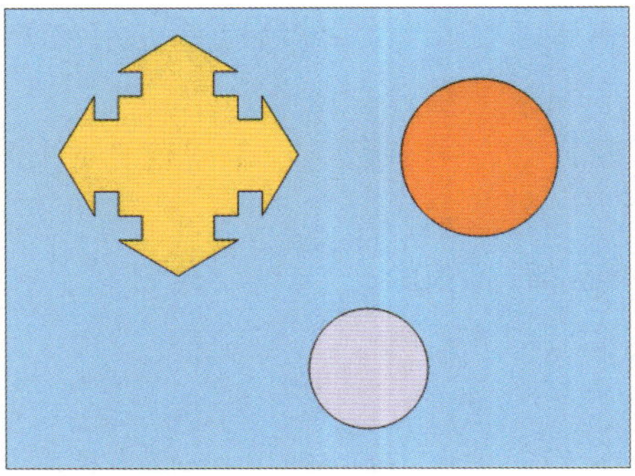
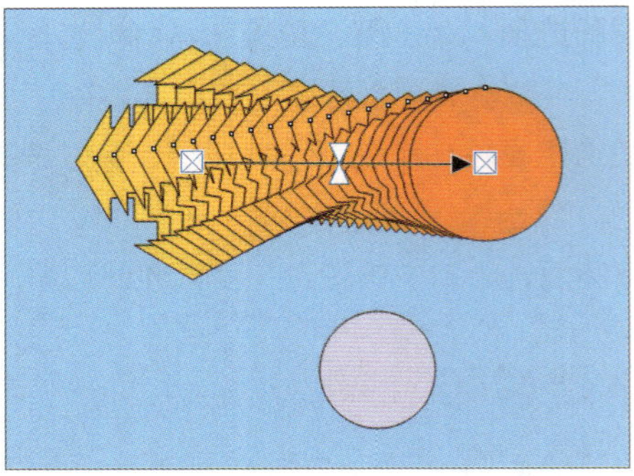

将光标移动到第二个对象上并单击，按住鼠标左键向第三个对象上拖拽，调和效果如下左图所示。若要创建曲线调和，可以按住Alt键的同时，按住鼠标左键绘制曲线进行调和，效果如下右图所示。

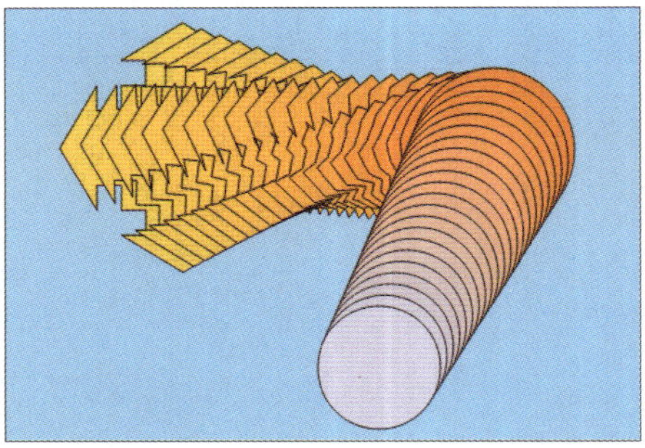
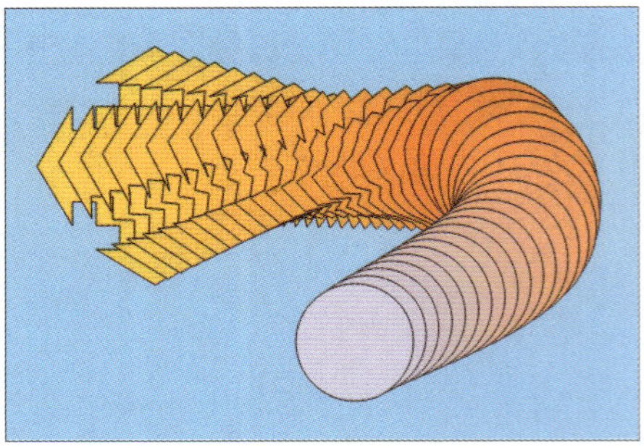

7.3.3 调整调和效果

创建轮廓图后，我们可以在属性栏进一步设置调和效果，包括调整调和方向、环绕调和、直接调和和顺时针调和等，具体操作如下。

（1）调和步长

使用混合工具选中对象，在属性栏“调和对象”上方文本框中输入用于调和步长的数值，下左图是调和步长值为“1”的效果，下右图是调和步长值为“10”的效果。

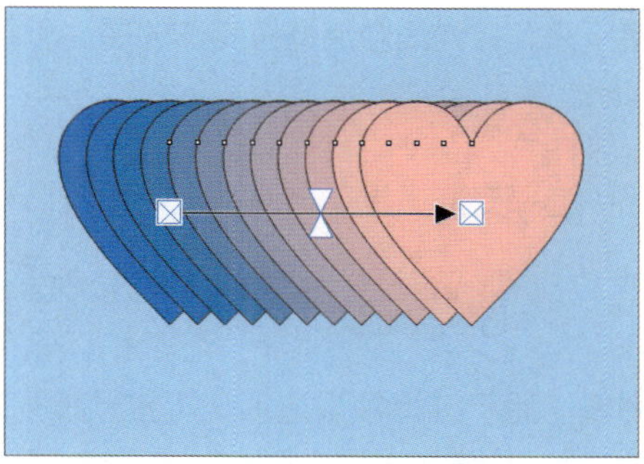

（2）顺时针调和

使用混合工具选中调和对象，默认状态下为“直接调和”，如上右图所示。在属性栏单击“顺时针调和”按钮，效果如下左图所示。

（3）逆时针调和

选中调和对象，在属性栏中单击“逆时针调和”按钮，效果如下右图所示。

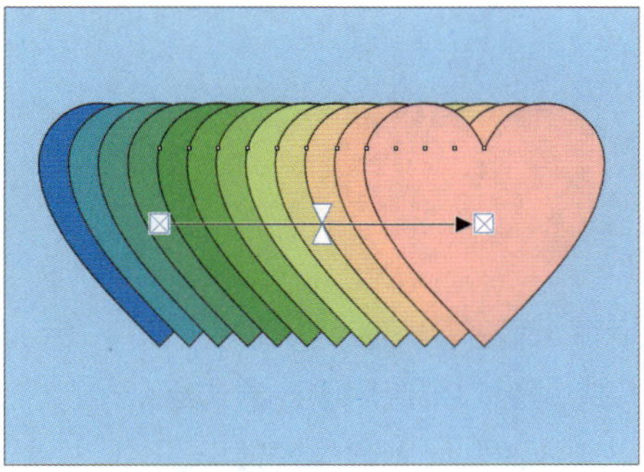

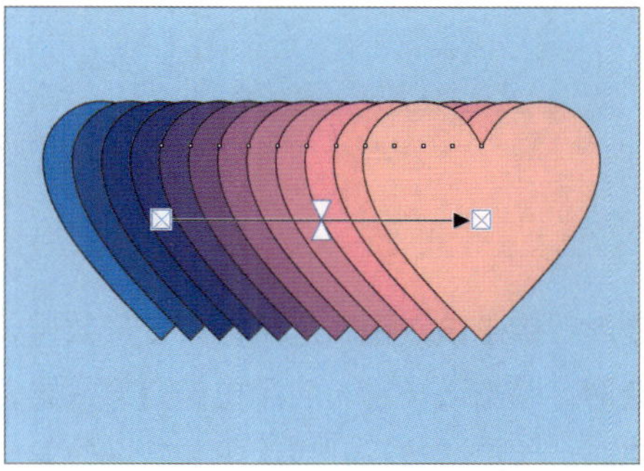

（4）对象和颜色加速

使用混合工具选中对象，在属性栏中单击“对象和颜色加速”下三角按钮，弹出“加速”对话框，滑动滑块，如下左图所示。可以看到两个矢量图形之间调和速度加快了，如下右图所示。

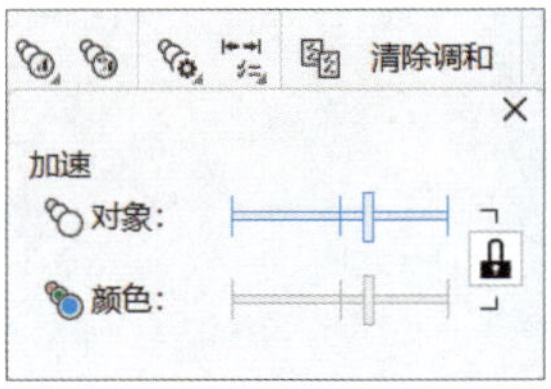

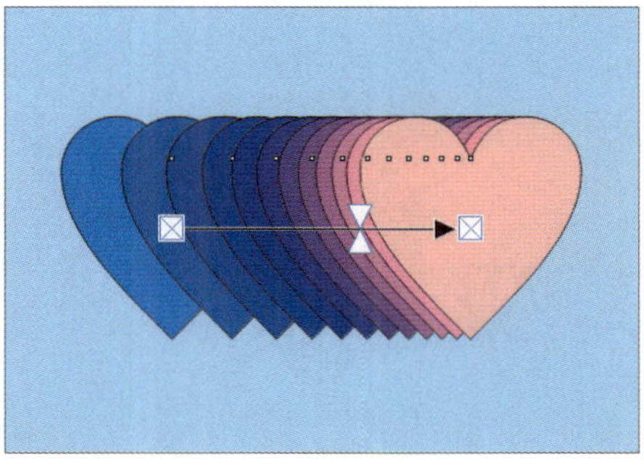

7.4 变形工具

在CorelDRAW中，用户可以通过变形工具的推拉、拉链或扭曲等效果变形对象，从而创造出各种规则或不规则的图形。接下来，将详细介绍变形工具的应用。

7.4.1 推拉变形

推拉变形可以通过手动拖拽变形对象，也可以在属性栏的“推拉变形振幅”文本框中输入数值，应用变形效果。接下来，将详细介绍推拉变形的属性和创建方法。

（1）推拉变形属性栏介绍

在工具箱中选择变形工具，在属性栏中单击“推拉变形”按钮，其属性栏如下图所示。

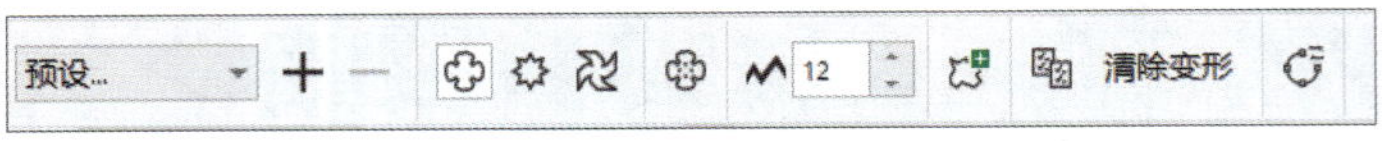

- **预设列表：** 用于选择预设选项，下拉预设列表中的预设选项包括“拉角”“推角”“扭曲”“邮戳”和“拉链”。使用矩形工具绘制一个长方形，如下左图所示。在属性栏单击“预设列表”下三角按钮，选择“扭曲”选项，效果如下右图所示。

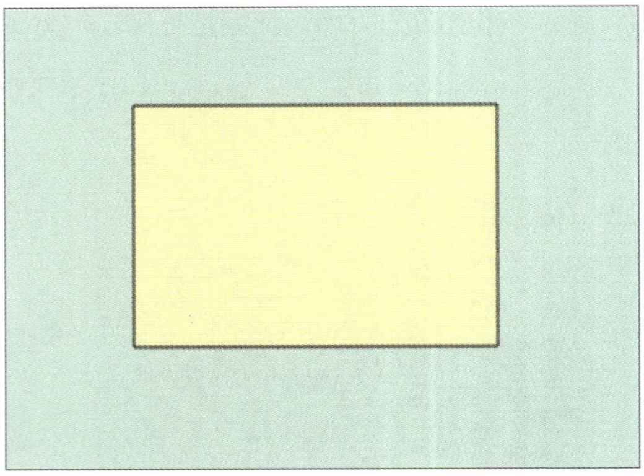

- **推拉变形：** 单击该按钮，应用推拉变形效果，可以推进或拉出对象边缘。
- **拉链变形：** 单击该按钮，应用拉链变形效果，可以将锯齿效果应用于对象边缘。
- **扭曲变形：** 单击该按钮，应用扭曲变形效果，可以旋转对象以创建旋涡效果。
- **居中变形：** 单击该按钮，可以将变形效果居中放置。使用变形工具选中对象，如下左图所示。在属性栏中单击“居中变形”按钮，效果如下右图所示。

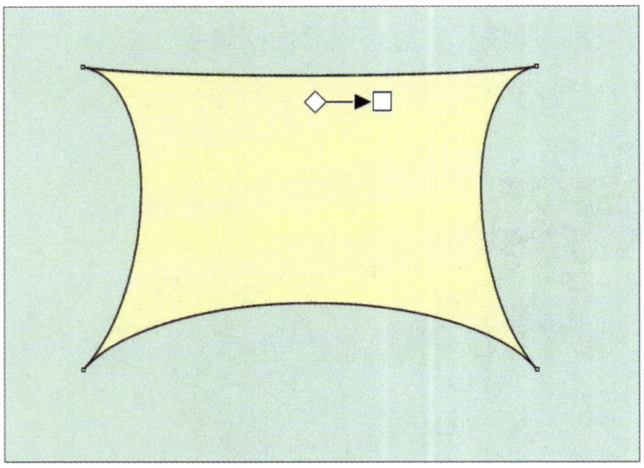

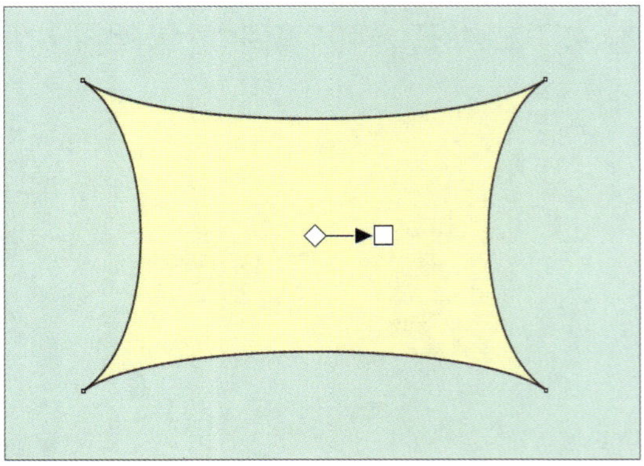

- **推拉振幅**：在数值框中输入数值，设置对象的拉出程度，其范围为“-200～200”，数值为负时向内推进，数值为正时向外拉出。对长方形调整推拉变形振幅数值，下左图是数值为“-200”的效果，下右图是数值为“200”的效果。

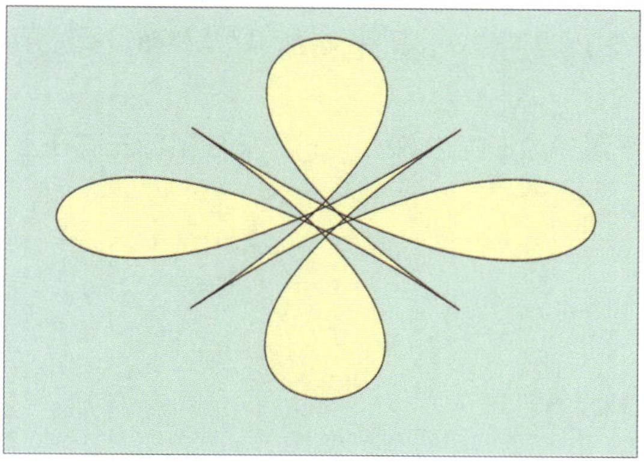

- **添加新的变形**：单击该按钮，将当前变形对象转换为新的对象，可以进行再次变形。
- **复制变形属性**：将文档中另一个对象的变形属性应用到所选对象上。
- **清除变形**：单击该按钮，移除对象中的变形效果
- **转换为曲线**：单击该按钮，将对象转换为曲线后，可以使用形状工具修改对象。

（2）创建推拉变形

常见的创建推拉变形的方法有以下两种。

方法1：使用多边形工具绘制一个六边形，如下左图所示。选择混合工具，单击对象，将光标移到对象中间，按住鼠标左键向左拖拽，可见轮廓边缘向内推进，如下中图所示。将光标移动到对象中间，按住鼠标左键向右拖拽，可见轮廓边缘向外部拉出，如下右图所示。

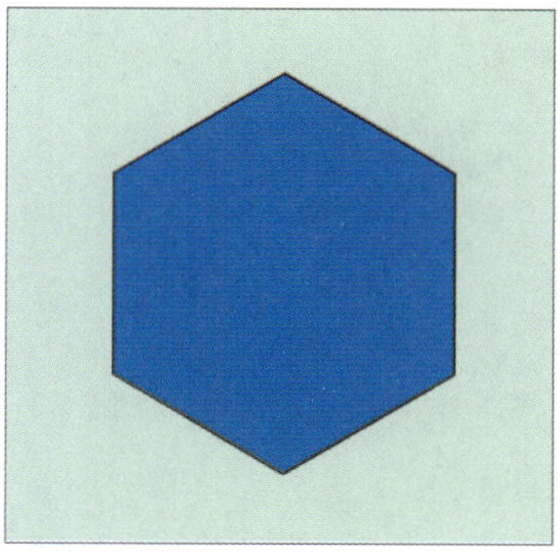

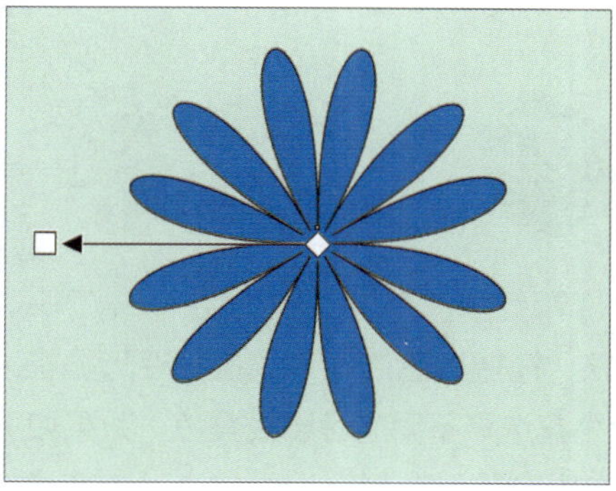

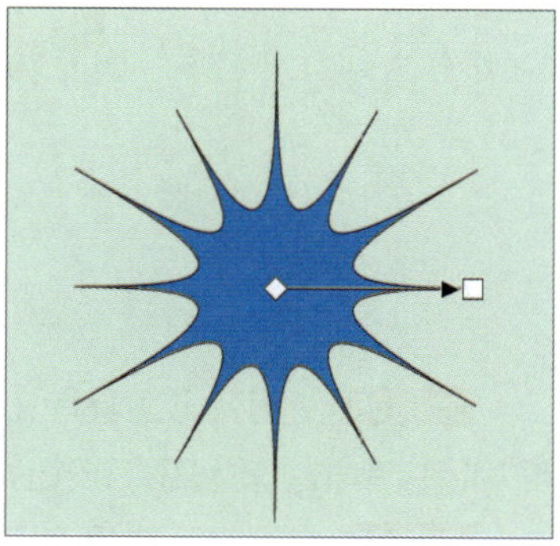

方法2：使用变形工具选中对象，在属性栏“推拉振幅”数值框中输入数值，改变变形效果。右图是设置其数值为“10”的效果。

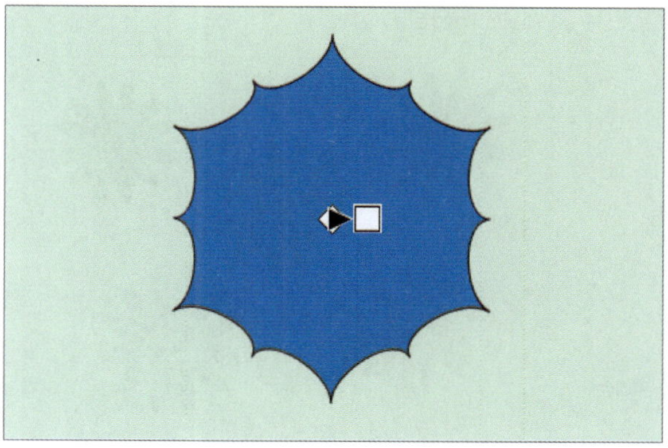

实例 制作碎花壁纸

下面讲解如何使用推拉变形工具制作碎花壁纸。通过本案例的学习，希望读者能够掌握变形工具的应用。具体操作如下。

步骤 01 打开CorelDRAW 2024软件，执行“文件>新建”命令，新建文档，具体参数设置如下左图所示。

步骤 02 在工具箱中选择多边形工具，在属性栏中设置多边形的边数为“6”，按住鼠标左键在工作区拖动绘制图形，如下右图所示。

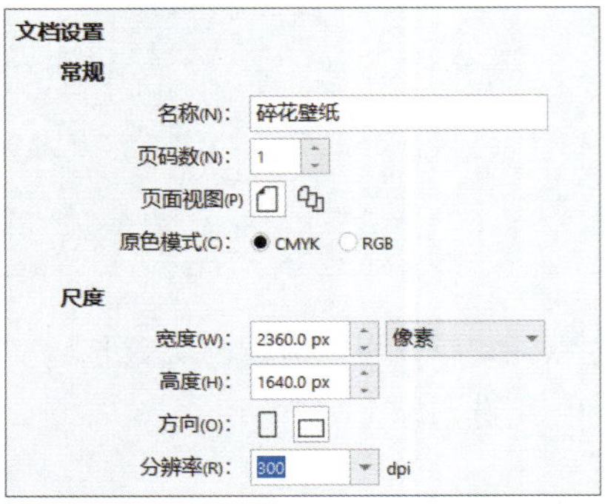

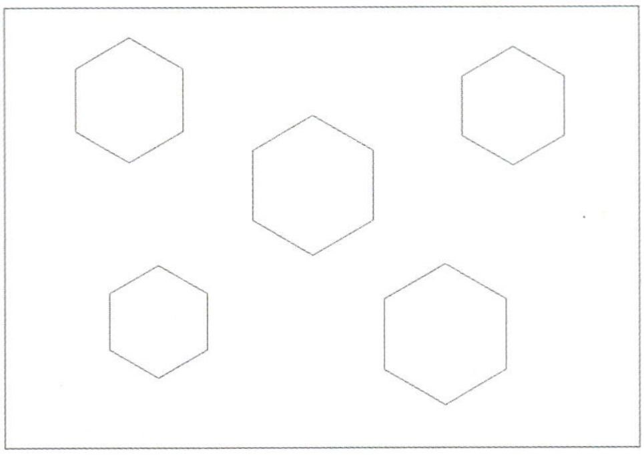

步骤 03 使用交互式填充工具为图形填充颜色，如下左图所示。

步骤 04 在工具箱中选择变形工具，选中对象后，在属性栏中单击“预设列表”下三角按钮，在下拉列表中选择“推角”选项，效果如下右图所示。

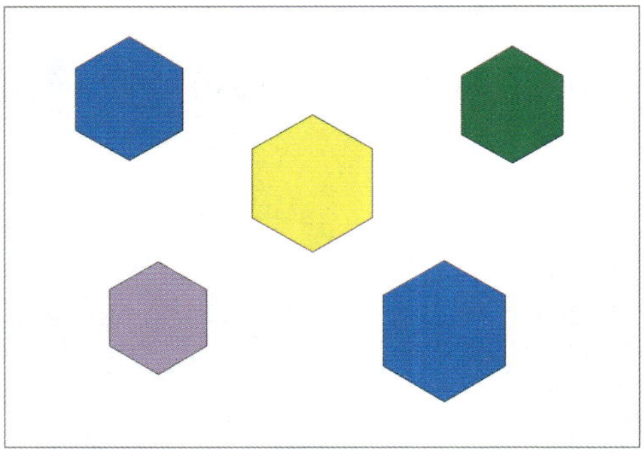

步骤 05 使用变形工具单击对象，拖拽白色方框调整推拉变形振幅，改变小花形状，同时在“属性”泊坞窗中单击“轮廓线”按钮，为小花选择不同的轮廓线颜色，效果如下左图所示。

步骤 06 使用交互式填充工具选中对象，在属性栏中单击“渐变填充”按钮，调整小花的颜色，使效果更丰富，如下右图所示。

步骤 07 复制小花，使用选择工具调整小花的位置和大小，然后设置不同的颜色，效果如下左图所示。

步骤 08 使用矩形工具绘制长方形，填充合适的背景颜色，如下右图所示。

步骤 09 选择矩形，在“属性”泊坞窗中将轮廓线改为“无”。然后使用文本工具输入“Lucky”文字，如下左图所示。

步骤 10 选中文本，设置字体样式为“演示佛系体”并调整字体大小，最终效果如下右图所示。

7.4.2 拉链变形

拉链变形可以通过手动拖拽变形对象，拖动滑块来增加锯齿个数。用户也可以在属性栏中“拉链振幅”和“拉链频率”数值框中输入数值，应用变形效果。接下来，将详细介绍拉链变形属性设置和创建方法。

（1）拉链变形属性栏

在工具箱中选择变形工具，在属性栏中单击“拉链变形”按钮，其属性栏如下图所示。

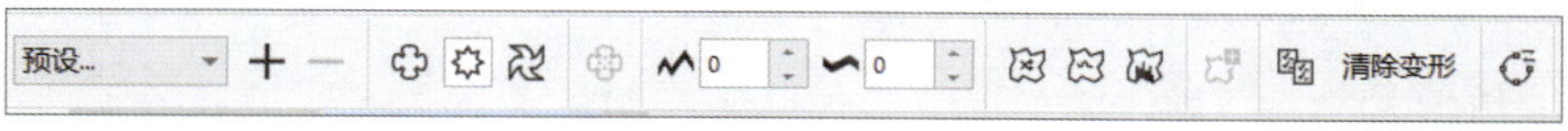

- **拉链振幅：** 用于调整锯齿效果中锯齿的高度，其范围为“0～100”。使用椭圆形工具绘制一个圆，如下左图所示。在属性栏的“拉链振幅”数值框中输入“50”，效果如下右图所示。

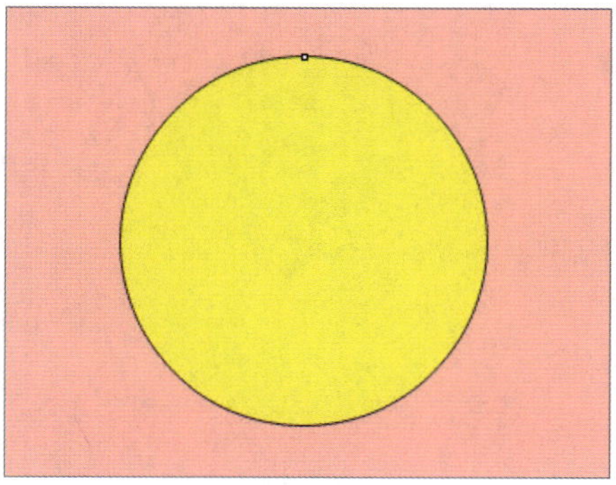
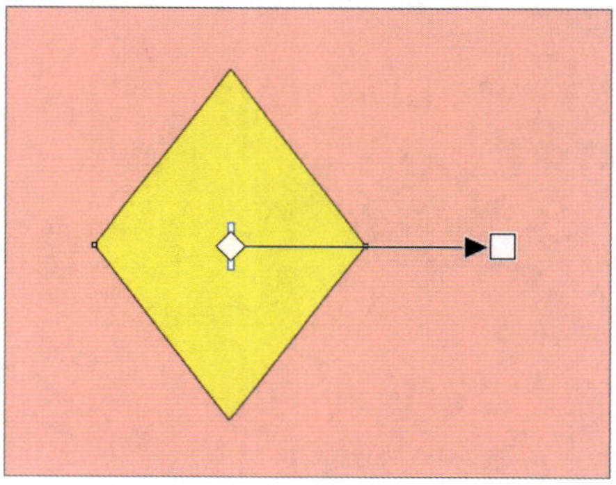

- **拉链频率：** 调整锯齿效果中锯齿的数量，其范围为“0～100”。在“拉链振幅”为50的情况下，调整拉链频率，下左图是“拉链频率”为“10”的效果，下右图是“拉链频率”为“100”的效果。

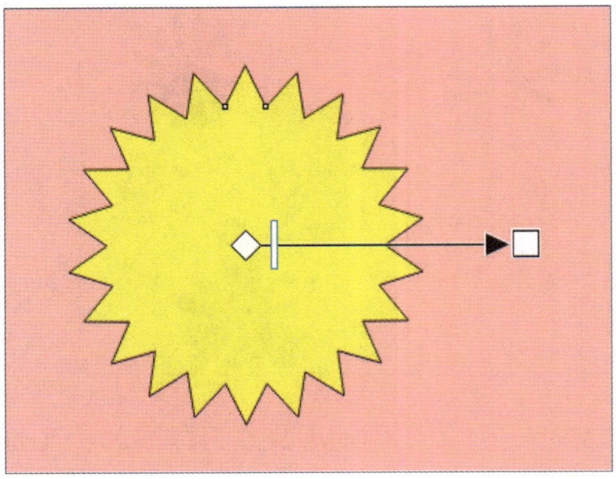
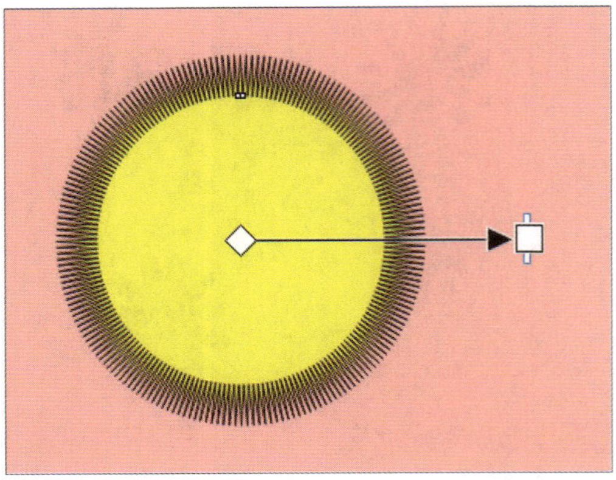

- **随机变形：** 随机设置变形效果。使用变形工具选中变形对象，如下左图所示。在属性栏中单击“随机变形”按钮，效果如下右图所示。

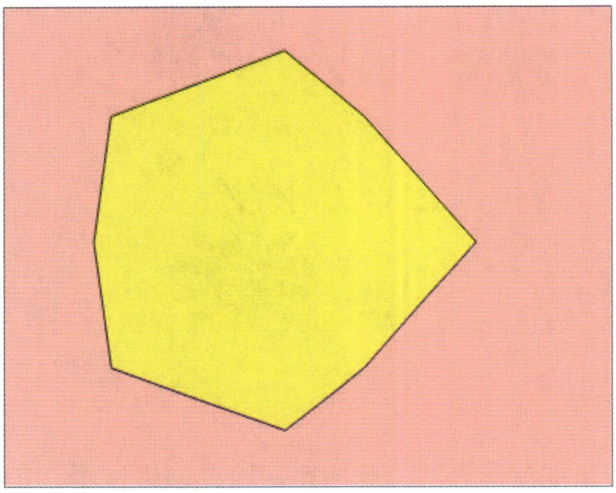
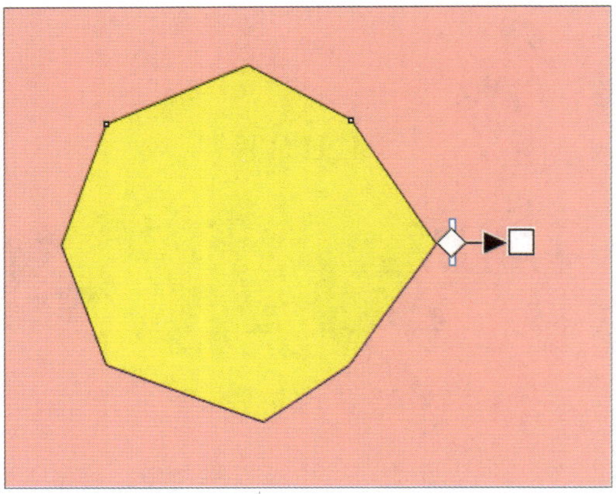

- **平滑变形：** 使变形中的节点平滑。继续在上左图矢量对象上进行操作，在属性栏中单击“平滑变形”按钮，效果如下左图所示。
- **局限变形：** 随着变形的进行，降低变形效果。继续在上左图矢量对象上进行操作，在属性栏中单击“局限变形”按钮，效果如下右图所示。

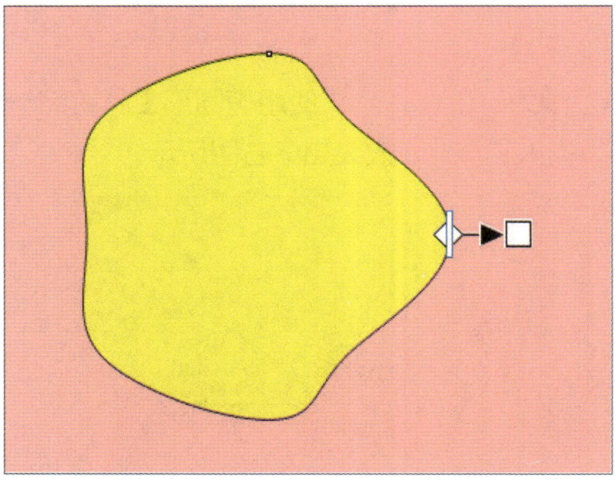
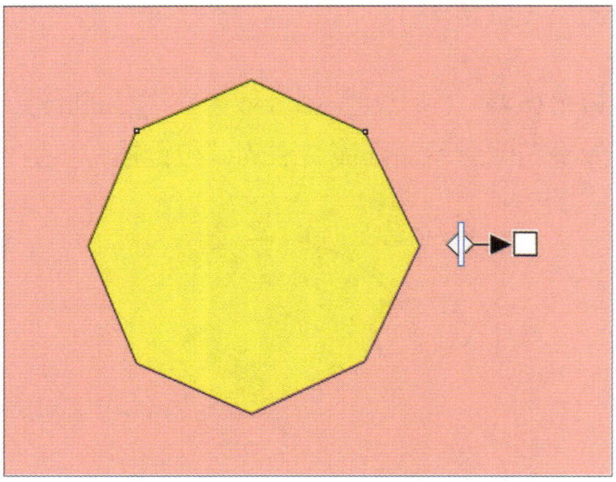

（2）创建拉链变形

常见的创建拉链变形效果的方法有以下两种。

方法1：使用椭圆形工具绘制一个正圆形，选择变形工具选中对象，单击属性栏的“拉链变形”按钮，将光标移到对象内部，按住鼠标左键向外拖拽，如下左图所示。用户可以通过移动变形控制线上的拉链频率控制滑块来增加或减少锯齿数量，还可以移动菱形中心控制点和矩形控制点的位置，改变拉链变形效果，如下右图所示。

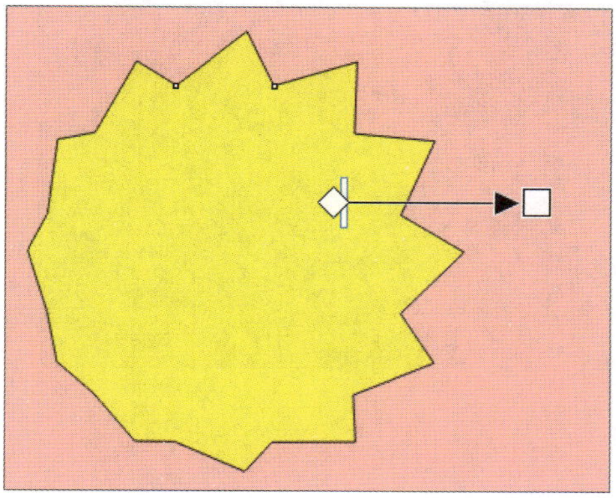
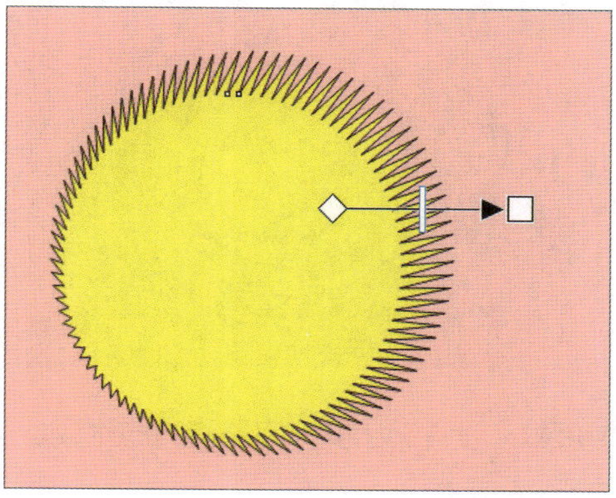

将光标移动到滑块位置，滑动滑块添加或减少锯齿数量，如下左图所示。将光标移动到方框的位置上，按住鼠标左键进行拖拽，调整锯齿的高度，如下右图所示。

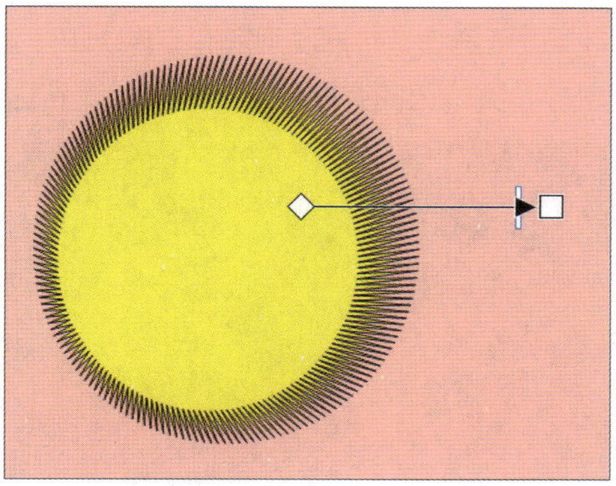
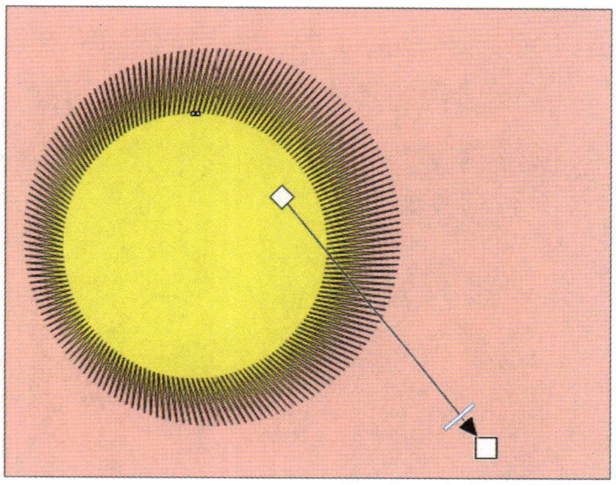

方法2：使用变形工具选中对象，单击属性栏的“拉链变形”按钮，在“拉链振幅”和“拉链频率”数值框中输入数值，改变拉链变形效果。

7.4.3 扭曲变形

使用扭曲变形工具可以对选定的对象进行非线性变形，使对象旋转成波浪、扭曲或产生其他不规则的形状变化。用户可以通过拖动鼠标或在属性栏中输入数值来控制变形的强度和方向。接下来，将详细介绍扭曲变形属性设置和创建方法。

(1) 扭曲变形属性栏

在工具箱中选择变形工具，在属性栏中单击“扭曲变形”按钮，其属性栏如下图所示。

- **顺时针旋转：**单击该按钮，使对象应用顺时针变形。
- **逆时针旋转：**单击该按钮，使对象应用逆时针变形。
- **完整旋转：**设置变形的完整旋转次数。绘制一个星形，使用变形工具选中对象，在属性栏的“完整旋转”数值框中输入“6”，单击“顺时针旋转”按钮，效果如下左图所示。单击“逆时针旋转”按钮，效果如下右图所示。

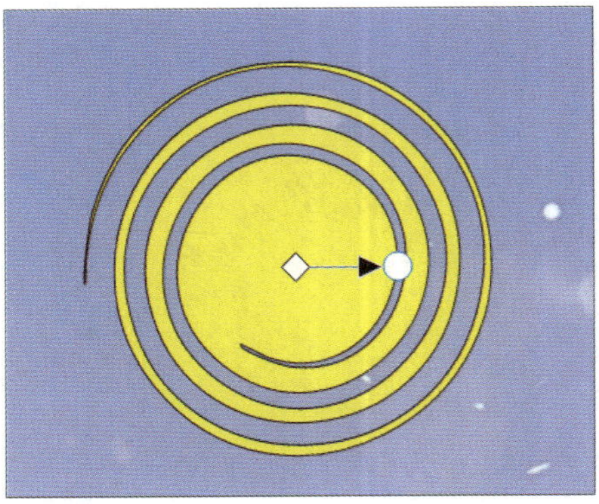

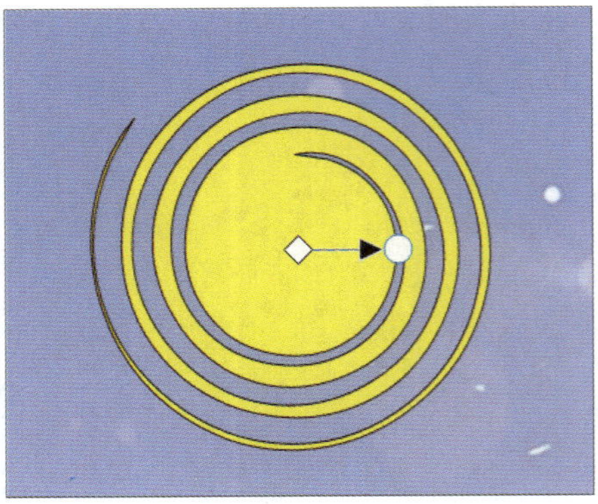

● **附加度数：** 设置超出变形完整旋转的度数。

（2）创建扭曲变形

常用的创建扭曲变形的方法有以下两种。

方法1： 使用多边形工具绘制一个星形。在工具箱中选择变形工具，选中对象，单击属性栏的“扭曲变形”按钮，将光标移动到星形中间，按住鼠标左键并向外进行拖拽，如下左图所示。继续按住鼠标左键进行旋转，可以看到蓝色的预览线，如下中图所示。释放鼠标，完成扭曲变形绘制，效果如下右图所示。

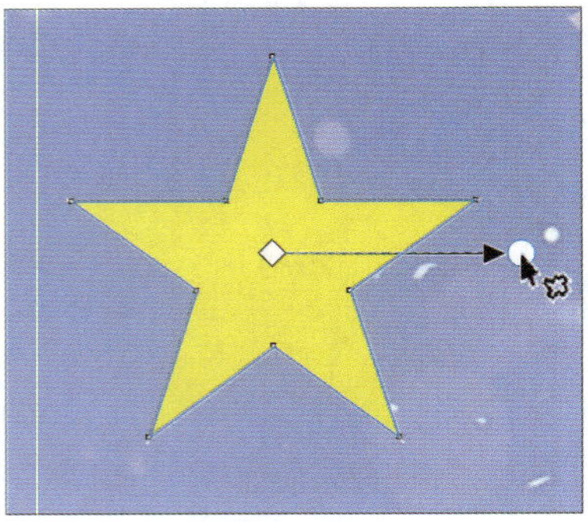

扭曲变形后，还可以继续添加变形效果。将光标移到变形图形上并进行拖拽，如下左图所示。按住鼠标左键进行旋转，效果如下右图所示。

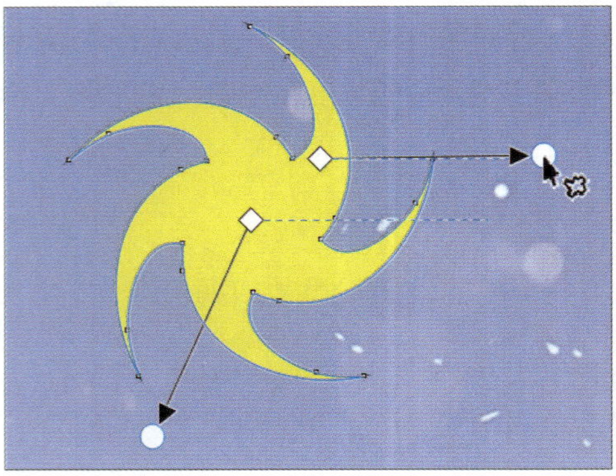

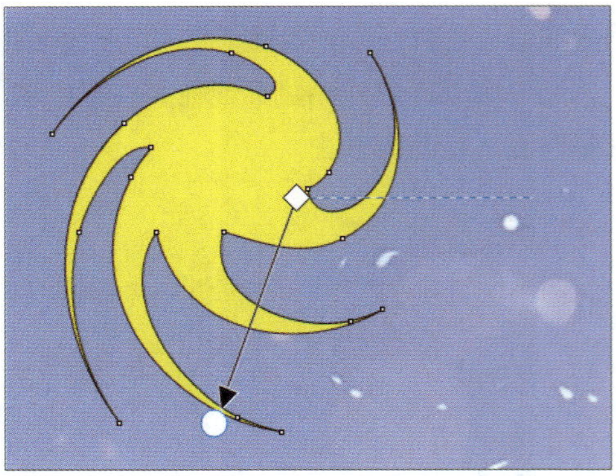

方法2： 使用变形工具选中对象，单击属性栏的“顺时针旋转”或“逆时针旋转”按钮，在“完整旋转”和“附加度数”数值框中输入数值，改变扭曲变形的效果。

7.5 封套工具

在CorelDRAW中使用封套工具，可以用预设列表调整形状，也可以通过手动拖动节点和调整封套边界来创造独特的自定义形变效果。接下来，将详细介绍封套工具的应用。

7.5.1 封套工具属性栏

在工具箱中选择封套工具，其属性栏如下图所示。

- **预设列表：** 用于选定预设选项，下拉列表中的预设封套包括“圆形”“直线型”“直线倾斜”“挤远”“下推”和“上推”，如下左图所示。使用文本工具输入文字，第一排为参考文本，第二排分别为应用“圆形”“直线型”和“直线倾斜”预设的效果，第三排分别为应用“挤远”“下推”和“上推”预设的效果，如下右图所示。

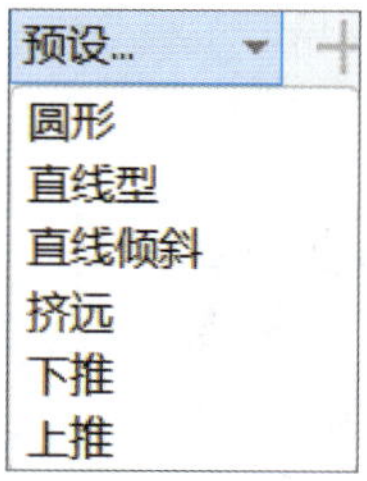

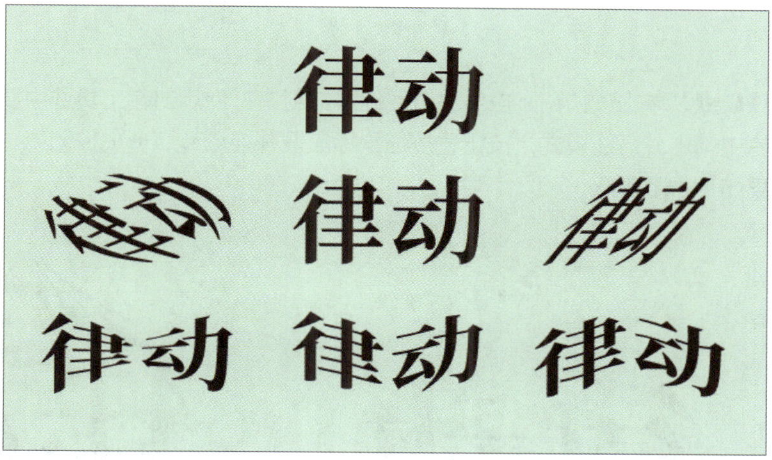

- **选取模式：** 用于切换选取框的类型，包括“矩形”和“手绘”两种。
- **转换为线条：** 单击该按钮，转换曲线为直线。使用封套工具单击对象上要改变的透视点，如下左图所示。在属性栏中单击“转换为直线”按钮，可见曲线转换成了直线，如下右图所示。

- **转换为曲线：** 单击该按钮，转换直线为曲线。在上右图的基础上，使用封套工具单击对象上要改变的直线透视点，在属性栏中单击“转换为曲线”按钮，如下页左图所示。可见出现蓝线的控制线，代表直线已转换为曲线。按住鼠标左键并拖拽控制线，创建新的封套效果，如下页右图所示。

- **尖突节点：** 单击该按钮，通过将节点转换为尖突节点，在曲线中创建一个锐角。
- **平滑节点：** 通过将节点转换为平滑节点来提高曲线的圆滑度。
- **对称节点：** 单击该按钮，将同一曲线形状应用到节点的两侧。
- **非强制模式：** 单击该按钮，应用允许更改节点属性的自由形式的封套。当该按钮被激活，前面的功能才可以使用，如下图所示。

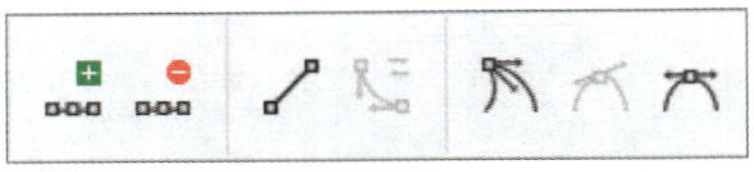

- **直线模式：** 单击该按钮，应用由直线组成的封套。使用封套工具选中要应用直线模式的节点，在属性栏中单击“直线模式”按钮，按住鼠标左键并拖动节点形成控制线，如下左图所示。释放鼠标，效果如下右图所示。

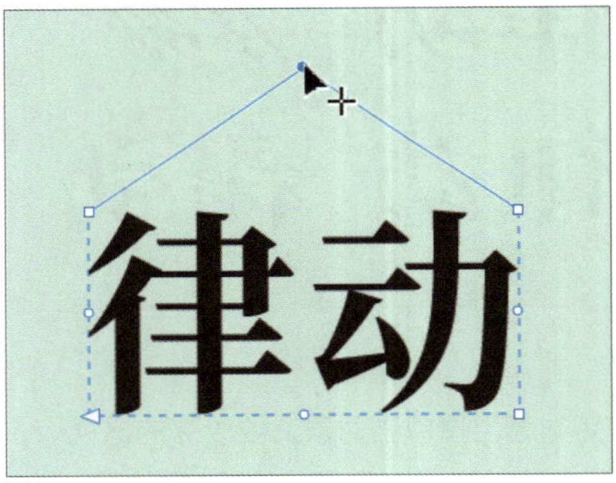

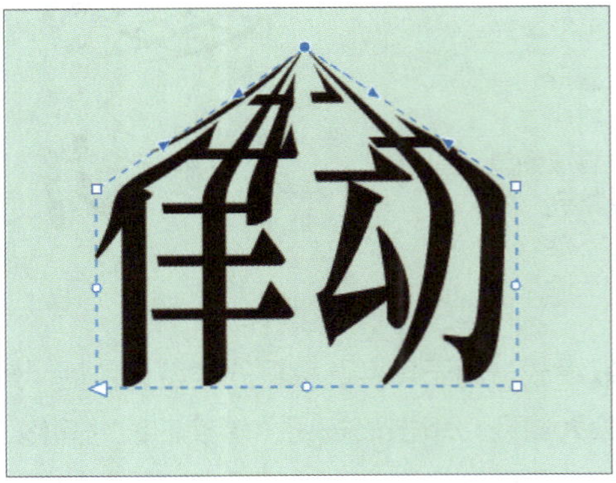

- **单弧模式：** 单击该按钮，应用封套构建弧形。使用封套工具选中要应用单弧模式的节点，在属性栏中单击“单弧模式”按钮，按住鼠标左键并拖动节点形成控制线，如下左图所示。释放鼠标，效果如下右图所示。

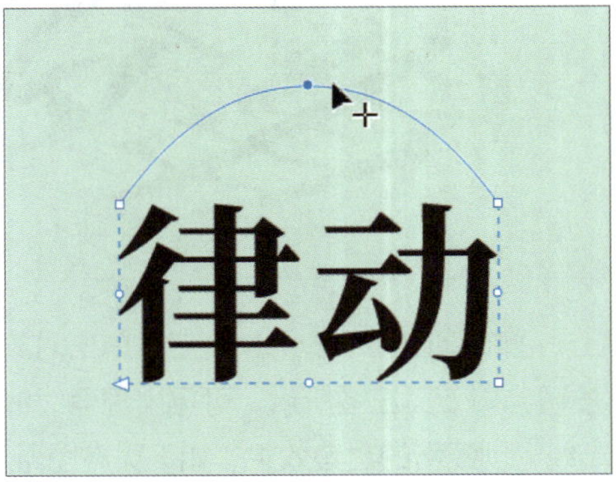

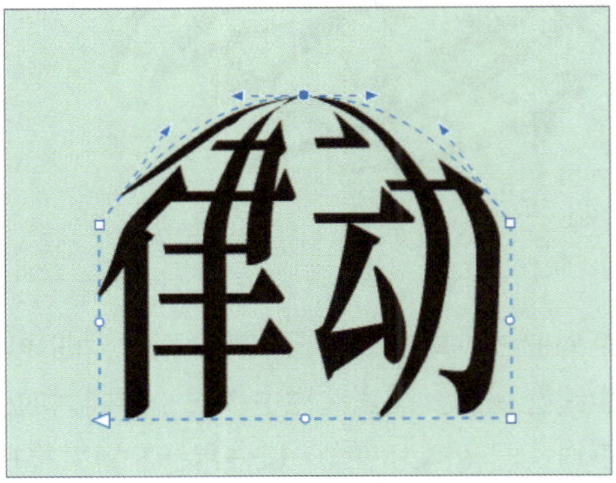

- **双弧模式：** 单击该按钮，应用封套构建S形状。使用封套工具选中要应用双弧模式的节点，在属性栏中单击“双弧模式”按钮，按住鼠标左键并拖动节点形成控制线，如下左图所示。释放鼠标，效果如下右图所示。

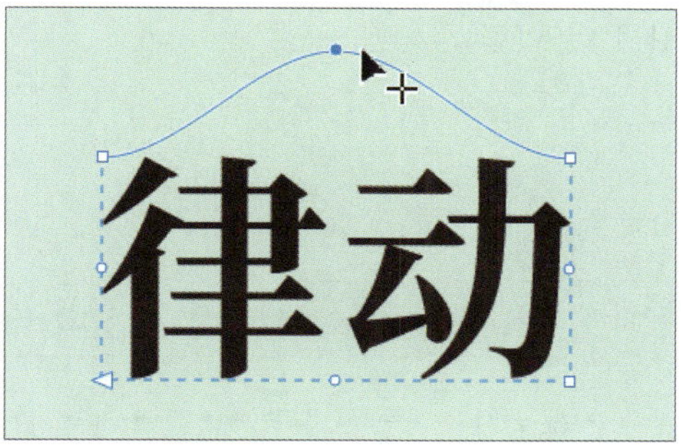

- **映射模式：** 在下拉列表中选择封套中对象的调整方式，包括“水平”“原始”“自由变形”和“垂直”4种模式，如下左图所示。下右图为应用映射模式的效果，第一个为参考图形，依次向右按顺序应用效果。

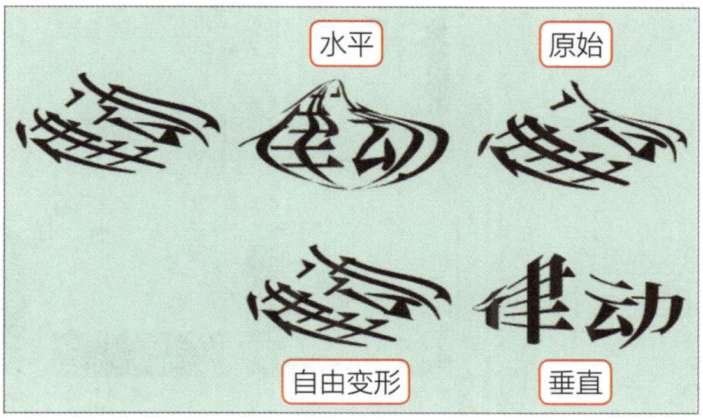

- **保留线条：** 单击该按钮，应用封套时保留直线。
- **添加新封套：** 将新封套应用到当前已有封套的对象中。
- **创建封套自：** 根据其他对象的形状创建封套。

7.5.2 创建封套效果

封套工具是通过应用封套并拖动封套节点更改对象的形状。

在工具箱中选择封套工具，在工作区单击对象，形成蓝色的虚线框，如下左图所示。将光标移动到节点上并单击，按住鼠标左键进行拖拽，改变对象的形状，如下右图所示。

在进行拖拽改变对象时，我们可以在属性栏中选择“直线模式”“单弧模式”或“双弧模式”，创建不同的封套效果。

7.6 立体化工具

在CorelDRAW中，用户可以使用立体化工具将二维图形转换成具有立体效果的3D图像，从而创造出更加生动和逼真的视觉效果。接下来，将详细介绍立体化工具的应用。

7.6.1 立体化工具属性栏

在工具箱中选择封套工具，其属性栏如下图所示。

- **预设列表：** 用于选定预设选项，下拉列表中包括“立体左上”“立体上”“立体右上”和“立体右下”等6种预设，如下左图所示。使用矩形工具绘制一个长方形，选择立体化工具并单击长方形对象，在属性栏的“预设列表”中应用预设，效果如下右图所示。

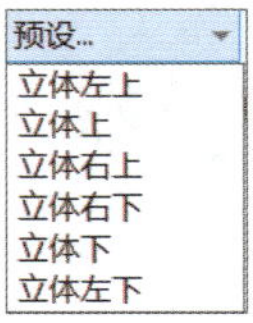

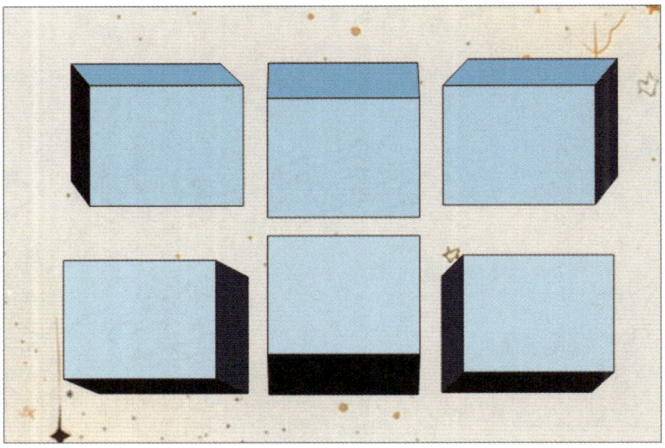

- **立体化类型：** 在下拉列表中可以选择要应用到对象上的立体化类型。
- **深度：** 用于调整立体化效果的深度，其范围为“1～99”，下左图是深度值为“1”的效果，下右图是深度值为“10”的效果。

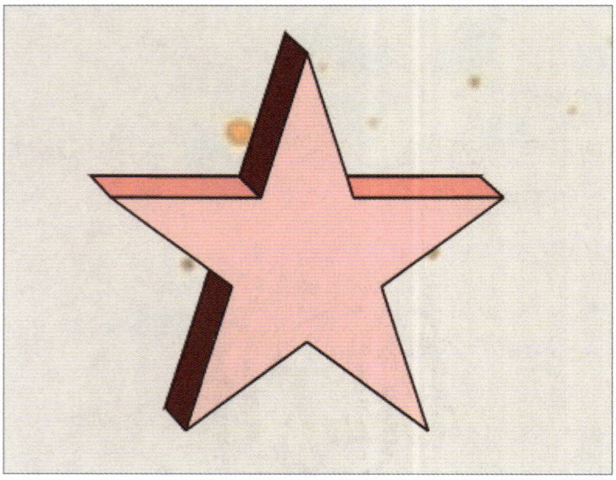

- **立体化旋转：** 单击下三角按钮，在打开的面板中按住鼠标左键进行拖拽，旋转立体化对象。使用立体化工具选中对象，在属性栏中单击“立体化旋转”下三角按钮，按住鼠标左键进行旋转，如下左图所示。释放鼠标，效果如下中图所示。单击面板左下角的“重置旋转”按钮，可将旋转角度复原；单击面板右下角“旋转值”按钮，在打开的下右图的面板中可自定义旋转角度。

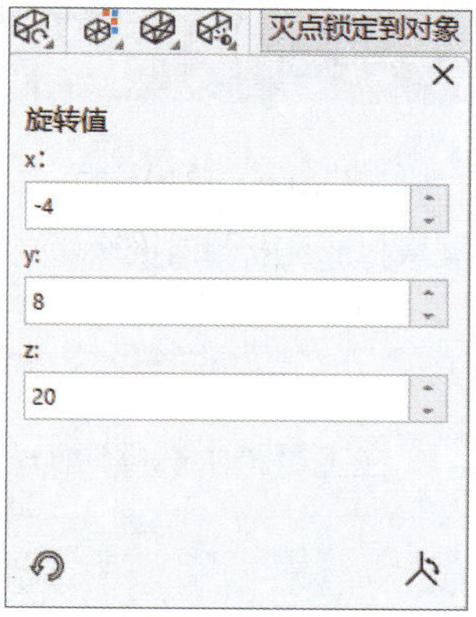

- **立体化颜色：** 单击下三角按钮，弹出颜色面板，选择立体化效果颜色。颜色面板中包括“使用对象填充”“使用纯色”和“使用递减的颜色”3个按钮，如下左图所示。单击“使用递减颜色”按钮，调整颜色，效果如下右图所示。

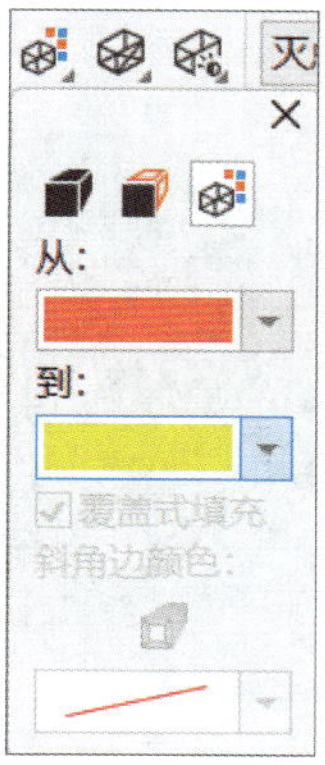

- **立体化照明：** 用于将照明效果应用到立体化对象，最多可添加3个照明光源。
- **灭点属性：** 用于更改灭点的锁定位置、复制灭点或在对象间共享灭点。
- **页面或对象灭点：** 单击该按钮，将灭点的位置锁定到对象或页面。

7.6.2　创建立体化效果

立体化工具常用于向对象应用3D效果，以创建深度错觉。

绘制一个矢量图形，在工具箱中选择立体化工具，将光标移动到对象中心，按住鼠标左键并拖拽对象，如下左图所示。释放鼠标，创建立体化效果，如下右图所示。

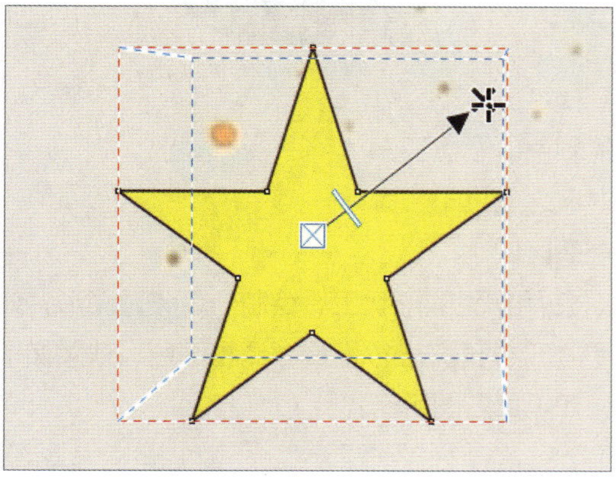

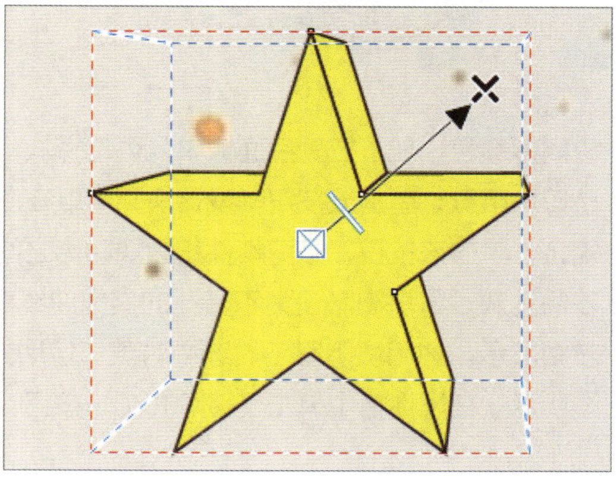

7.7 块阴影工具

在CorelDRAW中，块阴影工具可以用来为对象添加简单的阴影效果，这种阴影由直线组成，适用于屏幕打印和标牌制作等场合。接下来，将详细介绍块阴影工具的应用。

7.7.1 块阴影工具属性栏

在工具箱中选择块阴影工具，其属性栏如下图所示。

- **深度：**用于调整块阴影的深度，其范围为“0～1000”。使用块阴影工具选中对象，在属性栏中设置“深度”为“10”，效果如下左图所示。单击“块阴影颜色”下拉按钮，在打开的面板中选择块阴影颜色。按住鼠标左键拖拽颜色框，调整块阴影的位置和大小，如下右图所示。

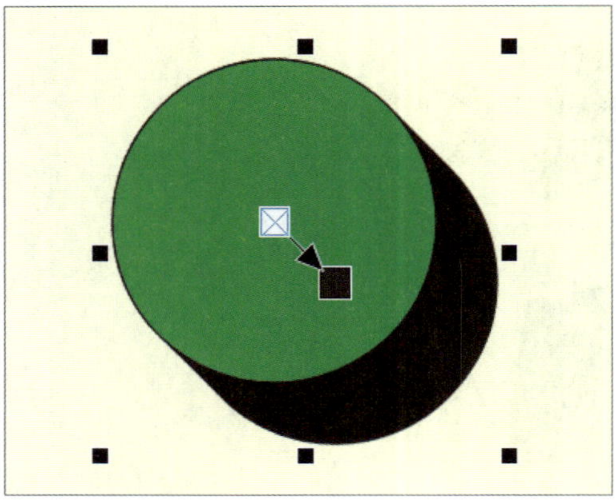

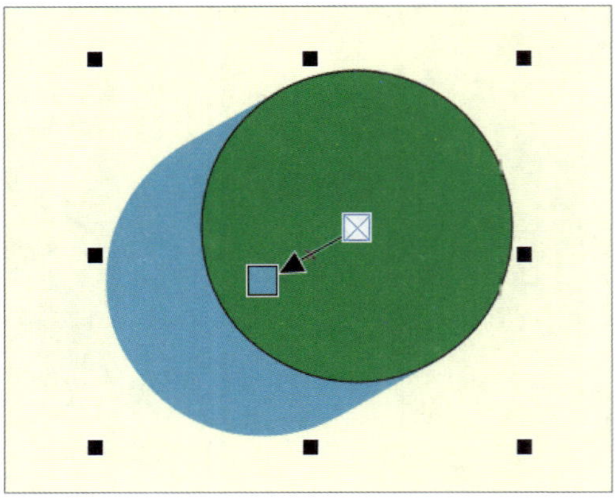

- **定向：**用来设置块阴影的角度。下左图是定向值为“10”的效果，下右图是定向值为“180”的效果。

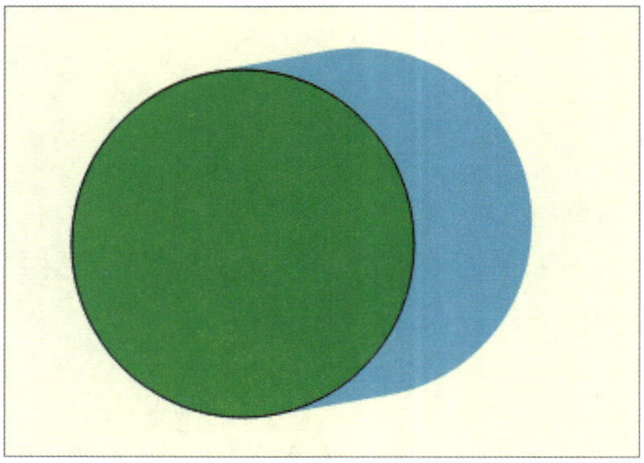

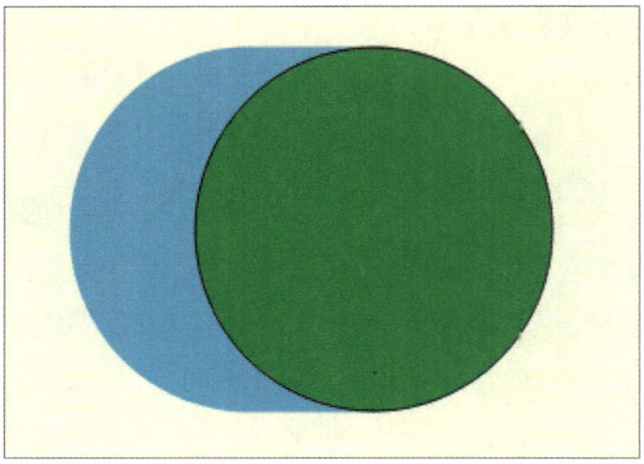

- **块阴影颜色：**在下拉颜色面板中，可选择块阴影的颜色。
- **叠印块阴影：**单击该按钮，设置块阴影以在底层对象之上打印。
- **简化：**单击该按钮，修剪物件和区块阴影之间的重叠区域。
- **移除孔洞：**将块阴影设为不带孔的实线曲线对象。使用常见的形状工具绘制一个矢量图形，如下页左图所示。使用块阴影工具选中对象，移动光标到图形中间并进行拖拽，调整颜色，效果如下页中图所示。在属性栏中单击“移除孔洞”按钮，效果如下页右图所示。

- **从对象轮廓生成：** 创建块阴影时，包括对象轮廓。在右图中，右边图形应用了“从对象轮廓生成”效果，左边图形未应用。

- **展开块阴影：** 以指定量增加块阴影尺寸。使用块阴影工具拖拽对象创建块阴影效果的图形，如下左图所示。在属性栏中设置“展开块阴影”的值为“10”，效果如下右图所示。

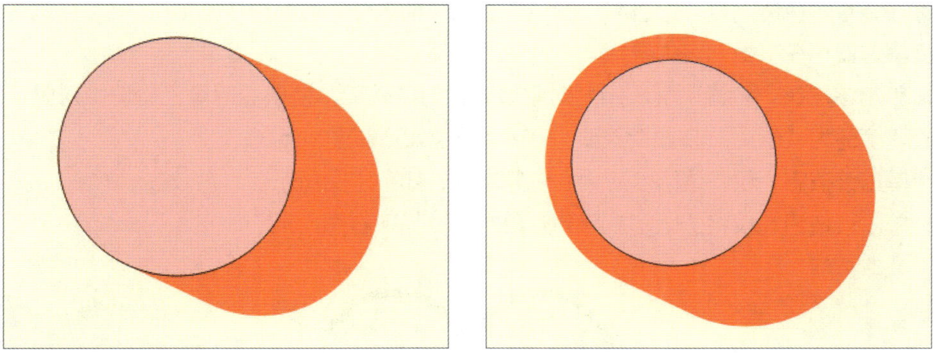

7.7.2 创建块阴影效果

绘制一个矢量图形，在工具箱中选择块阴影工具，将光标移动到对象中心单击，按住鼠标左键并拖拽对象，如下左图所示。释放鼠标，创建块阴影效果，如下右图所示。将光标移动到方框上，在属性栏中单击“块阴影颜色”下拉按钮，在打开的颜色面板中可以调整块阴影的颜色。

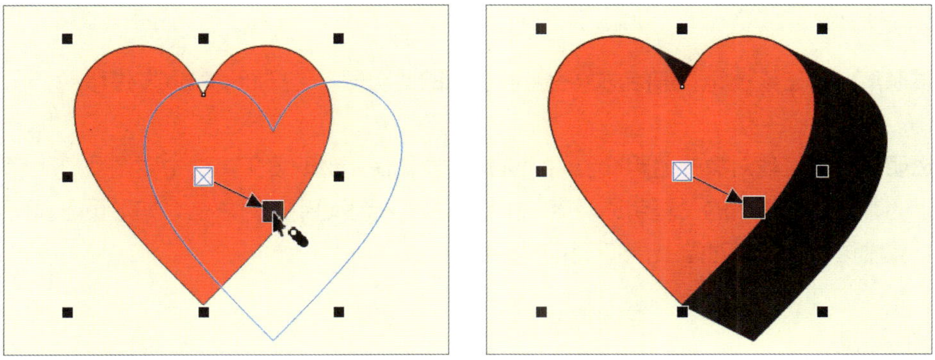

7.8 透明度工具

在CorelDRAW中，使用透明度工具可以调整对象的不透明度，创造出半透明或渐变效果等。透明度工具包括无透明度、均匀透明度、渐变透明度、向量图样透明度、位图图样透明度和底纹透明度等，如下图所示。接下来，将详细介绍透明度工具的应用。

7.8.1 均匀透明度

在透明度工具属性栏中单击“均匀透明度”按钮，可以应用整齐且均匀分布的透明度效果。接下来，将对均匀透明度的属性和创建方法进行介绍。

（1）均匀透明度属性栏介绍

在属性栏中单击“均匀透明度”按钮，其属性栏如下图所示。

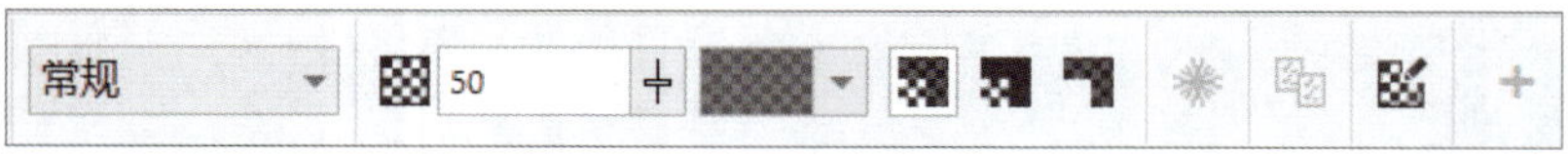

- **合并模式：**在下拉列表中选择透明度颜色与下层对象颜色调和的方式。
- **透明度：**调整颜色透明度。值越高，颜色越透明；值越低，颜色越不透明。
- **透明度挑选器：**在下拉列表中选择一个预设透明度。
- **全部：**单击该按钮，将透明度应用到对象填充和对象轮廓。使用透明度工具选中对象，在属性栏中设置透明度值为“50”，单击“全部”按钮，效果如下左图所示。
- **填充：**单击该按钮，仅将透明度应用到对象填充，如下中图所示。
- **轮廓：**单击该按钮，仅将透明度应用到对象轮廓，如下右图所示。

- **冻结透明度：**单击该按钮，冻结对象的当前视图的透明度，这样即使对象发生移动，视图也不会发生变化。
- **复制透明度：**将其他对象的透明度应用到选定对象。使用透明度工具选中要调整透明度的对象（圆形）上，单击属性栏中的“复制透明度”按钮，将光标移动到源对象上，如下页左图所示。单击源对象，复制透明度到新对象上，如下页右图所示。

编辑透明度：单击该按钮，弹出“编辑透明度”对话框，进一步更改透明度属性。

（2）创建均匀透明度效果

使用常见的形状工具绘制一个矢量图形，在工具箱中选择透明度工具，单击属性栏中的“均匀透明度”按钮，将光标移动到对象上，可以看到滑块，如下左图所示。滑动滑块，创建均匀透明度效果，如下右图所示。

7.8.2 渐变透明度

在透明度工具属性栏中单击“渐变透明度”按钮，可以应用不同的不透明度渐变效果。接下来，将对渐变透明度的属性和创建方法进行介绍。

（1）均匀透明度属性栏介绍

在属性栏中单击“渐变透明度”按钮，其属性栏如下图所示。

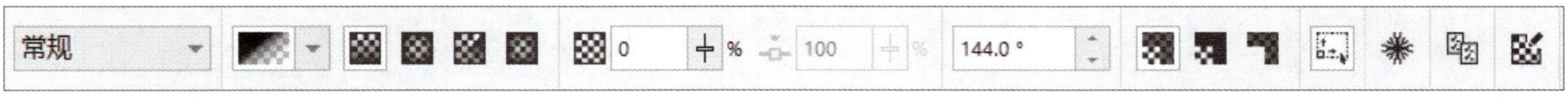

- **透明度挑选器：**在下拉面板中，可以选择和管理本地透明度，还可以在线获取更多透明度。
- **线性渐变透明度：**单击该按钮，应用沿线性路径逐渐更改不透明度。使用透明度工具选中对象，在属性栏中单击“线性渐变透明度”按钮，效果如下页左图所示。将光标移动到白色或黑色方框上，滑动滑块调整起始和终点的透明度，设置起始透明度为100、终点透明度为52，效果如下页右图所示。

- **椭圆形渐变透明度**：单击该按钮，应用从同心椭圆形向外逐渐更改不透明度，效果如下左图所示。
- **锥形渐变透明度**：单击该按钮，应用以锥形逐渐更改不透明度，效果如下右图所示。

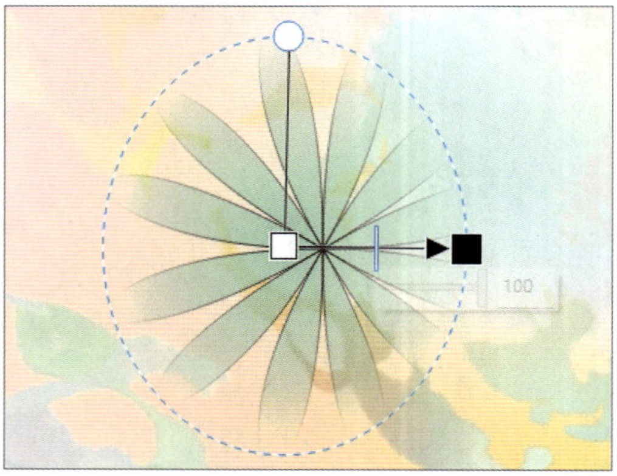

- **矩形渐变透明度**：单击该按钮，应用从同心矩形的中心向外逐渐更改不透明度，如下左图所示。
- **节点透明度**：指定选定节点的透明度，将光标移动到方框上，在属性栏的“节点透明度”数值框中输入数值或滑动滑块，改变透明度，如下右图所示。

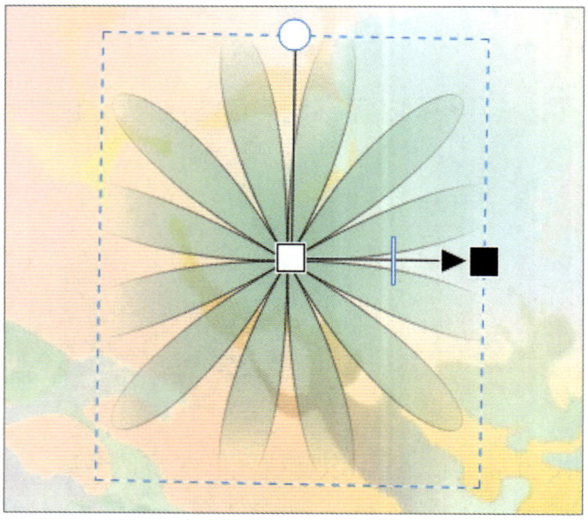

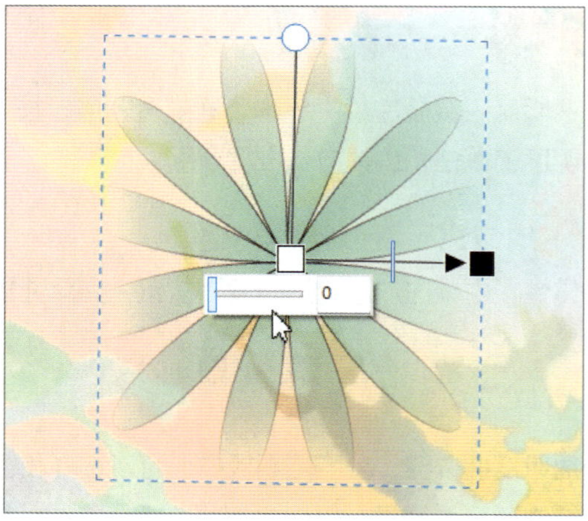

- **节点位置**：指定中间节点相对于第一个和最后一个节点的位置。
- **旋转**：以指定角度旋转透明度。
- **自由缩放和倾斜**：单击该按钮，允许透明度不按比例倾斜或延伸显示。

（2）创建渐变透明度效果

在工具箱中选择透明度工具，选中对象，单击属性栏的“渐变透明度”按钮，在其属性栏中挑选透明度样式，单击“线性渐变透明度”按钮，如下左图所示。将光标移动到线性透明度方框上，设置起始和终点的节点透明度，按住白色方框拖动可移动透明度的位置，效果如下右图所示。

7.8.3 向量图样透明度

在工具箱中选择透明度工具，单击属性栏的“向量图样透明度”按钮，可以应用向量图样透明度。接下来，将对向量图样透明度的属性和创建方法进行介绍。

（1）向量图样透明度属性栏

在属性栏中单击“向量图样透明度”按钮，其属性栏如下图所示。

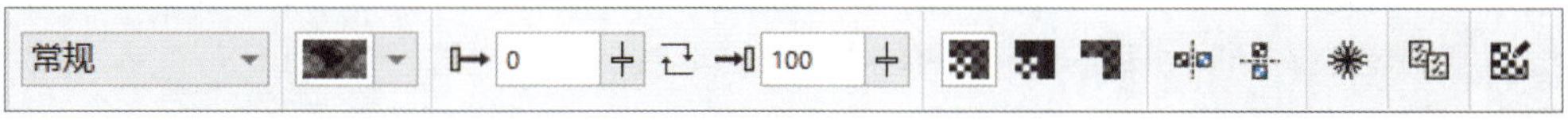

- **透明度挑选器**：在下拉面板中可以选择和管理本地透明度，也可以在线获取更多透明度。
- **前景透明度**：设置前景色的不透明度。在背景透明度为0的情况下，下左图为前景透明度值为50的效果，下右图为前景透明度值为100的效果。

- **反转**：单击该按钮，翻转前景和背景透明度。
- **背景透明度**：设置背景色的不透明度。在前景透明度为0的情况下，下左图为背景透明度值为50的效果，下右图为背景透明度值为100的效果。

- **水平镜像平铺：** 排列平铺以便交替平铺，可在水平方向相互反射。
- **垂直镜像平铺：** 排列平铺以便交替平铺，可在垂直方向相互反射。

（2）创建向量图样透明度效果

在工具箱中选择透明度工具，选中对象，单击属性栏的“向量图样透明度”按钮，单击“透明度挑选器”下拉按钮，在打开的面板中挑选图样，如下左图所示。在属性栏中设置前景透明度为100、背景透明度为60，效果如下右图所示。

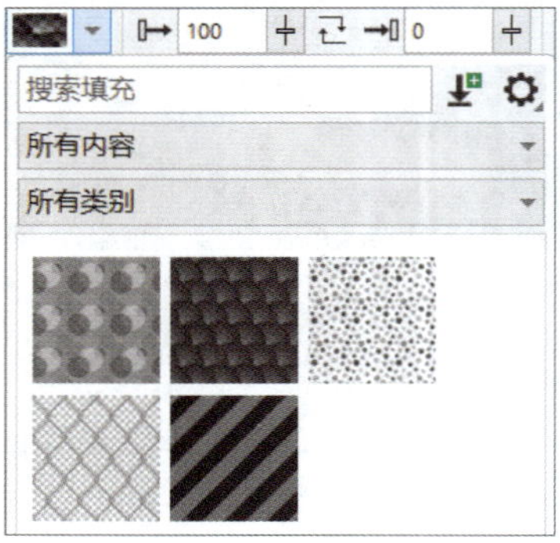

7.8.4 位图图样透明度

在工具箱中选择透明度工具，单击属性栏的“位图图样透明度”按钮，可以应用位图图样透明度，与向量图样透明度创建方法相似。接下来，将对位图图样透明度的属性栏进行介绍。

在属性栏中单击“位图图样透明度”按钮，其属性栏如下图所示。其中与向量图样透明度属性栏相同的部分不赘述。

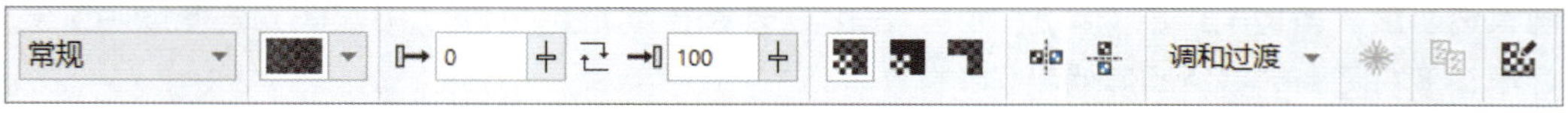

调和过渡： 调整图样平铺的颜色和边缘过渡。使用透明度工具选中对象，单击“调和过渡”下三角按钮，在打开的面板中调节相应的参数，如下左图所示。可见位图应用了调和过渡的效果，在蓝色背景下形成了纹理效果，如下右图所示。

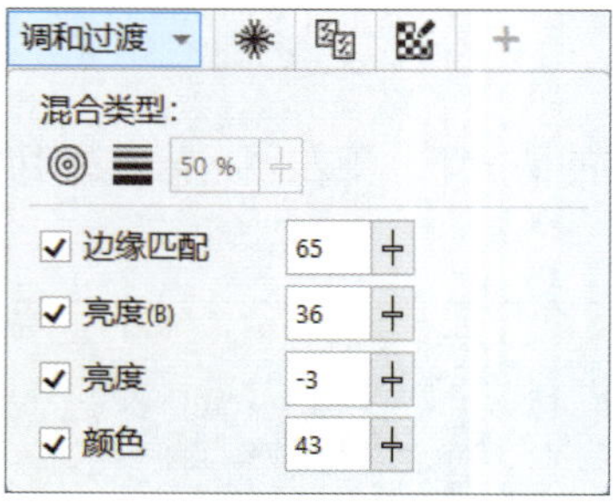

7.8.5 双色图样透明度

使用双色图样透明度工具可以应用双色图样透明度。在属性栏中单击“双色图样透明度”按钮，其属性栏如下图所示。

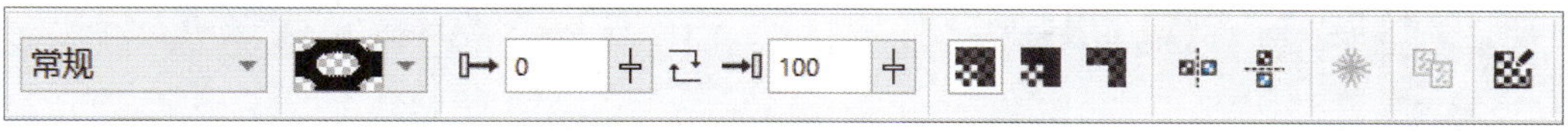

在工具箱中选择透明度工具并选中对象，单击属性栏的“双色图样透明度”按钮，再单击“透明度挑选器”下拉按钮，在下拉面板中挑选图样，如下左图所示。在属性栏中设置前景透明度为100、背景透明度为0，效果如下右图所示。

7.8.6 底纹透明度

使用底纹透明度工具可以应用预设的底图透明度。在属性栏中单击“底纹透明度”按钮，其属性栏如下图所示。

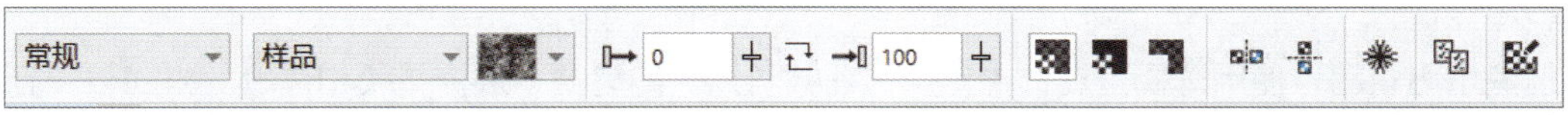

- **底纹库：** 在下拉列表中可以选择个人库。
- **透明度挑选器：** 从个人库中选择透明度。

在工具箱中选择透明度工具，选中对象，单击属性栏中的“底图透明度”按钮，再单击“底纹库”下拉按钮，选择“样品”选项，单击“透明度挑选器”下拉按钮，在下拉面板中选择图样，如下左图所示。设置前景透明度为100、背景透明度为10，效果如下右图所示。

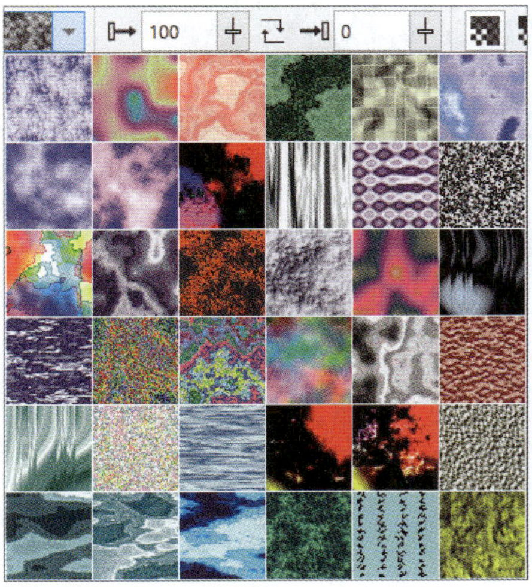

知识延伸：斜角和透镜效果

除了工具箱中的特效工具外，用户还可以在菜单中执行相应的命令打开艺术笔、斜角和透镜效果泊坞窗进行设置，从而得到特殊的效果。艺术笔工具在“第2章　绘图工具”中已进行详细介绍，这里不再赘述。下面将介绍斜角工具和透视工具的使用方法。

（1）斜角工具

在CorelDRAW中，斜角工具通过使对象的边缘倾斜（切除一角），可以给图形或文本对象添加三维深度和立体效果。在菜单栏中执行“效果＞斜角”命令，打开“斜角”泊坞窗，如下两图所示。

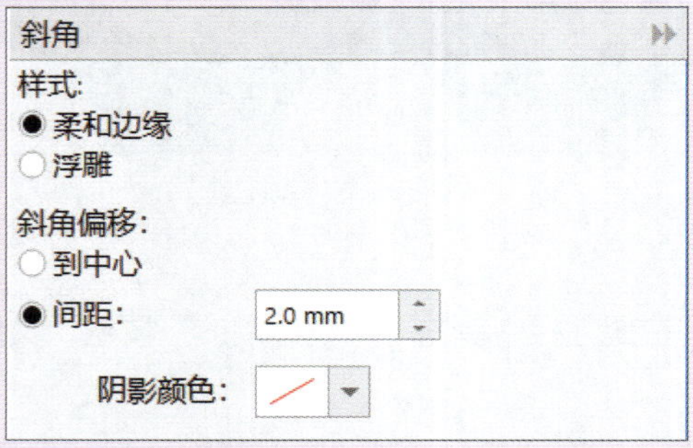

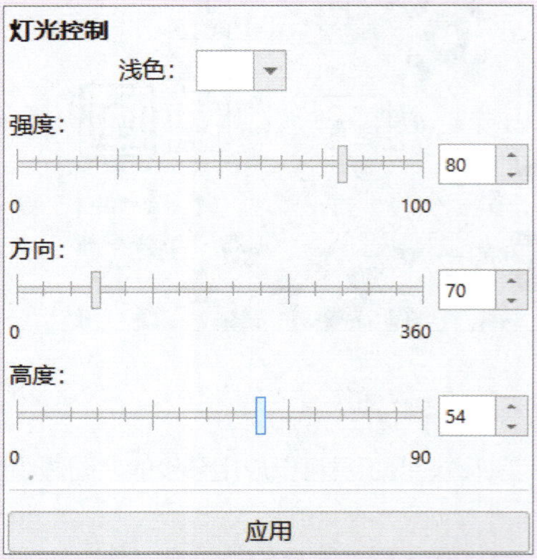

- **创建中心柔和：**使用选择工具选中对象，在“斜角”泊坞窗中选择“柔和边缘”样式和“到中心”斜角偏移，并更改颜色，如下左图所示。灯光强度、方向和亮度为默认值，为对象添加斜角的效果，如下右图所示。

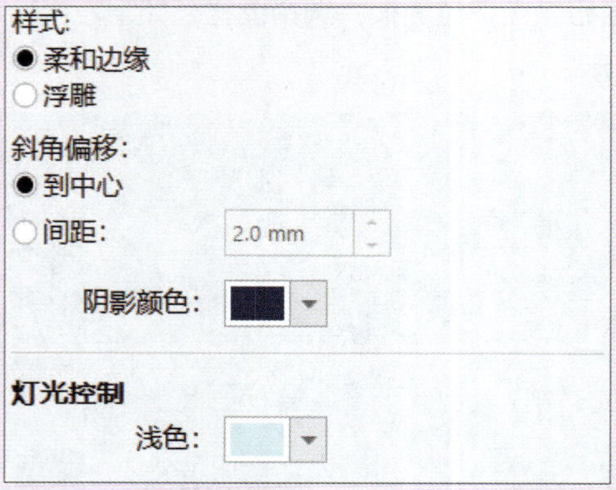

- **创建边缘柔和：**使用选择工具选中对象，在“斜角”泊坞窗中选择“柔和边缘”样式和“间距”斜角偏移，更改颜色，如下页左图所示。灯光强度、方向和亮度为默认值，为对象添加斜角的效果，如下页右图所示。

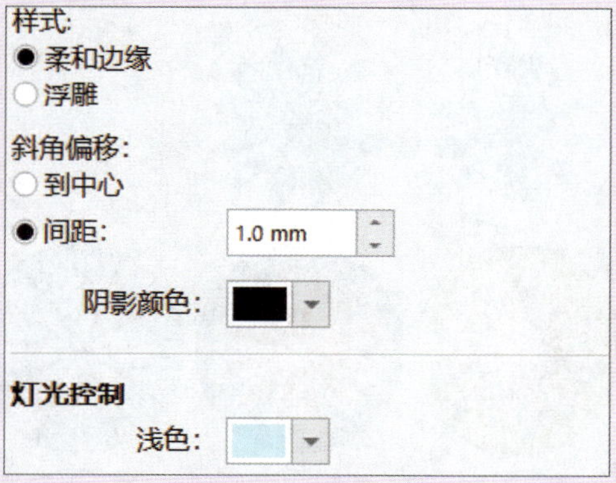

- **创建浮雕效果：**使用选择工具选中对象，在“斜角”泊坞窗中选择“浮雕”样式。在浮雕样式下只有“间距”一种斜角偏移，更改颜色，如下左图所示。灯光强度、方向和亮度为默认值，为对象添加斜角，效果如下右图所示。

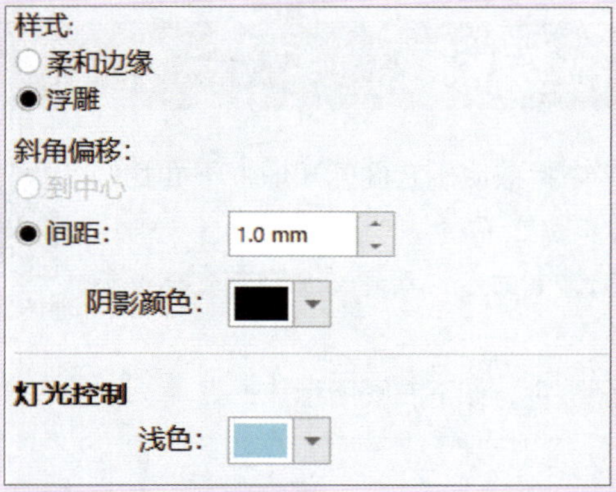

（2）透视效果

在CorelDRAW中，使用透镜工具可以改变对象下方特定区域的外观，赋予图形特殊的视觉效果，如变亮、颜色添加或鱼眼等。在菜单栏中执行“效果＞透镜”命令，打开“透镜”泊坞窗，如下左图所示。然后在透镜下拉列表中选择透镜效果，如下右图所示。

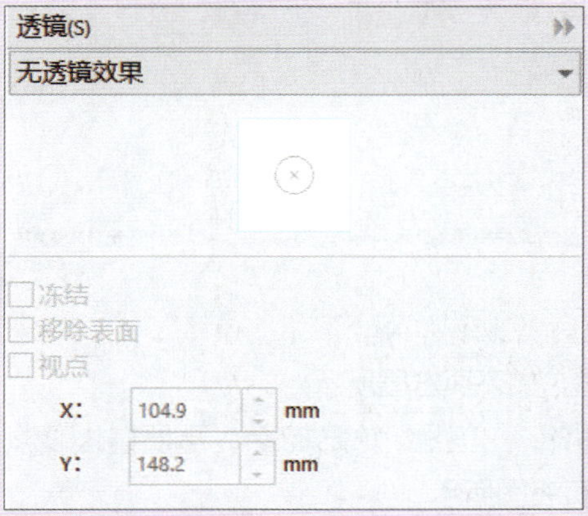

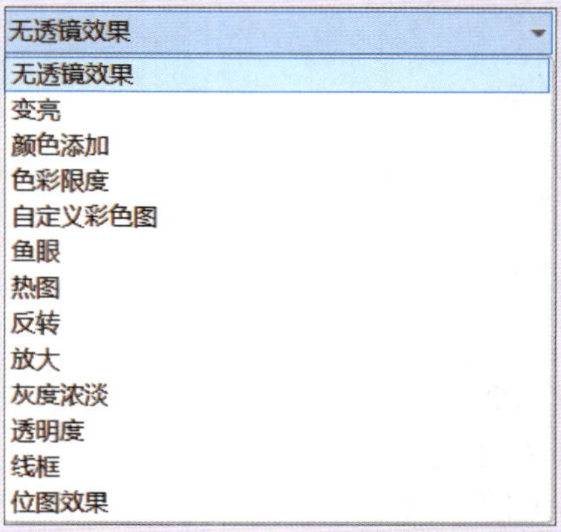

下左图为无透镜效果，下右图为对圆形对象按列表顺序应用透镜的效果。

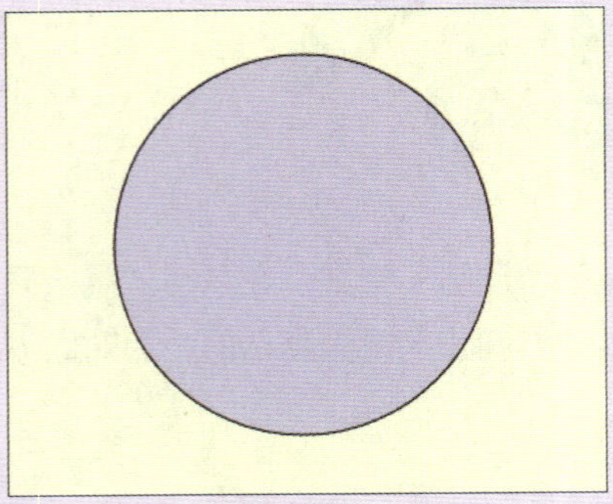

上机实训：“禁止焦虑”海报绘制

通过本章内容的学习，读者了解了CorelDRAW 2024中特效应用方面的知识。下面我们将通过制作“禁止焦虑”海报的过程，巩固所学知识，具体步骤如下。

扫码看视频

步骤 01 打开CorelDRAW 2024软件，执行“文件 > 新建”命令，新建一个空白文档，参数设置如下左图所示。

步骤 02 在菜单栏中执行“文件 > 导入”命令，导入香蕉图片，如下右图所示。

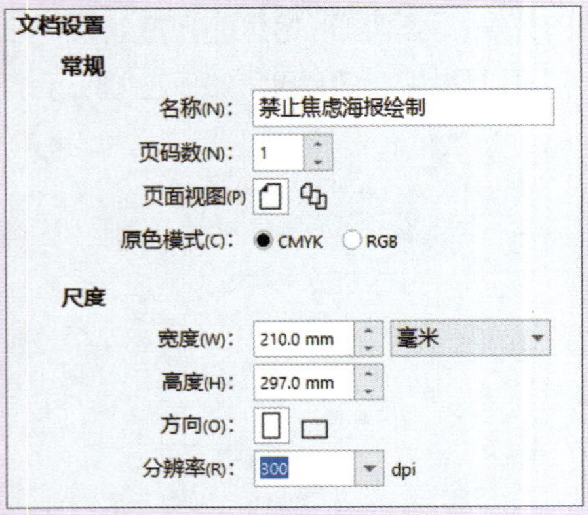

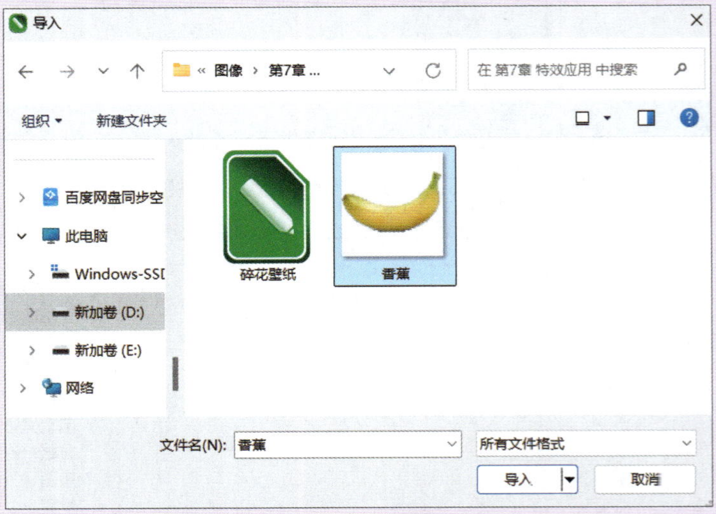

步骤 03 调整图片位置，再复制一个香蕉图片备份，如下页左图所示。

步骤 04 使用选择工具选中对象，在菜单栏中执行“位图 > 轮廓描摹 > 高质量图像”命令，弹出“PowerTRACE”对话框，单击“OK”按钮，如下页右图所示。

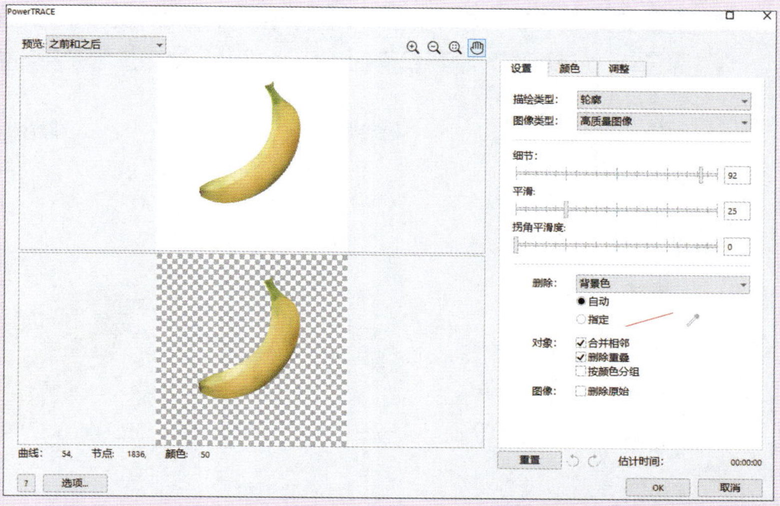

步骤 05 选中对象，单击鼠标右键，选择“取消群组”命令，如下左图所示。

步骤 06 选中取消群组的所有对象，在属性栏中单击“边界”按钮，效果如下右图所示。

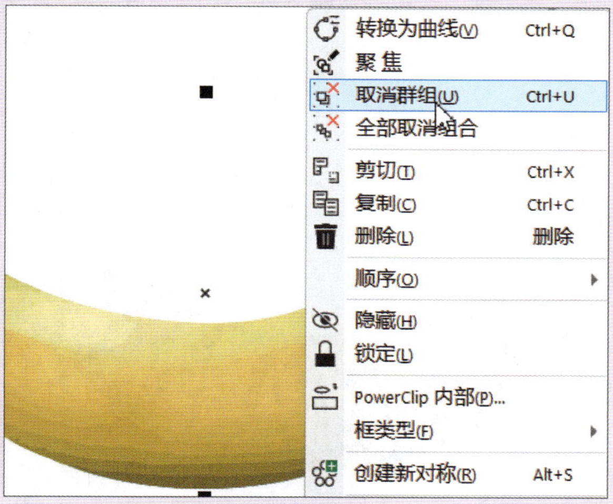

步骤 07 删除取消群组的对象，在工具箱中选择钢笔工具，绘制曲线，如下左图所示。

步骤 08 使用形状工具选中香蕉轮廓线和钢笔绘制的曲线，在属性栏中单击“相交”按钮，再选中香蕉轮廓线和相交出来曲线，属性面板如下右图所示。

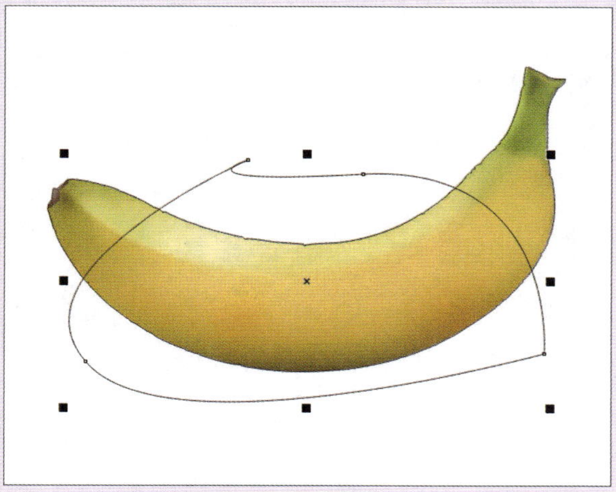

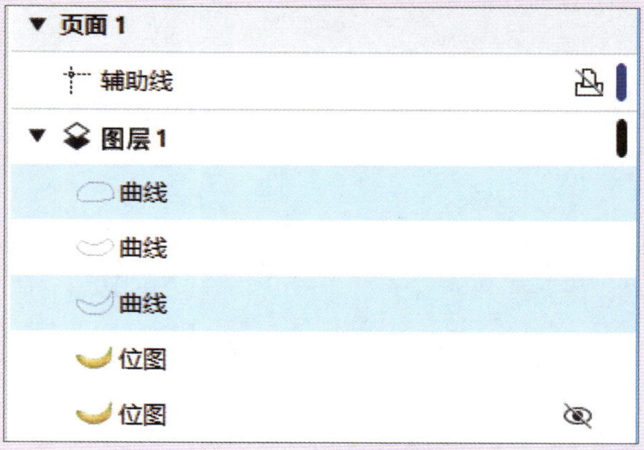

步骤 09 选中后在属性栏中单击“简化”按钮，然后隐藏钢笔工具绘制的曲线，图层如下左图所示。

步骤 10 可以在工作区看到香蕉的轮廓线效果，使用形状工具选中节点，删除多余的节点，如下右图所示。

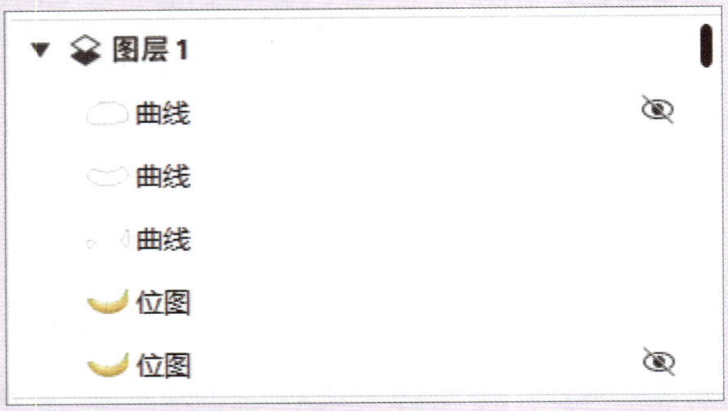

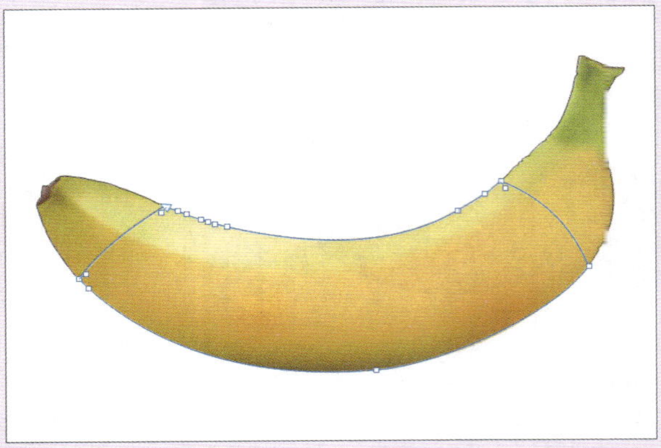

步骤 11 使用文本工具输入文字，设置字体样式为“思源宋体”，效果如下左图所示。

步骤 12 使用封套工具选中文本，单击属性栏的“创建封套自”按钮，将箭头移动到相交中间曲线区域并单击，将文字移动到香蕉上，效果如下右图所示。

步骤 13 使用选择工具将文字移动到香蕉上，选中香蕉位图，单击鼠标右键，选择“PowerClip内部”命令，单击文字，效果如下左图所示。

步骤 14 使用选择工具选中曲线和复制的香蕉图片，属性面板如下右图所示。

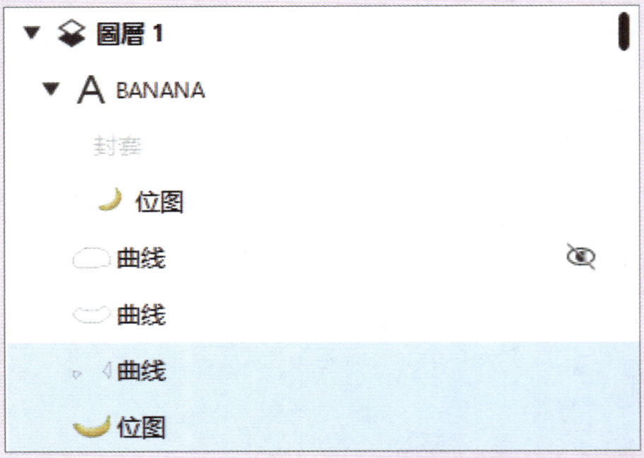

步骤15 在选择工具属性栏中单击“简化”按钮，隐藏香蕉位图，效果如下左图所示。

步骤16 使用矩形工具绘制矩形作为背景，使用形状工具选中对象，双击并旋转对象，效果如下右图所示。

步骤17 使用文本工具输入文字，调整字体大小，在“属性”泊坞窗中单击文本段落按钮，将“焦绿”的文本颜色设置为白色，如下左图所示。

步骤18 使用椭圆形工具绘制一个正圆，将图层移到文字下方，填充为绿色。使用钢笔工具绘制两条曲线，在“属性”泊坞窗中单击轮廓线按钮，更改轮廓线颜色，最终效果如下右图所示。

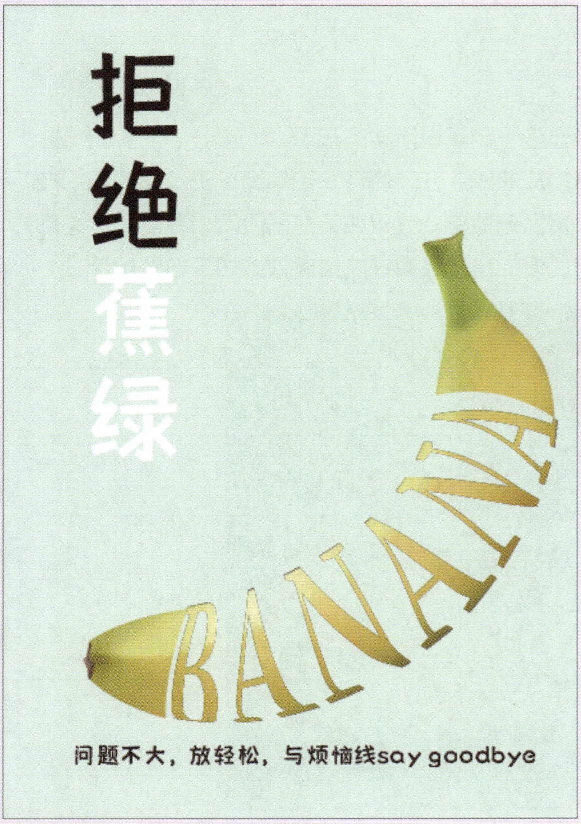

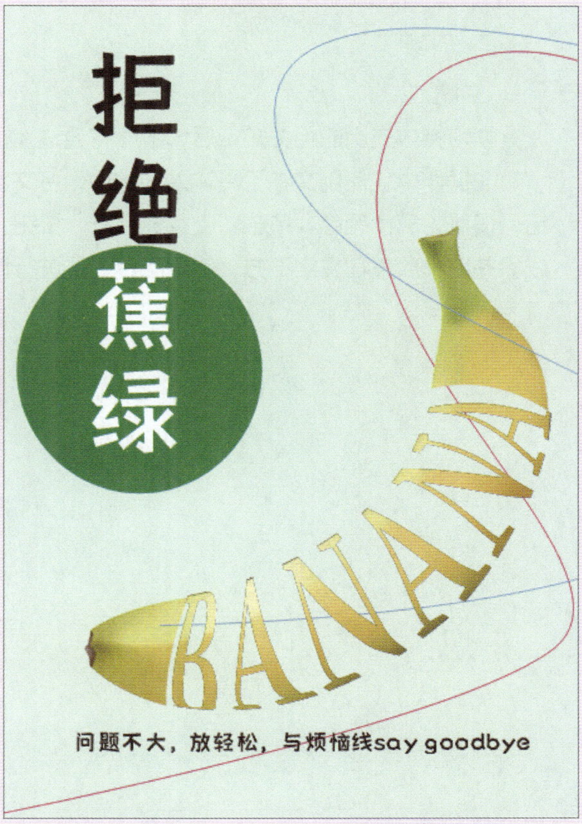

课后练习

一、选择题（部分多选）

（1）在对轮廓图进行调整前，要先创建轮廓图，轮廓图的创建包括（　　）3种效果。

A. 到中心　　B. 内部轮廓　　C. 无轮廓　　D. 外部轮廓

（2）选择混合工具，将光标移动到第一个对象上，按住（　　）键，然后按住鼠标左键绘制曲线路径到第二个对象上，创建曲线调和。

A. Ctrl　　B. Shift　　C. Alt　　D. Tab

（3）下列关于工具应用的说法正确的是（　　）。

A. 封套工具是通过应用封套并拖动封套节点更改对象的形状。

B. 混合工具可以将两个或多个对象沿着共同的边界进行融合，创造出平滑过渡的效果。

C. 立体化工具是向对象应用3D效果来创建深度错觉。

D. 斜角工具可以给图形或文本对象添加三维深度和立体效果，是通过使对象的边缘倾斜（切除一角）来实现的。

二、填空题

（1）使用混合工具可以创建__________、__________、__________等3种调和效果。

（2）使用变形工具可以创建__________、__________、__________等3种变形效果。

（3）使用透明度工具可以调整对象的不透明度，创建半透明或渐变效果等。透明度工具包括__________、__________、__________、__________、__________、__________和__________等7种效果。

三、上机题

学习特效应用的相关知识后，下面将通过上机操作进一步掌握所学的知识。

在操作中，使用文本工具输入文字后，将文字转换成曲线。在“属性”泊坞窗单击“轮廓线”按钮，设置轮廓色颜色。单击“交互式填充”按钮，设置为无填充，效果如下左图所示。复制一份轮廓线稿并缩小放置在文字下方。使用混合工具进行调整，设计科技风海报的最终效果如下右图所示。

第二部分

综合案例篇

学习了CorelDRAW的入门操作、绘图工具与效果应用、对象编辑与造形处理、颜色应用与填充效果处理、文本处理、表格工具应用以及特效应用的相关知识后，在综合案例篇，我们将灵活运用所学知识，对海报、标志、宣传单以及书籍装帧等进行设计。将所学知识灵活运用，释放你的创造力，让作品更加精彩和有趣！

第 8 章 海报设计

本章概述

海报设计是结合图像、文字、色彩、版面、图形等元素进行平面艺术创意性设计的过程。本章将对海报设计的分类和风格进行介绍，并详细介绍景泰蓝文物海报的设计过程。

核心知识点

1. 了解海报的分类与风格
2. 掌握变形工具的应用
3. 掌握文本工具的应用
4. 掌握透明度工具的应用

扫码看视频

8.1 海报设计概述

海报又称招贴画，是一种信息传递的艺术形式，是一种大众化的宣传工具。海报设计是视觉传达的表现形式之一，通过版面的构成来吸引人们的目光，并获得瞬间的刺激，这要求设计者能将图像、文字、色彩、空间等要素进行结合，以恰当的形式向人们展示宣传信息。

8.1.1 海报设计分类

海报设计是一个创意与技术结合的过程，用于传达信息、宣传产品或表达艺术观点等。作为一种视觉传达工具，海报的应用范围非常广泛，可以分为商业海报、文化海报、电影海报、公益海报和节日海报等。下面将介绍几种常见的海报形式。

（1）商业海报

商业海报是一种用于宣传商品或商业服务的广告海报，它通过视觉设计吸引消费者的注意力，传递关键信息，并促进产品销售或提高服务的市场占有率。商业海报的设计通常注重品牌识别、产品展示、促销信息的传达，以及能够迅速引起目标受众共鸣的创意元素。下左图为糕点店的面包海报设计。

（2）文化海报

文化海报是一种结合图像、文字、色彩和布局等视觉元素，向观众传达特定文化信息的海报。它不仅具有艺术性，能够给人以美的享受和艺术的启发，而且还承担着传播文化、交流思想的作用。下右图为三星堆青铜面具文创插画海报设计。

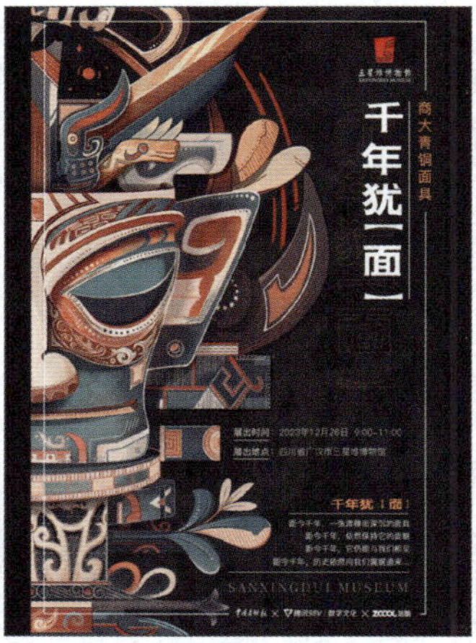

(3)电影海报

电影海报是电影宣传材料的重要组成部分，通过视觉艺术的形式向公众传达电影的主题、情感、风格和卖点。电影海报设计旨在吸引潜在观众的注意力，激发他们对电影的兴趣，并促使他们前往电影院观看电影。下左图为《一直游到海水变蓝》电影宣传海报。

(4)公益海报

公益海报是一种专门用于传播公益信息、提高公众意识、倡导社会风尚和改善社会状况的视觉传达设计作品。它通常包含强烈的视觉冲击力和深刻的信息内容，旨在激发观众的情感反应，促使他们采取行动或改变态度，以支持某项公益事业或社会活动。下中图为反对战争的海报设计。

(5)节日海报

节日海报是一种专门为了宣传和庆祝特定节日而设计的视觉艺术作品。它通过使用节日相关的符号、色彩和图案，传达节日的氛围和文化意义，同时也用来吸引公众的注意力，推进节日的庆祝活动。下右图为中秋节的海报设计。

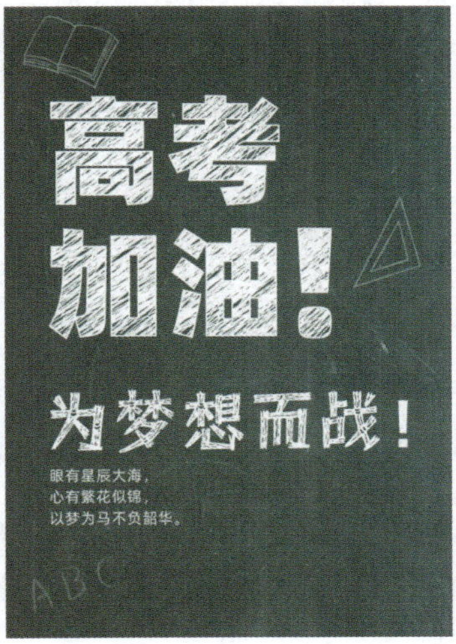

8.1.2 海报设计风格

海报设计风格是指在海报设计中采用的一种或多种视觉、技术和理念上的独特表现手法。海报设计风格多种多样，每种风格都有其独特的视觉语言和应用范围，常见的风格包括国潮风格、扁平风格、拼贴风格、赛博朋克风格和插画风格等。下面介绍几种常见的海报风格。

(1)国潮风格

国潮风格海报强调中国传统文化元素与现代设计的结合，使用传统图案、符号和装饰元素，融合现代色彩和版式，形成独特且具有中国韵味的视觉效果。下页左图为韩城阵鼓国潮风海报设计。

(2)扁平风格

扁平化设计风格通过去除冗余的装饰和立体效果，强调简洁、直观的视觉表达。扁平风格易于理解和操作，适应性强。下页中图为扁平风格的创意视觉海报设计。

(3)拼贴风格

拼贴风格通过将各种素材进行剪裁、重组和叠加，创造出丰富多彩且具有层次感的视觉效果。拼贴风格既复古又创新，表现形式多样化。下右图为拼贴风格海报设计。

（4）赛博朋克风格

赛博朋克风格海报常通过蓝紫色调、霓虹光影和故障感图形等，营造出科幻未来的视觉效果，传达对未来高科技社会与人性、社会结构等复杂关系的思考，是一种具有深刻寓意和广泛影响力的设计风格。

（5）插画风格

插画风格海报是指运用插画艺术手法创作的海报作品，通常将插画元素融入海报设计中，通过色彩、线条、构图等手法，创造出具有视觉冲击力和艺术感染力的作品。

8.2 景泰蓝文物海报设计

下面以景泰蓝文物为海报设计主题，综合应用了CorelDRAW的变形工具、文本工具和透明度工具等。通过本案例的学习，读者能够熟练上手使用软件，更重要的是提升对于设计的整体意识。具体操作过程如下。

步骤 01 打开CorelDRAW 2024软件，执行“文件 > 新建”命令，创建一个A4大小的页面，单击“OK”按钮，具体参数设置如下左图所示。

步骤 02 在菜单栏中执行“文件 > 导入”命令，在打开的“导入”对话框中选择“纹理底图”图片，单击“导入”按钮，如下右图所示。

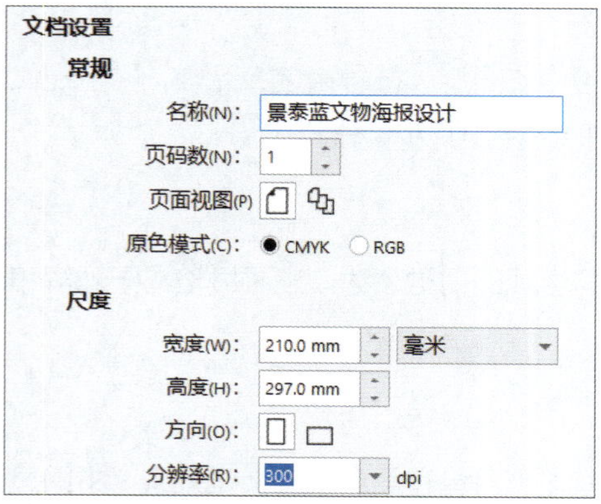

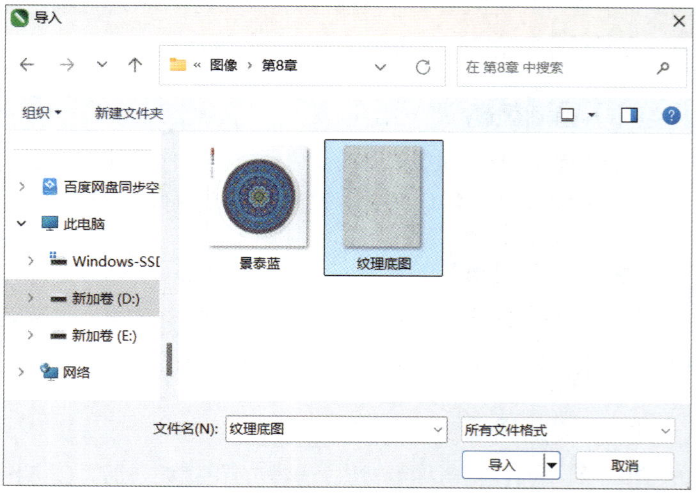

步骤03 返回工作界面后，绘制导入图片的大小并调整图片的位置，如下左图所示。

步骤04 继续在菜单栏中执行“文件>导入”命令，将“景泰蓝”图片导入。使用选择工具调整图片的位置，效果如下右图所示。

步骤05 在工具箱中选择椭圆形工具，按住Ctrl键，绘制正圆形。在调色板中选择一种颜色，为圆形填色，如下左图所示。

步骤06 使用选择工具选中圆形和景泰蓝位图，在属性栏中单击“相交”按钮，删除多余的图层，将此图层命名为“景泰蓝01”，效果如下右图所示。

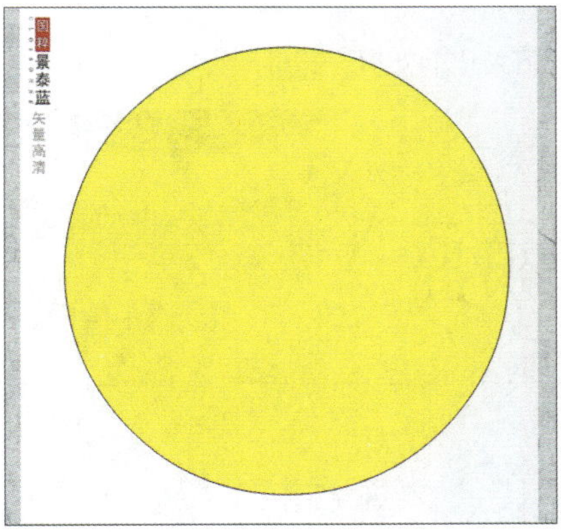

步骤07 复制“景泰蓝01”图层，将新图层命名为“景泰蓝02”并放置在图层下方，如下左图所示。

步骤08 使用选择工具选中“景泰蓝02”图层，在工具箱中选择透明度工具，单击属性栏中的“渐变透明度”按钮，为“景泰蓝02”图层设置渐变透明效果，如下右图所示。

步骤 09 复制“景泰蓝01”图层，将新图层命名为“景泰蓝03”，放置在工作区右下角。使用渐变透明度工具为图像设置渐变效果，如下左图所示。

步骤 10 使用文本工具输入文字，设置文字方向为竖排、字体为“208-上首古居体”、字体大小为“72.5pt”，如下右图所示。

步骤 11 使用文本工具分别选中“铜”和“琅”，在“属性”泊坞窗中单击“字符”按钮，设置“填充类型”为蓝色。选择其他字，将填充颜色设置为白色，效果如下左图所示。

步骤 12 使用文本工具在“景泰蓝02”左下角输入文本，设置“景泰蓝”文本的字体为“208-上首古居体”，设置其他文字字体为“宋体”，更改文字的颜色和大小，如下右图所示。

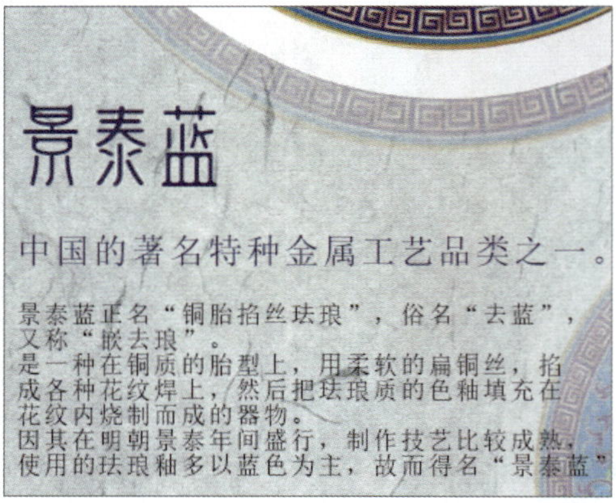

步骤 13 在工具箱中选择贝塞尔工具，绘制一条直线。在“属性”泊坞窗中单击“轮廓线”按钮，设置直线的颜色为白色，效果如下左图所示。

步骤 14 使用多边形工具绘制一个正六边形，如下右图所示。

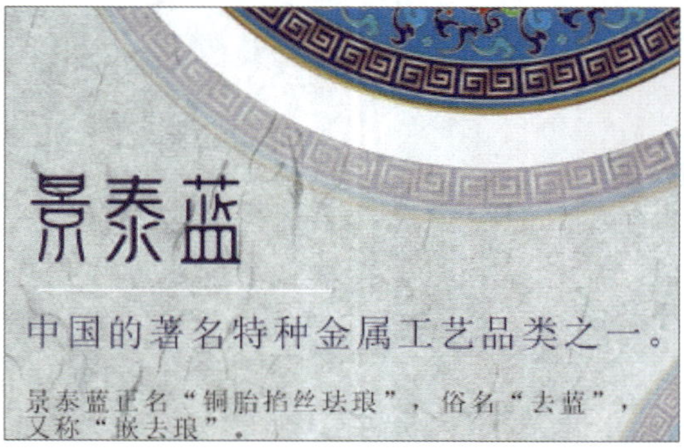

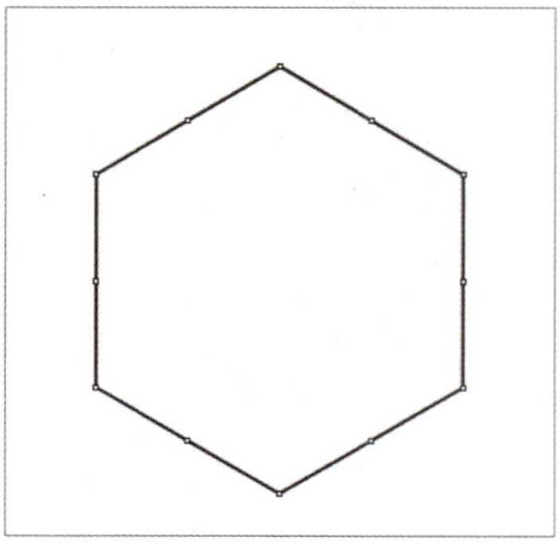

步骤 15 在工具箱中选择变形工具，单击对象，在属性栏中单击“预设列表”下拉按钮，选择“推角”选项，效果如下左图所示。

步骤 16 使用交互式填充工具选中对象，设置小花的颜色为绿色（C=18、M=7、Y=13、K=0），在“属性”泊坞窗中单击“轮廓线”按钮，设置轮廓宽度为“无”，移动对象到工作区左上方，效果如下右图所示。

步骤 17 复制一份小花对象，设置颜色为更深一点的绿色（C=35、M=15、Y=24、K=0），图层放置在小花的上方，效果如下左图所示。

步骤 18 使用矩形工具绘制两个中心相交的正方形，如下右图所示。

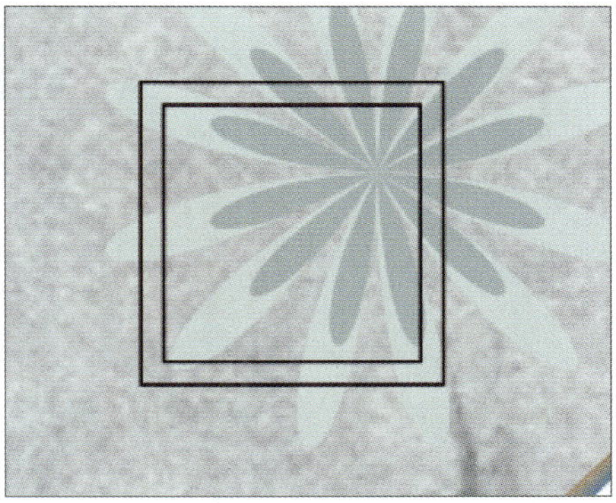

步骤 19 使用选择工具选中小一点的正方形，在“属性”泊坞窗中单击“填充”按钮，选择“均匀填充”，设置填充颜色为红色。单击“轮廓线”按钮，设置轮廓颜色为白色、轮廓宽度为1.0mm，效果如下左图所示。

步骤 20 使用选择工具选中大一点的正方形，设置填充色和轮廓色均为红色，效果如下右图所示。

步骤 21 使用透明度工具选中下方的正方形，在属性栏中单击“位图图样透明度”按钮，在下拉面板中选择所需的样式，如下左图所示。

步骤 22 可以看到正方形呈现出纹理效果，移动图形到右侧，如下右图所示。

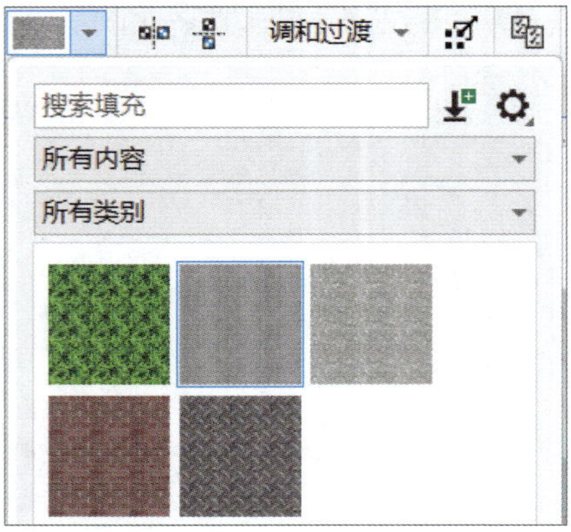

步骤 23 使用文本工具在正方形上输入文字，设置字体颜色为白色，如下左图所示。

步骤 24 使用文本工具在工作区右上角输入文字，设置字体样式为“208-上首古居体”，效果如下右图所示。

步骤 25 到此，所有的绘制已经结束，景泰蓝文物海报设计的最终效果如右图所示。

第 9 章 标志设计

本章概述

一个成功的标志设计能够迅速吸引人们的注意力，建立品牌识别度，并在消费者心中留下深刻的印象。本章将对标志设计的原则和应用场景进行介绍，并详细介绍宜和家具标志的设计过程。

核心知识点

1. 了解标志设计的原则
2. 了解标志的应用场景
3. 掌握智能填充工具的应用
4. 掌握选择工具的应用

扫码看视频

9.1 标志设计概述

标志是品牌形象的核心部分，是表明事物特征的识别符号，不仅代表了品牌的形象，还承载着品牌的价值观、文化和个性。标志设计以单纯、显著、易识别的形象、图形或文字符号为直观语言，具有表达意义、情感和行动等作用。

9.1.1 标志设计的原则

标志设计不仅是实用物的设计，也是一种图形艺术的设计。它与其他图形艺术表现手段既有相同之处，又有自己的艺术规律。在设计标志时，应综合考虑以下设计原则，确保标志能够有效地传达品牌信息，并在市场中建立强大的视觉识别力。

（1）简洁性

标志应该简洁明了，易于识别和理解，摒除不必要的细节才能打造出纯粹且有意义的效果。少即是多，复杂的元素并不会为品牌产生价值，反而会影响传播的效率。右图为耐克的标志，该标志是一个简洁的勾状图形，没有过多的复杂细节，这种简洁性使得标志具有高度的辨识度和广泛的品牌认知力。

（2）独特性

标志应具有独特性，易于识别，能够区分不同的品牌或实体，并在消费者心中留下深刻印象。右图为路易威登的标志，其标志的独特性体现在Monogram（字母组合）图案上，该图案由创始人Louis Vuitton姓名的首字母“L”“V”组成，并结合了四叶花卉、四角星和凹面菱形等元素。

（3）可视性

可视性指的是标志是否容易被注意或看见。一个好的标志应该在任何场景中都能够被清晰地看见和识别，因此标志应当在被放大、缩小时都有良好的表现。有时为了更加引人注意，醒目的色彩会是十分好的选择。右图为麦当劳的标志。麦当劳标志的可视性体现在其标志中金色拱门“M”的设计上，这个“M”是麦当劳品牌的缩写，因简洁的形状和鲜明的颜色容易在各种场合中被识别。

（4）适应性

适应性是指标志在使用过程中不受设计要素、媒介、材料等因素的影响，在多种场景或角度都有识别性。右图为宝马公司的标志，其设计特点体现了品牌历史和现代感的结合，最新的标志设计进行了扁平化处理，去除了外围的黑色圆环，使得标志更加简洁透明，能够与不同的背景颜色融合，展现出更强的适应性和现代感。

（5）记忆性

记忆性是指标志能够被消费者轻易地记住，能够被轻易描述和低成本识别的标志具备良好的可记忆性。下左图为苹果公司的标志，其设计哲学强调简洁、优雅和易用，标志中的苹果被设计成被咬一口的形状，搭配上一个倾斜的叶片，不仅易于识别，而且在视觉上形成了强烈的印象。

（6）普适性

普适性是指标志设计能够对各阶层和文化背景的人传达出同样的意义。想要成为被全球消费者接受的品牌标志，就需要具有普适性。下中图为中国银行的标志，其设计灵感来源于中国古代的铜钱，圆形轮廓和中间的方孔构成了“中”字形状，寓意天圆地方，经济为本。标志的简洁、稳重、易识别性，以及其深刻的中国文化内涵，使得中国银行标志具有很强的普适性。

（7）经典性

经典性是指在长时间的跨度下标志依旧能够有很好的表现力。一个好的标志应该在未来仍然保持其价值，不会随着时间的推移而过时，所以要避免过于风格化，以确保长期经典。下右图为可口可乐的标志。可口可乐标志的经典性体现在其持久不变的设计和广泛的全球认知度上，标志采用的是独特的斯宾塞手写体，这种字体在19世纪非常流行，赋予了标志一种传统和优雅的感觉。

9.1.2 标志设计的应用场景

标志设计作为品牌视觉传达的重要组成部分，其应用场景非常广泛，涵盖了线上和线下的多个领域。标志一般会应用在以下场景中。

（1）应用于产品包装

标志在包装设计中扮演着至关重要的角色，它不仅是品牌识别的关键元素，而且能够传递品牌的核心理念和价值观，吸引消费者的注意力，并影响消费者的购买决策。下左图为标志应用在包装上的场景。

（2）应用于企业形象墙

标志常用于企业的前台形象墙，帮助传达企业文化和展示企业实力，它不仅能够突出企业的特色和品牌形象，还能够给来访者留下深刻的印象。下右图为标志应用在企业墙上的场景。

（3）应用于线下实体店铺

通过在店铺的不同位置和形式上展现品牌标志，可以帮助顾客快速识别品牌，增强品牌形象，并吸引顾客进店。下左图为三福门店标志应用。

（4）应用于网络平台

在企业官网、社交媒体账号等网络平台上使用标志，可以提高品牌的在线可见性和识别性。下右图为智汇三农的标志应用在网站上。

（5）应用于公共服务场所

标志在公共场所的应用主要是为了提供清晰的导航信息，帮助人们快速准确地找到目的地，同时也起到美化环境和彰显城市文明的作用。在公共交通领域，标志设计用于指示牌、线路标识等，帮助乘客快速识别路线和方向。下页左图为伦敦地铁标志。

（6）应用于企业VI

在企业的名片、文具、水杯等办公用品上应用标志，可以展现品牌的专业性，如下右图所示。

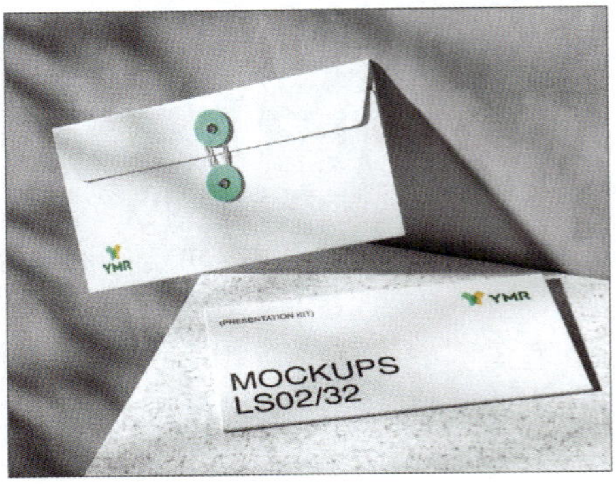

9.2 宜和家居标志设计

下面将以“宜和家居”为主题，使用CorelDRAW进行一款标志设计，其中应用到的软件功能包括选择工具、矩形工具、形状工具和智能填充工具等。通过本案例的学习，读者将能够熟练使用CorelDRAW软件进行标志设计。具体操作过程如下。

步骤 01 打开CorelDRAW 2024软件，执行“文件＞新建”命令，创建一个A4大小的页面，单击“OK”按钮，具体参数设置如下左图所示。

步骤 02 在菜单栏中执行“文件＞导入”命令，选择“白色纹理图”图片，单击“导入”按钮，如下右图所示。

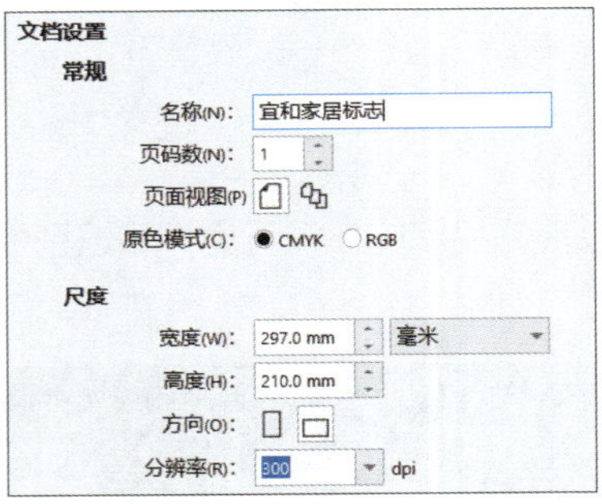

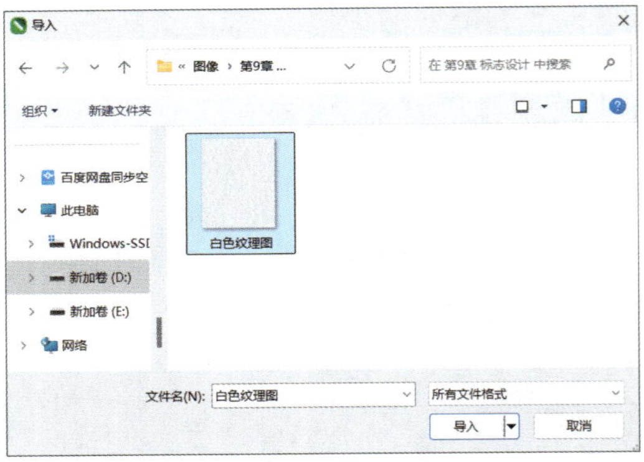

步骤 03 返回工作界面，绘制导入图片的位置与大小，如下左图所示。

步骤 04 使用选择工具双击中心点，旋转图片与页面重合，如下右图所示。

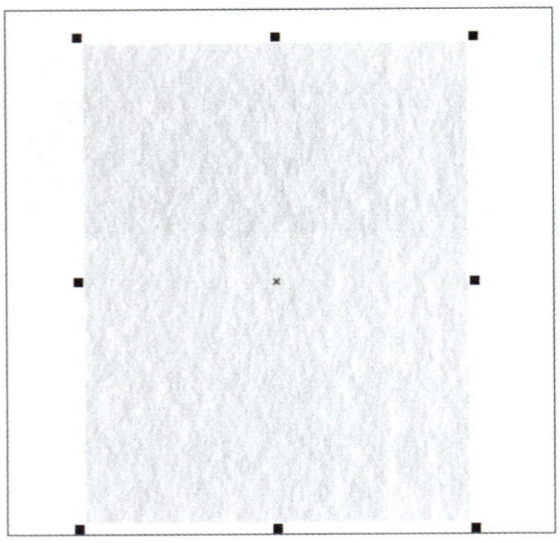

步骤 05 使用矩形工具，在工作区绘制一个长方形，如下左图所示。

步骤 06 在工具箱中选择文本工具输入字母“Y”，使用选择工具调整字体大小，使之与矩形对齐，且两对象中心点相交，如下右图所示。

步骤 07 在工具箱中选择“选择”工具，选中长方形和文本，在属性栏中单击“移除前面对象”按钮，如下左图所示。

步骤 08 这时，可以看见工作区的文本消失了，效果如下右图所示。

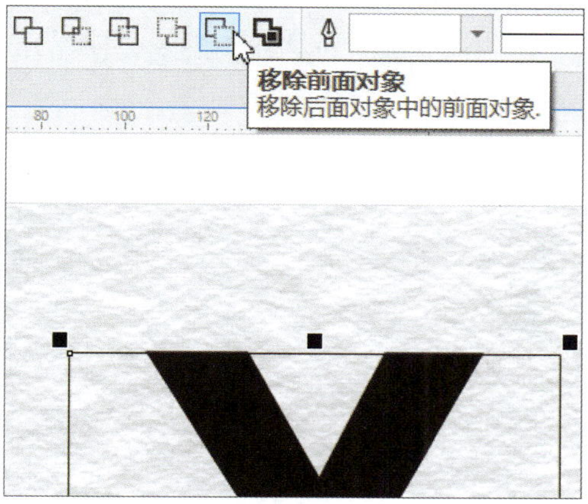

步骤 09 使用智能填充工具选中三角形，在“属性”泊坞窗中单击“轮廓线”按钮，设置三角形的填充色和轮廓宽度，如下左图所示。

步骤 10 可见三角形应用了设置的颜色与轮廓宽度，如下右图所示。

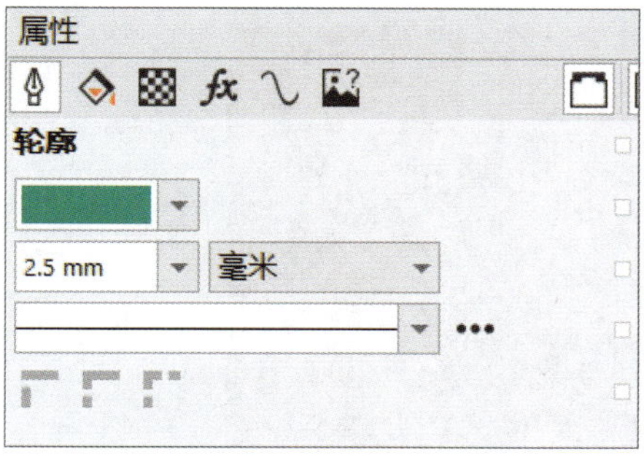

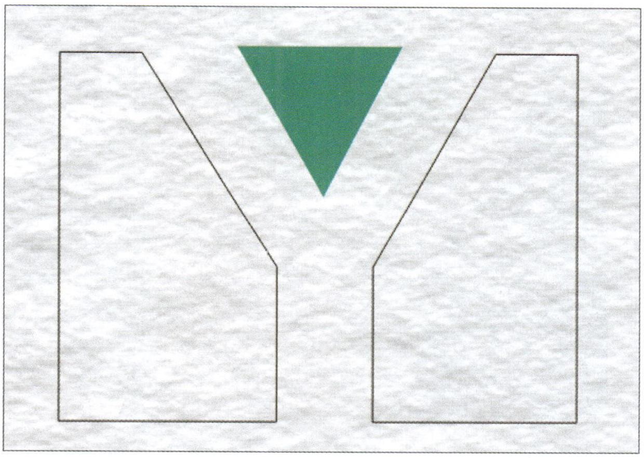

步骤 11 使用智能填充工具选中右边的多边形，在“属性”泊坞窗中单击“轮廓线”按钮，设置填充色和轮廓宽度，参数如下左图所示。

步骤 12 可见右侧多边形应用了设置的效果，如下右图所示。

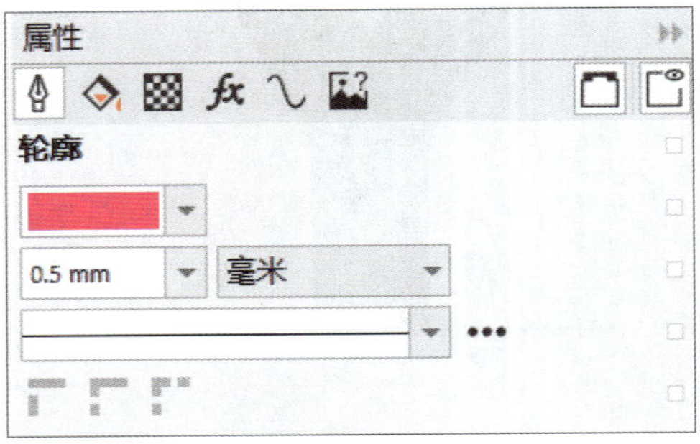

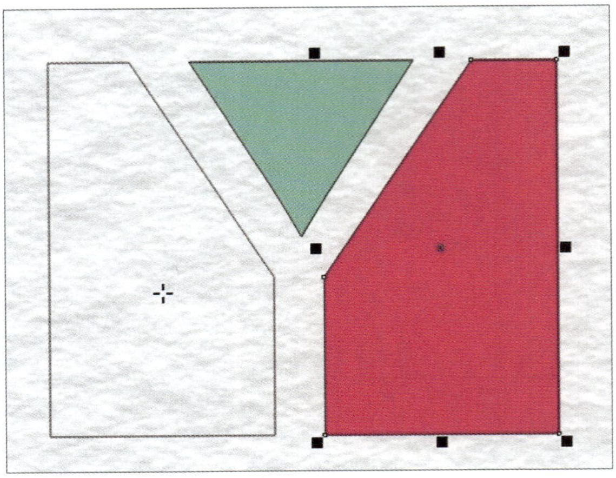

步骤 13 使用智能填充工具选中左边的多边形，重复在泊坞窗中进行设置，轮廓宽度与右边多边形一致，效果如下左图所示。

步骤 14 在“对象”泊坞窗中将曲线图层隐藏，图层顺序如下右图所示。

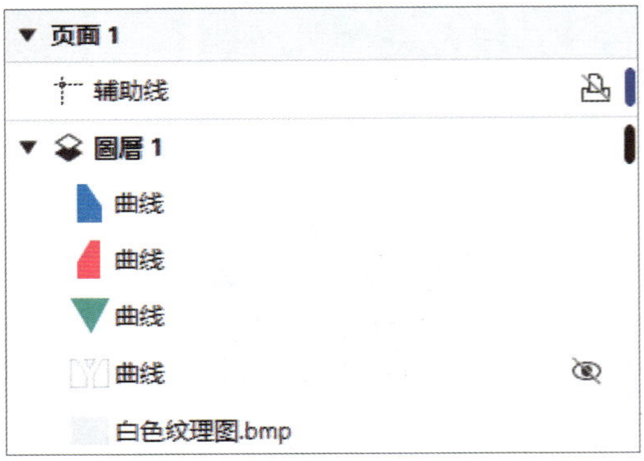

步骤 15 在工作区可以看到对象顶部没有对齐，使用选择工具在标尺上拖拽出两条辅助线，分别与三角形顶部和多边形顶部重合，如下左图所示。

步骤 16 使用形状工具单击右边的多边形，框选最上边的两个节点，如下右图所示。

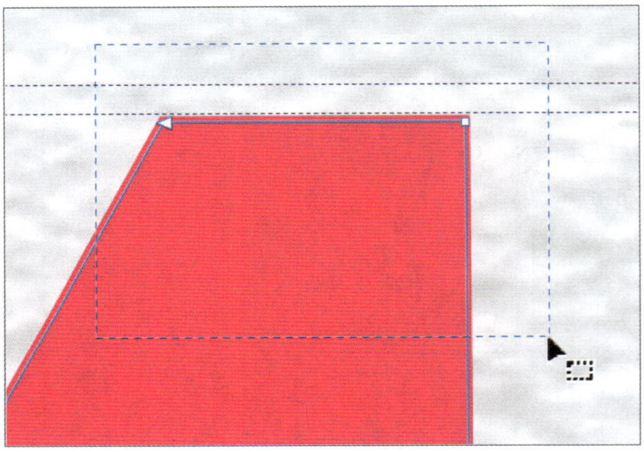

步骤 17 将光标移动到节点上并向上拖拽，与最上边的辅助线重合，效果如下左图所示。

步骤 18 使用形状工具框选左边的多边形，进行框选、拖拽，效果如下右图所示。

步骤 19 在工具箱中选择文本工具，在图形下方输入文字，如下左图所示。

步骤 20 在“属性”泊坞窗中单击“字符”按钮，设置文本字体为“iFonts周年体”，调整字体大小到合适尺寸，如下右图所示。

步骤 21 在工具箱中选择文本工具，在“宜和家居”文本的左下角输入文字“YIHE”。到此，所有的绘制已结束，最终效果如右图所示。

第 10 章 宣传单设计

本章概述

有效的宣传单设计能够吸引目标群体的注意力、促进消费者进行消费活动等。本章将对宣传单的设计类型、宣传方式、作用和制作印刷进行介绍，并详细介绍奶茶店宣传单的制作过程。

核心知识点

1. 了解宣传单设计概述
2. 掌握钢笔工具的应用
3. 掌握渐变工具的应用
4. 掌握段落文本框的应用

扫码看视频

10.1 宣传单设计概述

宣传单设计是品牌推广和信息传播的重要手段，能够以直观、简洁的方式将信息传达给目标受众。宣传单又称宣传单页，是商家为宣传自己设计的一种印刷品，一般设计为单面或双面纸张，便于分发和携带，是市场营销和品牌推广中常用的宣传工具。

10.1.1 宣传单的类型

宣传单是商业和非商业组织常用的营销工具，用于向潜在客户传达产品信息、服务详情、促销活动等。宣传单页是一种常用的市场营销材料，根据其设计和折叠方式的不同，可以分为折页、单页、宣传画册和传单等，下面将介绍几种常见的类型。

（1）折页宣传单

折页宣传单是一种通过折叠纸张来增加版面空间和层次感的宣传材料，能够在有限的空间内展示更多的信息，适合复杂的产品介绍或详细的市场推广。常见的折页宣传单包括两折页、三折页和四折页等。下左图为中式餐饮的三折页宣传单。

（2）单页宣传单

单页宣传单是一种简洁高效的营销工具，通常在一张纸上印刷，用于快速传递信息或宣传促销活动。这种形式的宣传单设计需要特别注意信息的精炼和视觉的吸引力，以确保在短时间内抓住读者的注意力。下右图为采血笔的单页宣传单。

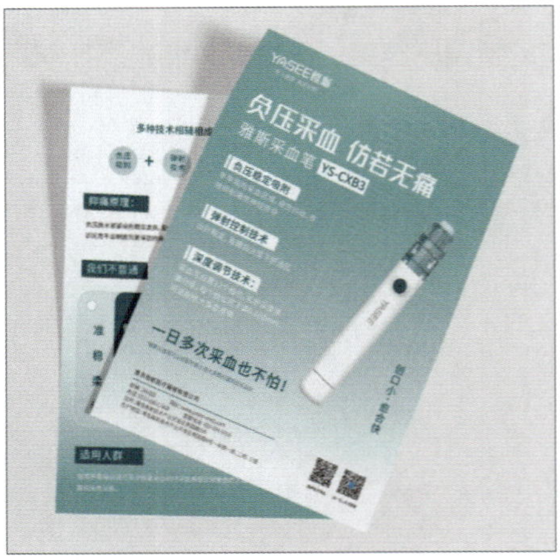

（3）宣传画册

宣传画册是一种高质量的印刷品，通常用于展示企业形象、产品或服务的详细信息。它结合了精美的视觉设计和丰富的内容，旨在吸引目标受众，增强品牌形象，并促进销售。下左图为企业宣传画册设计。

（4）传单

传单是一种常见的营销和信息传播工具，通常为单页或折叠形式，旨在迅速传达信息给大众。传单通常在街头分发或邮件投递等，在会议和促销活动中广泛使用，以宣传产品、服务或事件等。下右图为首饰店促销的宣传单。

10.1.2 宣传单的宣传方式

宣传单是一种经济有效的市场推广工具，可以通过多种方式分发以达到最佳的宣传效果。以下是常见的宣传单宣传方式。

（1）营业点宣传

把宣传单放在营业点的阅览架上供访客阅读，从而达到宣传的效果，旨在吸引顾客、推广产品或服务、提升品牌形象。如银行、电信运营商等都在营业厅里摆放着宣传单。

（2）派发宣传

派发方式是主动寻找阅读者，能快速扩大宣传单的阅读人群，一般在商业区、购物中心、地铁站出口、大学校园等人流量大的地点派发。

（3）张贴宣传

张贴宣传单是提高品牌、产品或活动可见度的一种有效方式，张贴时要遵守当地法规，选择允许张贴宣传单的公共区域或公告板，避免在私人财产或不适当的位置张贴。

（4）捆绑商品宣传

捆绑宣传单是一种将宣传材料与其他物品或服务结合在一起的策略，以提高宣传效果和目标受众的关注度。在顾客购买商品时，将宣传单与商品一同包装，可以增加宣传单的曝光率和传播范围。

（5）网络发放

网络发放宣传单是一种利用数字媒体渠道进行宣传的有效方式，根据市场研究公司的数据，网络广告的点击率是传统邮件广告的3倍。这意味着，通过网络热流平台投放宣传单，不但能扩大宣传范围、降低成本，而且能够更有效地吸引潜在客户的注意力。

10.1.3 宣传单的作用

宣传单是目前宣传企业形象的推广方式之一。它能非常有效地提升企业形象，更好地把企业的产品和服务展示给大众，能非常详细地说明产品的功能、用途及其优点（与其他产品不同之处），诠释企业的文化理念。宣传单现在已广泛运用于展会招商宣传、房产招商楼盘销售、学校招生、产品推介、旅游景点推广、特约加盟和推广品牌等方面。

10.1.4 宣传单的制作印刷

宣传单的印刷是一个涉及设计、制版、印刷和后期处理的过程，需要十分的仔细，印刷后再发现问题会有很大的损失。下面详细介绍宣传单的制作与印刷工作。

（1）设计和版面规划

宣传单的设计应考虑视觉吸引力和信息传达的清晰度。版面规划应合理安排标题、图片、文本和空白空间，以确保阅读的流畅性和突出重点。

（2）纸张选择

常见的宣传单印刷纸张类型包括铜版纸、艺术纸、喷墨纸、胶版纸和环保纸等。在宣传单印刷纸张的选择上，要综合考虑纸张的价格、印刷成本以及印刷效果等因素，以达到最佳的性价比。在可能的情况下，选择环保纸进行印刷，可以体现企业的社会责任感。

（3）印刷设备

宣传单的印刷技术主要包括四色印刷、数码印刷和单色印刷等，其中四色印刷通过CMYK模式还原设计稿色彩，能确保色彩鲜艳，印刷质量稳定。数码印刷技术目前也广泛应用于宣传单印刷，可满足短版和个性化印刷需求。单色印刷适用于单色或简单色彩的宣传单印刷，成本相对较低。

（4）油墨选择

为了确保宣传单在户外能够长时间保持色泽且不易脱落，应选择耐候性强的油墨，而且不同的承印物材料（如纸张、塑料、金属等）需要与之兼容的油墨类型，以确保良好的附着力和印刷效果。

（5）后期处理

印刷完成后，宣传单需要进行裁切、折叠和装订等。还可以进行烫金、压纹或UV上光处理，以使宣传单更加精美，观感更加高级，吸引更多的注意力。

10.2 奶茶店宣传单设计

在进行宣传单设计时，要明确设计风格，布局清晰，图文并茂，信息层次分明。本节将综合应用CorelDRAW的绘图工具、对象编辑工具、造型工具以及文本工具等，以奶茶店宣传单页设计为例，对宣传单设计的方法和要点进行介绍，具体如下。

10.2.1 画面主题设计

制作一张宣传单，需要新建画布并编辑主题，展现宣传单的大致效果，下面将进行详细的步骤操作。

步骤 01 打开CorelDRAW 2024软件，执行“文件 > 新建”命令，创建一个A4大小的页面，单击“OK”按钮，具体参数如下左图所示。

步骤 02 在工具箱中选择矩形工具，沿着画布绘制一个矩形，如下右图所示。

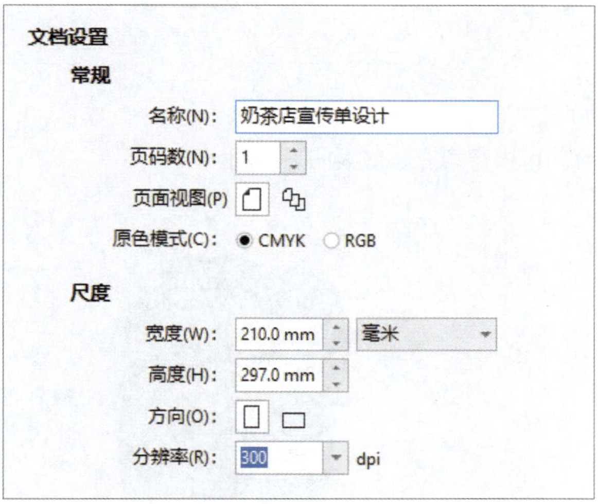

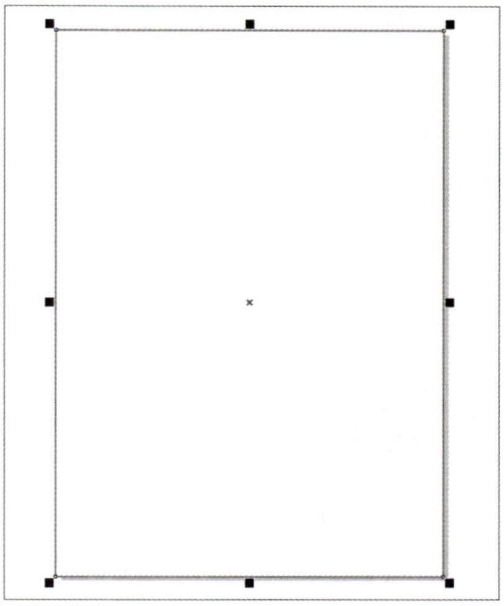

步骤 03 在工具箱中选择交互式填充工具，在属性栏的填充色列表中选择薄荷绿，在“属性”泊坞窗中单击“轮廓线”按钮，设置轮廓线颜色为薄荷绿，效果如下左图所示。

步骤 04 在工具箱中选择透明度工具，单击属性栏的“渐变透明度”按钮，设置透明度中心点在工作区右下角，效果如下右图所示。

步骤 05 在菜单栏中执行“文件 > 导入”命令，导入“翡翠阳光青提”图片，如下左图所示。

步骤 06 将图片导入页面并调整位置和大小，如下右图所示。

步骤 07 使用钢笔工具勾勒出果茶的轮廓，如下左图所示。

步骤 08 选中轮廓曲线，在调色板上单击任意颜色进行填充，效果如下右图所示。

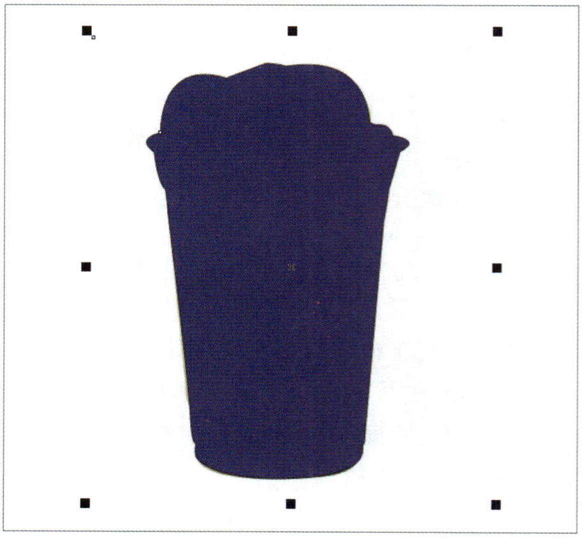

步骤 09 在“对象”泊坞窗中调整图层的顺序，选中需要的对象，如下左图所示。

步骤 10 在工具箱中选择“选择”工具，在其属性栏中单击“相交”按钮，如下右图所示。

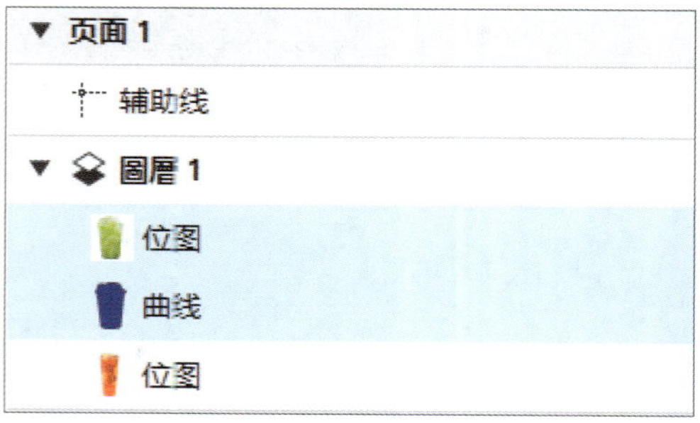

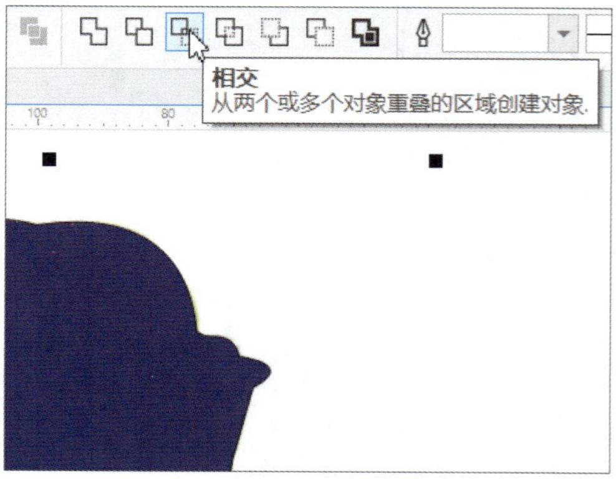

步骤 11 删除不需要的图层，将果茶移动到工作区，可见果茶图被抠出来了，如下左图所示。

步骤 12 在工具箱中选择阴影工具，按住鼠标左键，在果茶底部拖拽出阴影，在属性栏中设置阴影的不透明度值为“40”、阴影羽化值为“50”，效果如下右图所示。

10.2.2 画面细节编辑

制作完宣传单的背景及主体对象之后，画面的整体风格和基调已经构建好，接下来将增添画面细节及文字内容，下面进行详细介绍。

步骤 01 使用文本工具在工作区上方输入文字“新店开业”，设置字体样式为“TsangerFeiBai W05”、字体颜色为“绿色”，如下左图所示。

步骤 02 使用文本工具在“新店开业”文本上方输入英文文本，如下右图所示。

步骤 03 在工具箱中选择常见的形状工具，单击属性栏中“常用形状”下拉按钮，选择所需的条幅形状，将光标移动到工作区并进行绘制，效果如下左图所示。

步骤 04 选中绘制的形状，在调色板上选择颜色进行填充，效果如下右图所示。

步骤 05 使用文本工具在条幅形状上输入文字，设置字体颜色为红色，如下左图所示。

步骤 06 在条幅形状右侧继续输入文字，效果如下右图所示。

步骤 07 使用文本工具在条幅形状下方输入文字，如下左图所示。

步骤 08 使用文本工具选中文本，在“属性”泊坞窗中单击下划线下三角按钮，选择“单细”选项，然后设置文本颜色为红色，效果如下右图所示。

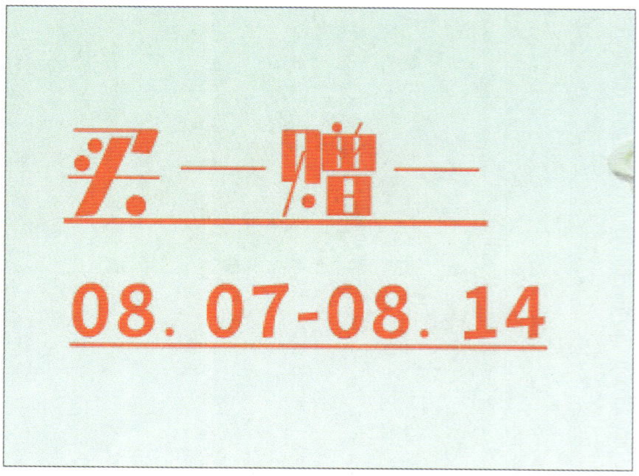

步骤 09 使用文本工具输入“翡翠阳光青提”文本，效果如下左图所示。

步骤 10 在画面左下角和右侧分别输入文本，在属性栏设置右侧文本为竖排，效果如下右图所示。

步骤 11 使用椭圆形工具绘制椭圆，单击属性栏的“弧形”按钮，设置起始和结束角度，如下左图所示。

步骤 12 选中弧形，在属性栏中单击“轮廓线”按钮，在下拉颜色面板中设置轮廓颜色，最终效果如下右图所示。

10.2.3 宣传单背面设计

宣传单的背面设计主要是对奶茶店产品的类型进行介绍，主要是文字搭配图片，展现鲜艳、不单调的效果。具体操作方法如下。

步骤 01 复制正面背景图作为反面背景图，使用矩形工具绘制一个长方形，如下页左图所示。

步骤 02 使用矩形工具选中对象，在属性栏中单击“圆角”按钮，设置圆角半径，效果如下页右图所示。

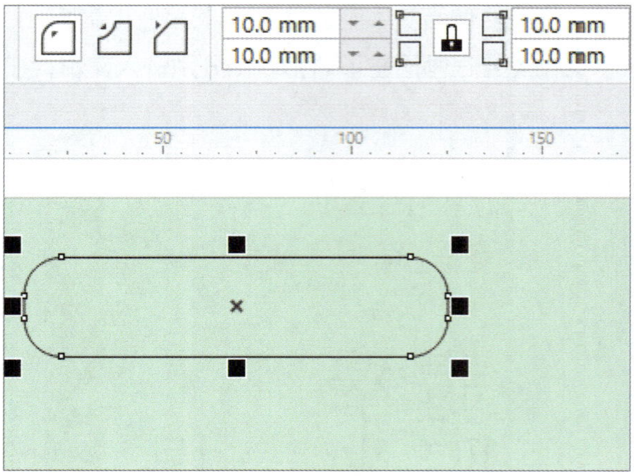

步骤 03 选中对象，在调色板上选择“绿色”，在“属性”泊坞窗中单击“轮廓线”按钮，设置轮廓颜色为“绿色”，如下左图所示。

步骤 04 选择文本工具，在矩形框中输入“清凉一夏菜单”文本，设置文本颜色为白色，效果如下右图所示。

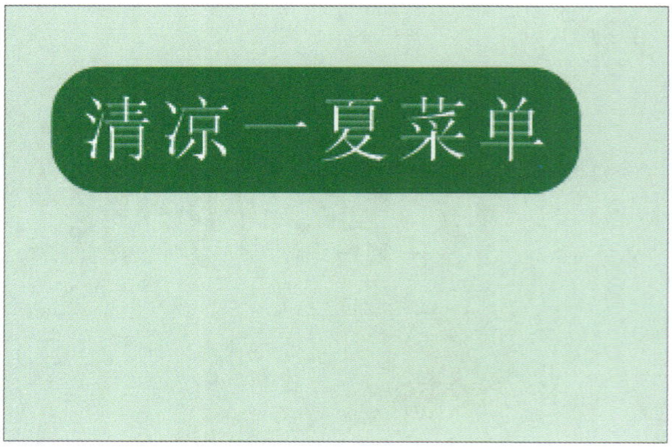

步骤 05 继续在文本下方绘制矩形，在属性栏中单击“圆角”按钮，并设置合适的“圆角半径”值，效果如下左图所示。

步骤 06 将光标移动到左边圆角中心点并绘制矩形，在属性栏单击“同时编辑所有角”按钮，分别对节点进行圆角设置，效果如下右图所示。

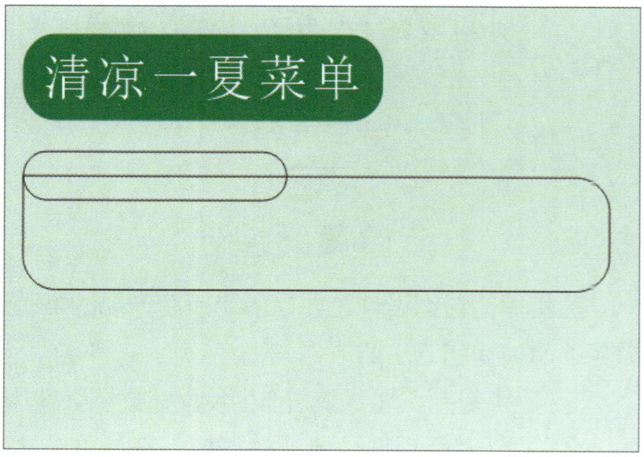

步骤 07 选中矩形，填充为绿色，效果如下页左图所示。

步骤08 使用文本工具在矩形上输入文字“物料站”，效果如下右图所示。

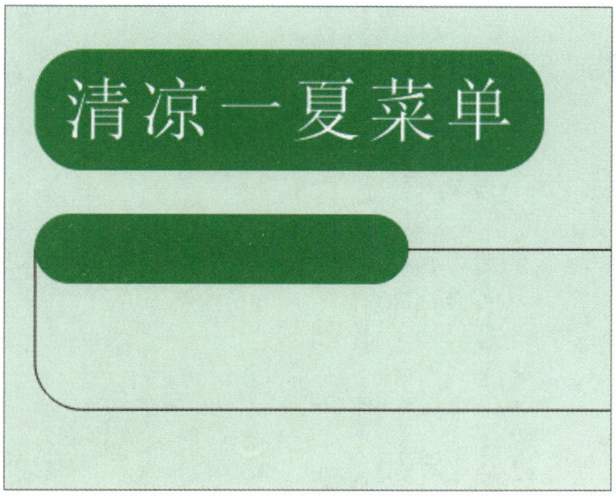

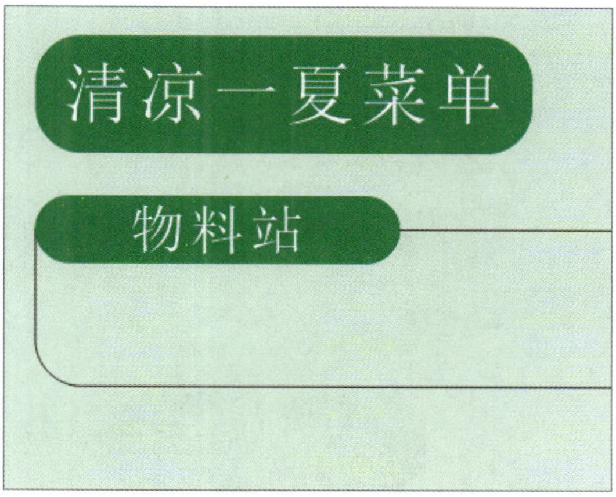

步骤09 选中黑色矩形，在“属性”泊坞窗中单击“轮廓”按钮，设置轮廓颜色和线条样式，参数设置如下左图所示。

步骤10 可以在工作区看到效果，如下右图所示。

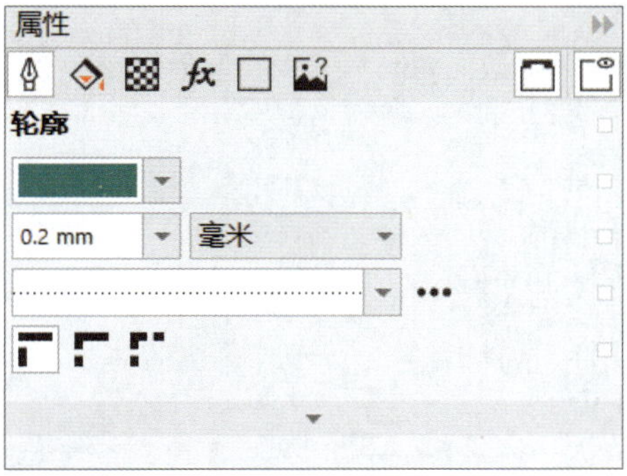

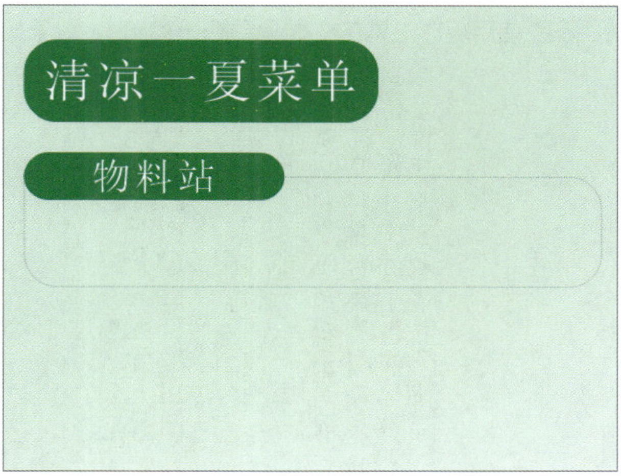

步骤11 在工具箱中选择文本工具，将光标移动到矩形边缘。光标形状变为“字”时，单击图形边缘，创建文本框并输入文字，如下左图所示。

步骤12 在菜单栏中执行“文本 > 段落文本框”命令，取消子菜单中“显示文本框”选项的勾选，可见文本框消失了，如下右图所示。

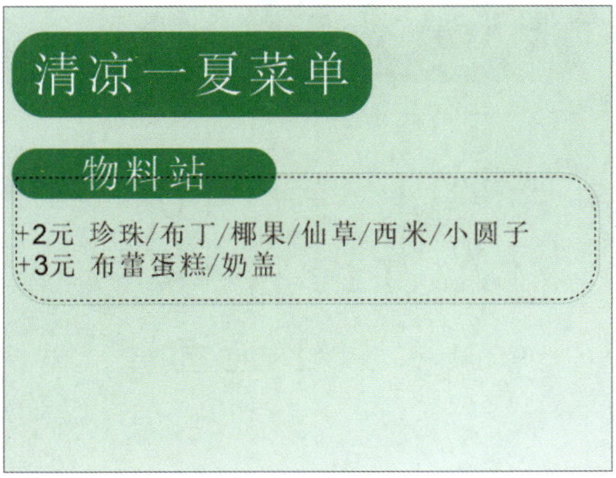

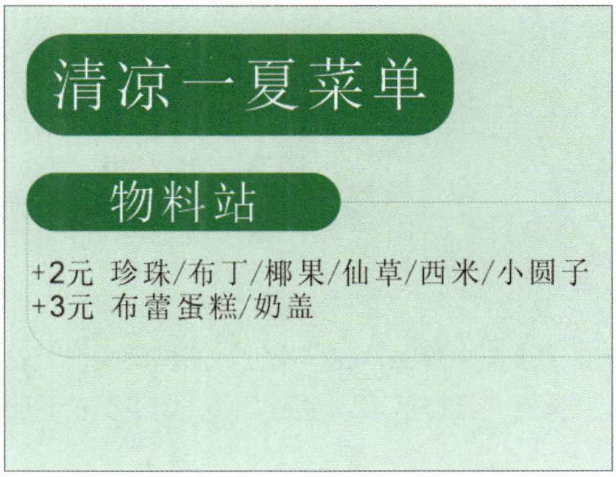

步骤 13 复制物料站的文字与矩形到合适的位置，使用选择工具调整矩形的大小，使用文本工具输入文本，调整样式后的效果如下左图所示。

步骤 14 使用文本工具绘制文本框，输入文字，效果如下右图所示。

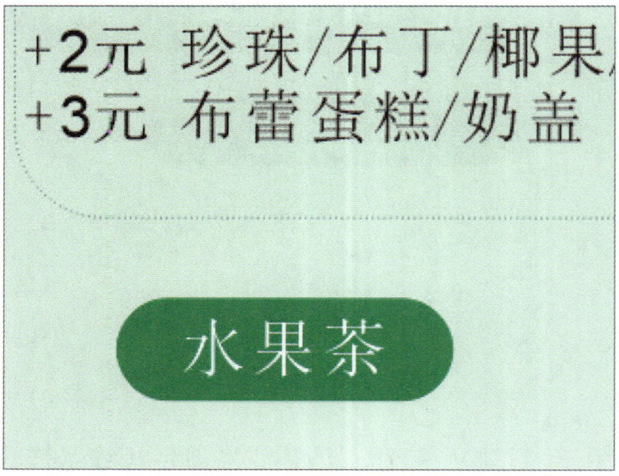

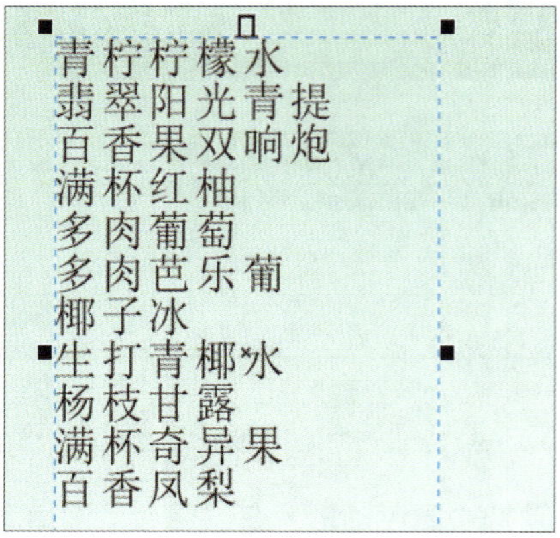

步骤 15 使用文本工具在文本右侧绘制文本框，输入文字，在“属性”泊坞窗中单击“段落”按钮，设置段落样式为“右对齐”，效果如下左图所示。

步骤 16 使用矩形工具在文本上绘制一个矩形，效果如下右图所示。

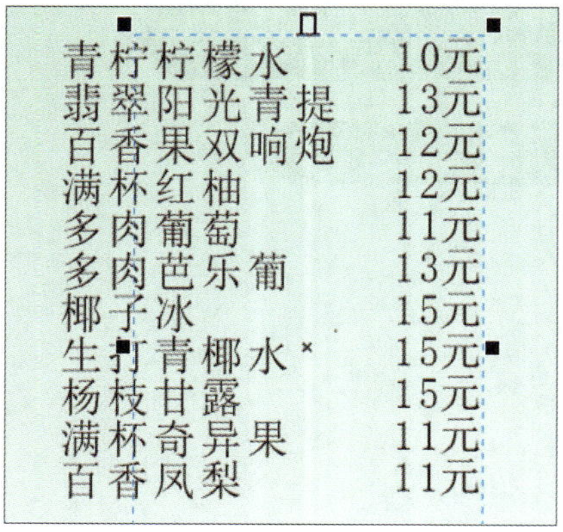

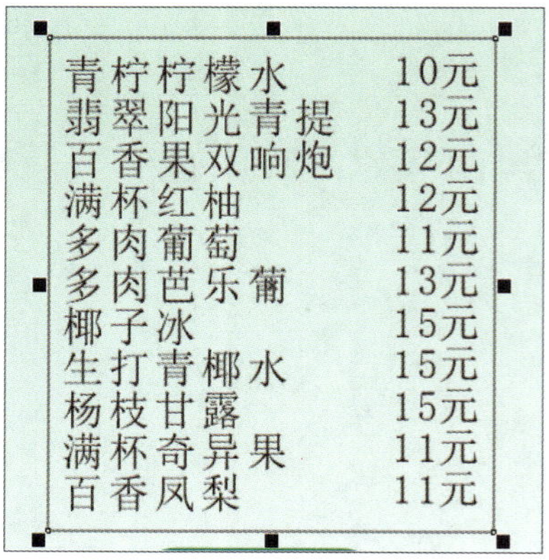

步骤 17 选中矩形，在“属性”泊坞窗中设置轮廓颜色和线条样式，效果如下左图所示。

步骤 18 使用贝塞尔工具在小标题和文本中间绘制一条直线，如下右图所示。

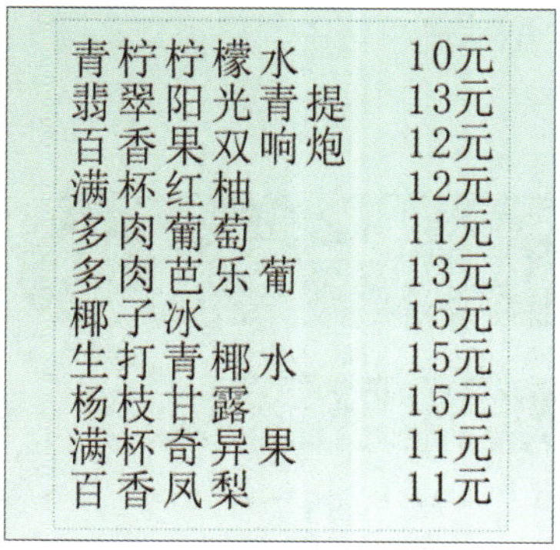

步骤 19 选中直线，在“属性”泊坞窗中设置轮廓线的宽度和颜色，效果如下页左图所示。

步骤 20 在工作区可以看到效果，如下页右图所示。

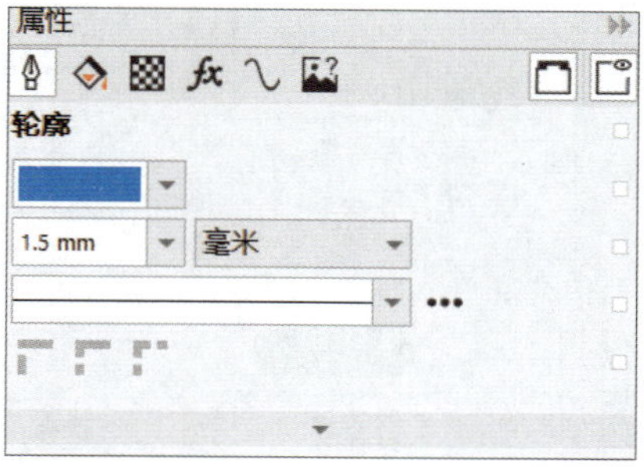

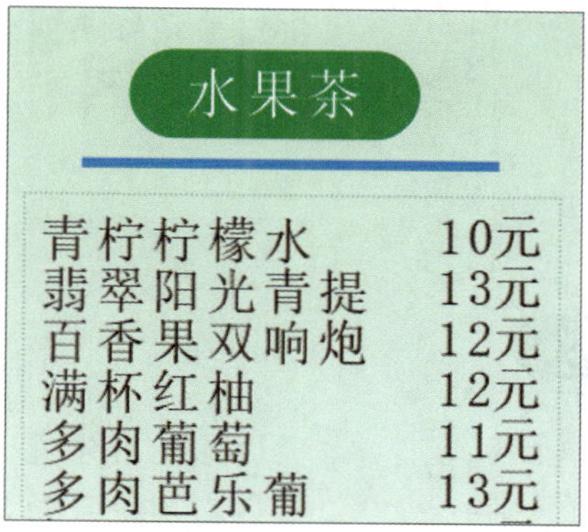

步骤 21 使用选择工具选中文本、矩形和直线，水平复制到右侧。使用文本工具将“水果茶”改为“鲜奶茶”，效果如下左图所示。

步骤 22 使用文本工具绘制两个文本框并分别输入名称和价格文本，操作与绘制水果茶名称和价格一致，效果如下右图所示。

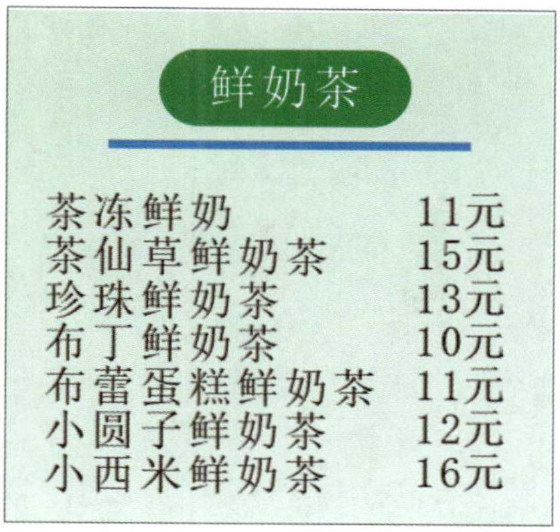

步骤 23 复制“水果茶”文本下的矩形到“鲜奶茶”下方，调整矩形位置和大小，效果如下左图所示。

步骤 24 使用选择工具，选中“水果茶”的文本、矩形和直线，水平复制到“水果茶”的下方。使用文本工具将“水果茶”改为“轻乳茶”，如下右图所示。

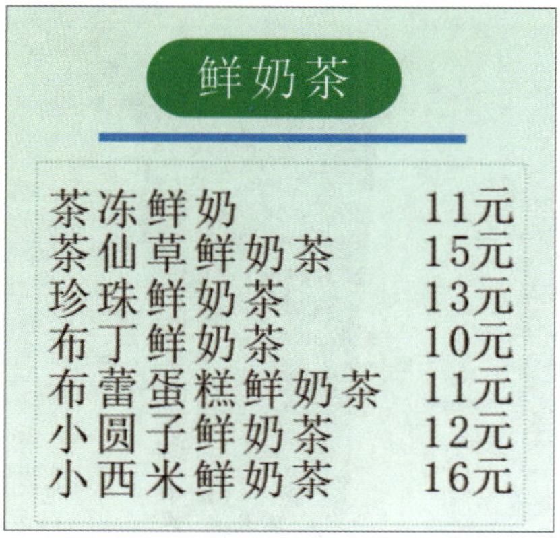

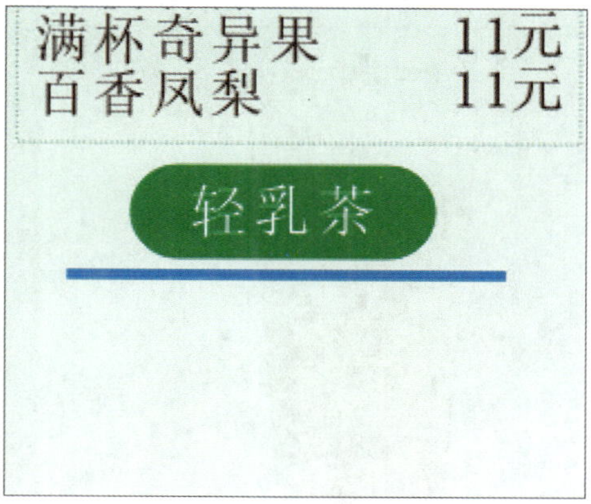

步骤 25 使用文本工具绘制两个段落文本框并分别输入名称和价格，操作与绘制水果茶名称和价格一致，如下页左图所示。

步骤 26 复制“水果茶”文本下的矩形外框到“轻乳茶”上方的文本上，调整矩形的位置和大小，效果如下页右图所示。

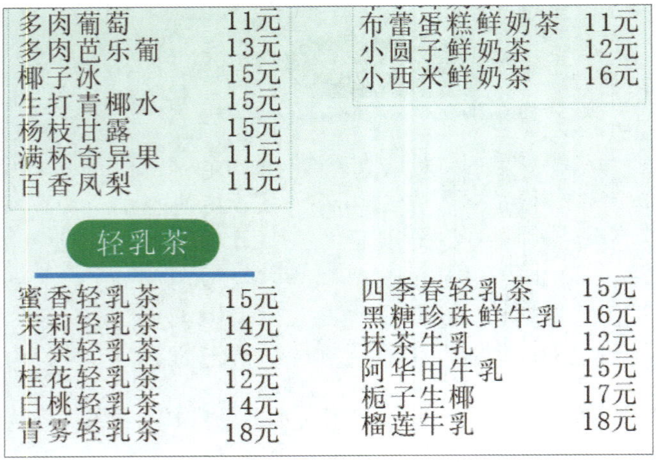

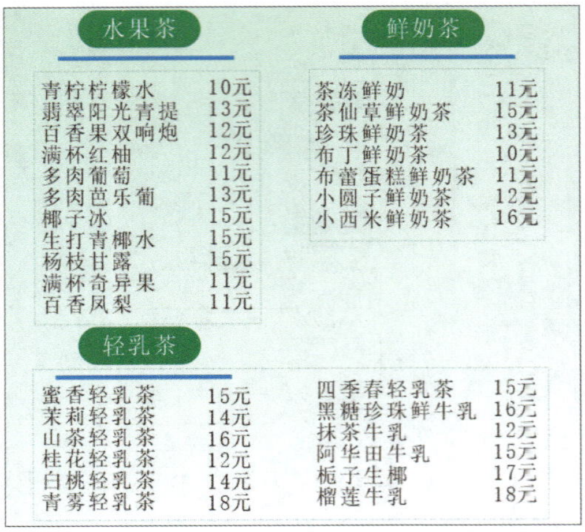

步骤 27 在菜单栏中执行“文件 > 导入”命令，选中西柚图片，单击“导入”按钮，如下左图所示。

步骤 28 在工作区空白处绘制，将西柚图片导入进来，如下右图所示。

步骤 29 在工具箱中选择钢笔工具，勾勒出图形轮廓，如下左图所示。

步骤 30 选中轮廓线，在调色板上选择任意一个颜色进行填充，效果如下右图所示。

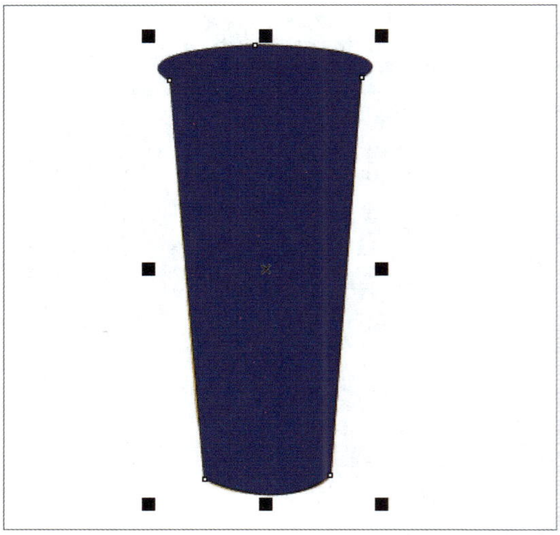

步骤 31 使用选择工具选中西柚图片和填充图形，在属性栏中单击“相交”按钮。可以看到图形被抠

出来了，在“对象”泊坞窗中删除不要的图层，移动图形到合适的位置并进行旋转，如下左图所示。

步骤32 复制一个抠出来的翡翠阳光青提图片，使用选择工具调整其大小和位置，效果如下右图所示。

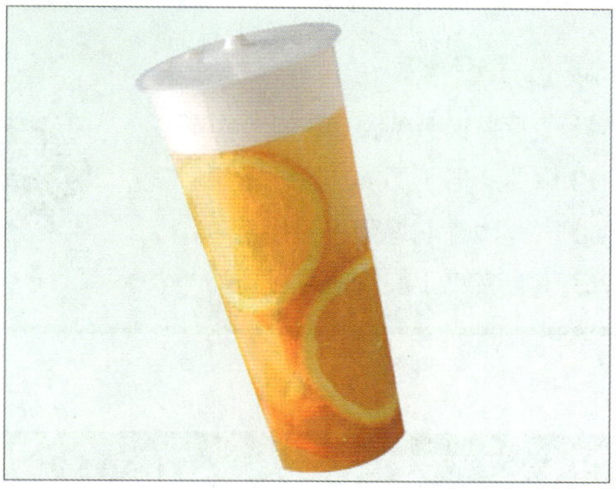

步骤33 使用钢笔工具绘制一条装饰曲线，如下左图所示。

步骤34 选中曲线，在“属性”泊坞窗中单击“轮廓”按钮，设置轮廓线的颜色，如下右图所示。

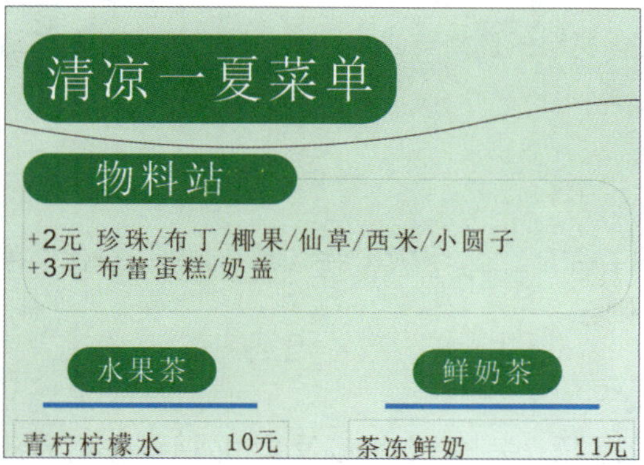

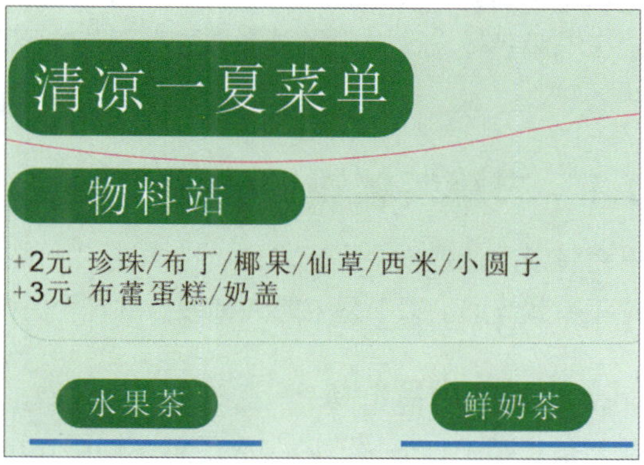

步骤35 到此，所有的绘制已全部结束，下左图为奶茶店宣传单的正面设计，下右图为奶茶店宣传单的背面设计。

第11章 书籍装帧设计

本章概述

书籍装帧设计涉及书籍封面、版式、字体、插图和排版等方面。本章主要介绍书籍装帧设计的相关知识，并以“敦煌”为主题对封面设计的具体操作进行介绍，让读者熟悉相关过程。

核心知识点

1. 了解书籍装帧设计的相关知识
2. 掌握矩形工具的应用
3. 掌握属性泊坞窗的应用
4. 掌握文本工具的应用

扫码看视频

11.1 书籍装帧设计概述

书籍装帧设计是指从书籍文稿到成书出版的整个设计过程，也是完成从书籍形式的平面化到立体化的过程，包含了书籍的开本、装帧形式、封面、腰封、字体、版面、色彩、插图、纸张、印刷及装订等各个环节。在书籍装帧设计中，需要考虑生产工艺的可行性、材料的选择与成本，以及读者的审美和书籍内容的传达效果。

11.1.1 书籍装帧设计的基本原则

书籍装帧设计是一个将艺术性、技术性和功能性相结合的过程，遵循一系列基本原则以确保书籍的整体质量和有效沟通。以下是书籍装帧设计的几个关键原则。

（1）形式与内容的统一

在书籍装帧中，书籍的内容决定其装帧形式和表现手段，装帧设计必须反映和揭示该书的内容或属性。如果书籍的封面设计与书籍的内容不相关，或者其表现形式与书籍内容不符，会给读者造成误解或产生歧义，书籍的内容就无法正确传达。下页左图为关于花卉的书籍装帧设计，内容也应当为有关花卉的。

（2）艺术与技术的结合

在书籍装帧设计中，必须考虑生产工艺的可行性，如制版的精度、印刷的色差、套版的准确和装帧材料的特性等。特别是对材料和纸张的选择，同时还要考虑制作的成本，在印张上应尽量使页码和印张数相吻合，以节约成本。下页右图为关于皮影戏的手工锁线装订书籍，可以看到传统文化的艺术性与装订技术相统一。

（3）局部与整体的协调

书籍的每个设计元素，包括文字、图形、色彩和材料，都应与其他元素和谐统一，共同构建一个连贯的整体。局部设计应服务于整体的设计理念和书籍的内容。

（4）主次分明

设计中通常有主要部分和次要部分之分，在设计时一定要主题突出、层次分明，不能喧宾夺主。如封面与扉页，封面是主，扉页是次，扉页不管是在色彩上还是图案构成上都应该弱于封面，它是封面到内文的过渡。

（5）文化与时代的适应性

装帧设计应考虑目标读者群的文化背景和审美偏好，同时体现时代特征，使书籍既有传统魅力也具现代感。

11.1.2　书籍的开本

书籍的开本是指一本书幅面的大小，通常是以整张纸裁开的张数为标准来表明书的幅面大小的。例如，如果一张完整的纸张被裁成16份大小相同的小页，则称为16开。开本的大小直接影响书籍的外观尺寸和内部版心的设计。常见的书籍的开本有以下3种类型。

（1）大型本

大型本指12开以上的开本，这类开本一般适用于图表较多、篇幅较大的厚部头著作或期刊印刷。比如，政治理论类图书、高等学校教材以及工具书中的百科全书等，通常采用大开本。下左图为大开本的教科书。

（2）中型本

中型本是最常见的开本，涵盖了从16开至32开的所有开本类型，适用范围较广，各类书籍一般都可以采用这种开本印刷。一些文学书籍、小说、散文集等为了方便读者阅读，通常会采用32开或更小的开本。下中图为32开本的文学类书籍。

（3）小型本

小型本适用于手册、工具书、通俗读物或短篇文献，包括40开、44开、46开、50开、60开、64开等，特点是小巧便携，适合随手翻阅或者需要节省空间的场合。下右图为64开的《新华字典》。

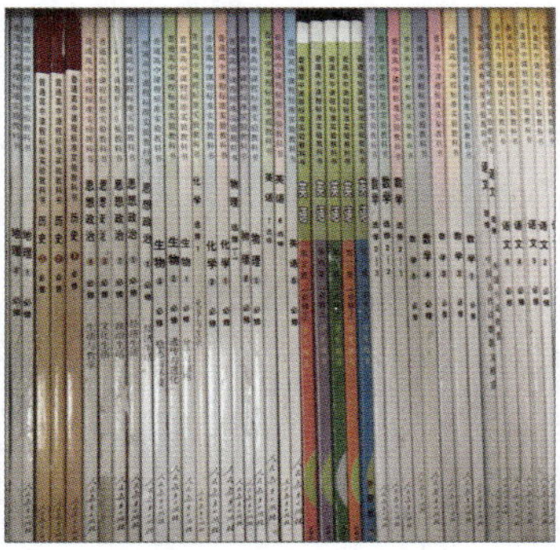

11.1.3 书籍设计的主要内容

书籍设计是一个多维度、细致入微的过程，它不仅关注书籍的外观，更注重内容的呈现方式和阅读体验。以下是书籍设计的主要内容。

（1）版面设计

版面设计作为书籍设计的核心部分，强调在既定的开本上，对文字、图表等进行艺术而科学的处理，使其既与外部形式协调，又方便读者阅读。

（2）封面设计

封面是书籍的“脸面”，设计时需考虑书名、作者名、出版社名以及吸引读者的视觉元素，如图片、色彩和文字排版。封面应与书籍内容相呼应，同时具有视觉冲击力。

（3）书脊设计

书脊连接着书籍的封面和封底，承载着标题和作者等关键信息，是整体设计不可忽视的部分，在书架上，书脊常常是读者选择书籍的第一印象。

（4）封底设计

封底通常包含定价、ISBN号以及书籍简介或推荐语，帮助读者快速了解书籍的基本信息。一般在进行书籍设计时，封面、书脊和封底的设计是统一的，如下左图所示。

（5）扉页设计

扉页是书籍封面之后、正文之前的页面，印有书名、出版者名和作者名，起到外观与正文连接的桥梁作用。下中图和下右图为常见书籍的扉页设计。

（6）正文设计

正文是书籍内容的主体部分，要求排版整洁、美观，便于阅读。根据内容的不同，正文设计可以采用不同的字体和排版方式。

（7）版权页设计

版权页的主要目的是表明出版物的版权归属以及作者或创作者的权益保护。版权页通常包含版权所有人、出版商、版本信息、法律法规等内容，这些信息对于维护作者或创作者的权益、确保出版物的合法性和准确性具有重要意义。下页左图为书籍的版权页。

（8）目录设计

目录是全书内容的纲领，显示了书籍结构层次的先后。目录一般位于前言之后、正文之前。下右图为书籍的目录设计。

（9）后记设计

书籍的后记是写在书籍最后的文字。后记的主要作用是说明写作的经过或评价内容，有时作者会利用后记的形式对某个问题提出引人深思的看法，促使读者进行更深层次的思考。良好的后记设计不仅能够增强书籍的整体感，还能加深读者对内容的理解和情感联系。

11.2 敦煌书籍封面设计

下面以“敦煌”为主题设计书籍封面和目录页，将应用CorelDRAW中的辅助线功能、钢笔工具、文本工具等，让读者能够熟练上手使用软件进行书籍封面设计，具体操作过程如下。

11.2.1 书籍封面的主题设计

制作书籍封面时，需要新建画布并编辑主题，展现封面的大致效果，下面对详细的操作步骤进行介绍。

步骤 01 打开CorelDRAW 2024软件，执行“文件>新建”命令，在打开的“创建新文档”对话框中进行参数设置后单击“OK”按钮，如右图所示。

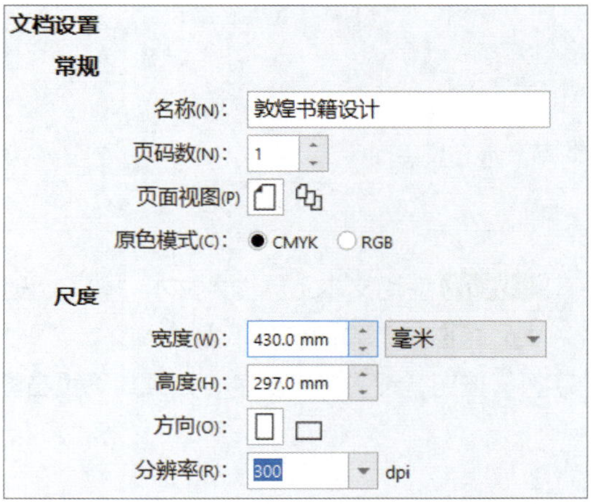

步骤 02 为了便于操作，将光标移动到标尺上，拖拽创建辅助线，设置书脊宽度为10mm。工作页面若没有标尺，可执行“查看>标尺”命令，调出标尺后再进行辅助线创建操作，如右图所示。

步骤 03 在菜单栏中执行“文件>导入”命令，选择“底图”图片，单击“导入”按钮，如下左图所示。

步骤 04 在工作区导入图片，使用选择工具调整图片的大小和位置，如下右图所示。

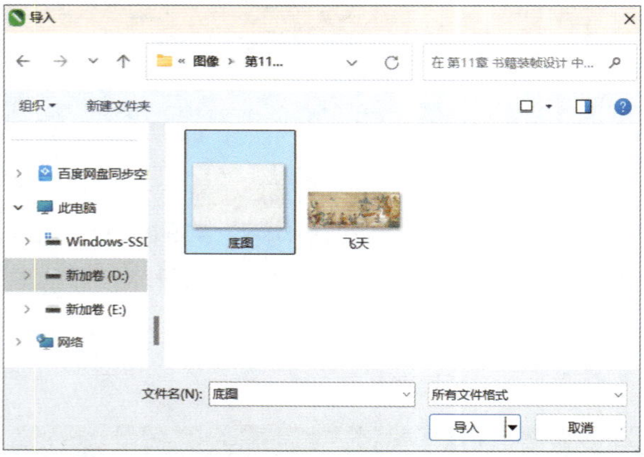

步骤 05 在菜单栏中执行“文件>导入”命令，导入“飞天”图片，如下左图所示。

步骤 06 在工作区导入图片，使用选择工具调整图片到合适大小和位置，如下右图所示。

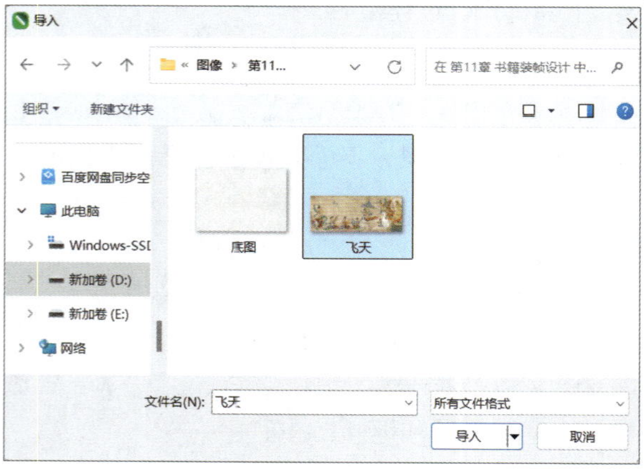

步骤 07 使用文本工具输入文本“敦”，设置合适的字体、大小，效果如下页左图所示。

步骤 08 在“敦”字右下角输入文本“煌”，设置字体、大小后选中文本，在“属性”泊坞窗中单击“字符”按钮，设置文本颜色，效果如下页右图所示。

11.2.2 封面细节编辑

制作完画面的背景及主题字之后，画面的整体风格和基调已经构建好，接下来就是增添画面细节及文字内容，具体操作步骤如下。

步骤 01 使用文本工具在“敦”字右上角输入文本“DUN HUANG”，设置文本为垂直方向，效果如下左图所示。

步骤 02 使用钢笔工具绘制相应的线条，选中右上角的线条，在“属性”泊坞窗中单击轮廓颜色下拉按钮，在下拉颜色面板中，单击颜色滴管工具，吸取“煌”字的颜色，效果如下右图所示。

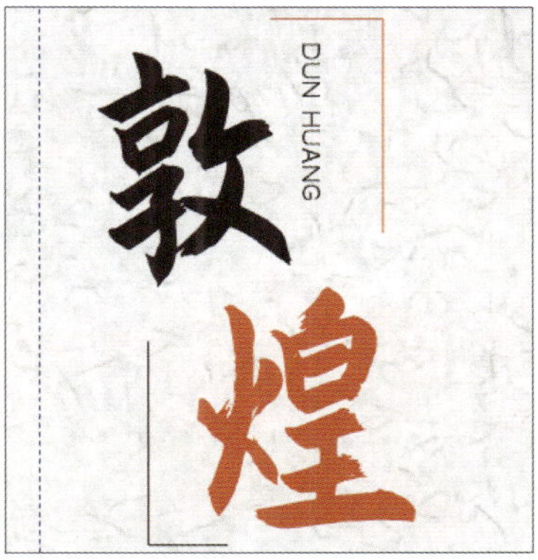

步骤 03 在工具箱中选择文本工具，单击属性栏“将文本更改为垂直方向”按钮，在封面右上角输入文字，将光标放置在合适位置按Enter键换行，效果如下左图所示。

步骤 04 选中文本，在“属性”泊坞窗中单击“段落”按钮，设置行间距为“200%”，如下右图所示。

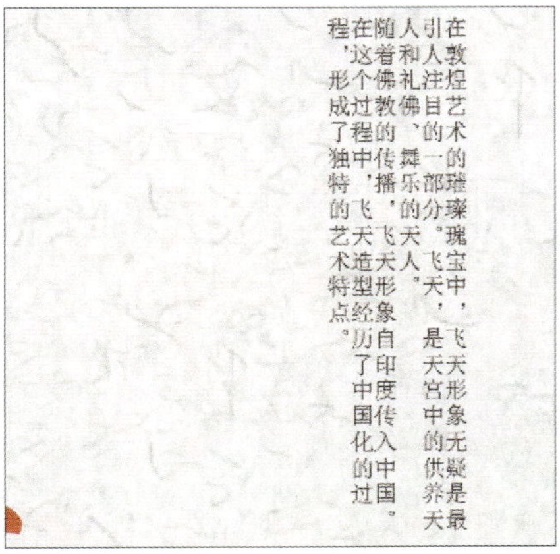

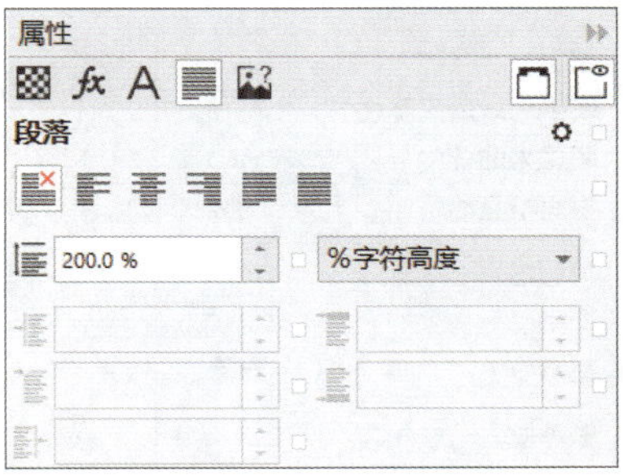

步骤 05 在工作区查看文本效果，如下左图所示。

步骤 06 继续使用文本工具在封底右上角输入文字，如下右图所示。

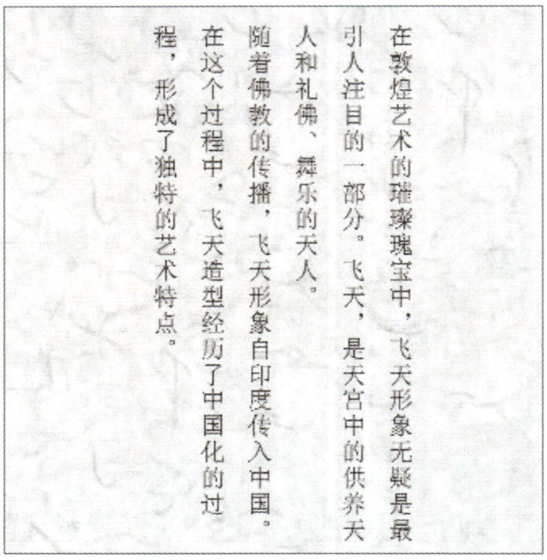

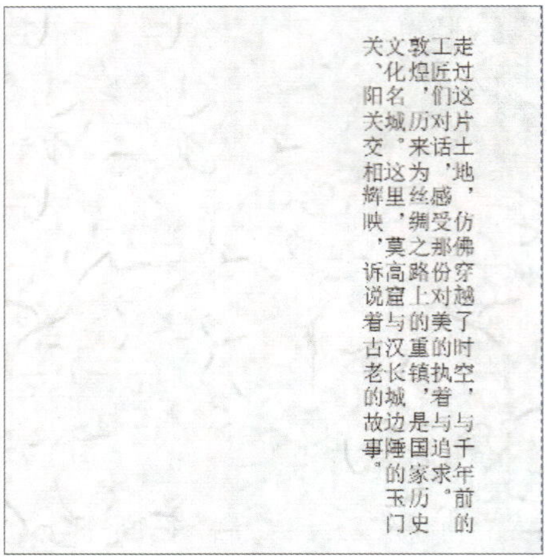

步骤 07 继续在“属性”泊坞窗中单击“段落”按钮，设置行间距为“200%”，效果如下左图所示。

步骤 08 使用文本工具输入“DUNHUANG”文本，调整字体大小和位置，效果如下右图所示。

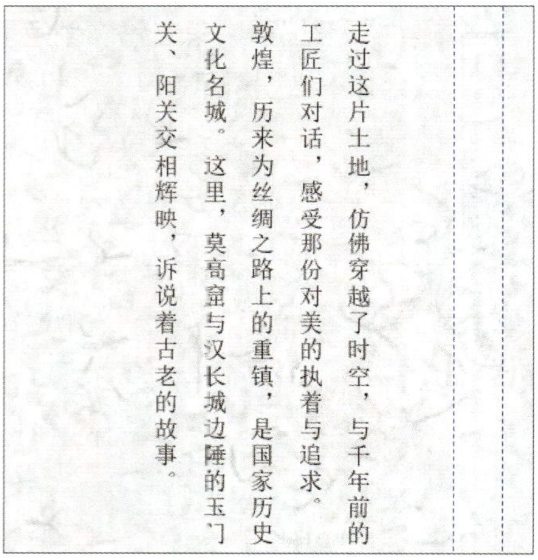

步骤 09 选中文本，单击鼠标右键，选择“转换为曲线”命令，如下左图所示。

步骤 10 选中对象，在“属性”泊坞窗中单击“填充”按钮，选择“无填充”，效果如下右图所示。

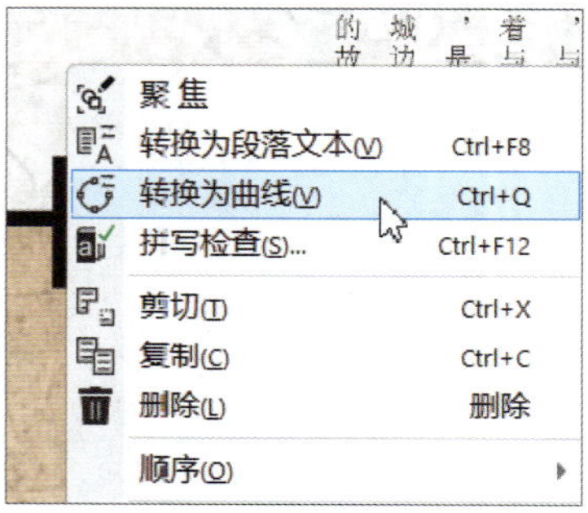

步骤 11 选中对象，在“属性”泊坞窗中单击“轮廓”按钮，对轮廓的颜色、宽度和线条样式进行设置，如下左图所示。

步骤 12 在工作区查看设置的效果，如下右图所示。

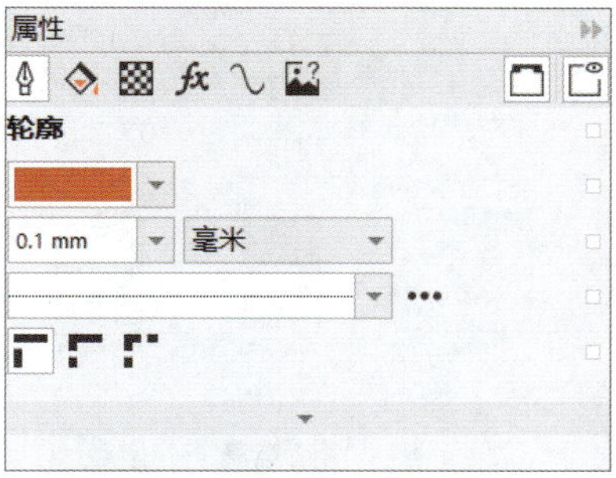

步骤 13 使用文本工具在书脊处输入竖排文本，如下左图所示。

步骤 14 在菜单栏中执行“文件 > 导入”命令，选择条形码图片，单击“导入”按钮，如下右图所示。

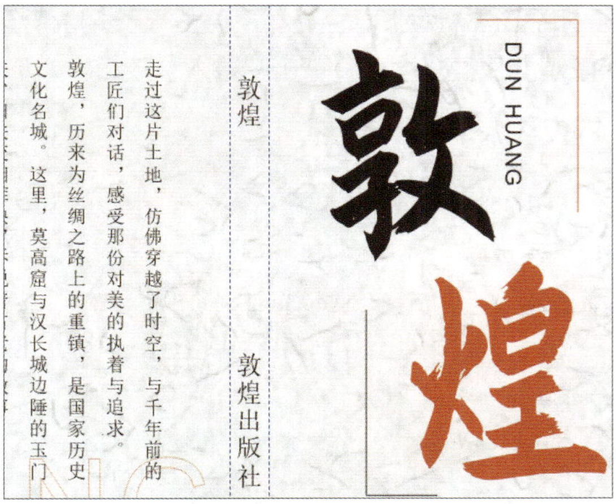

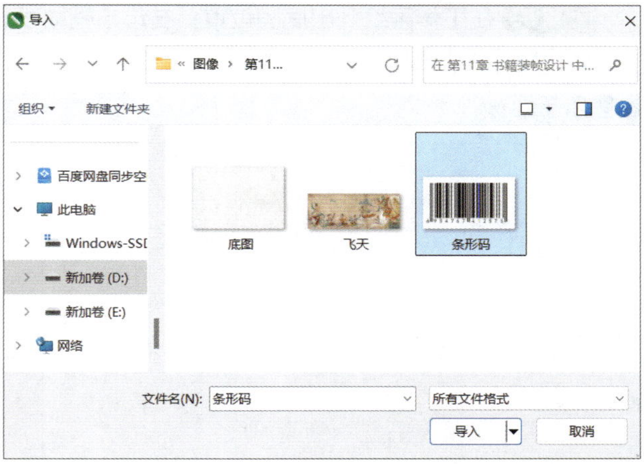

步骤 15 将条形码导入封底右下角，如下左图所示。

步骤 16 查看设计效果，如下右图所示。

11.3 敦煌书籍目录设计

目录是书籍内容的高度提炼与浓缩，能够帮助读者快速了解和查阅书中的内容，是指导阅读和检索的工具。下面将介绍敦煌书籍的目录设计。

步骤 01 对封面设计创建群组后，在“对象”泊坞窗中隐藏群组。将光标移动到标尺上，分别在210和420的位置上拖拽创建辅助线，剔除书脊部分，如下左图所示。

步骤 02 在菜单栏中执行“文件＞导入”命令，再导入一张“底图”图片，如下右图所示。

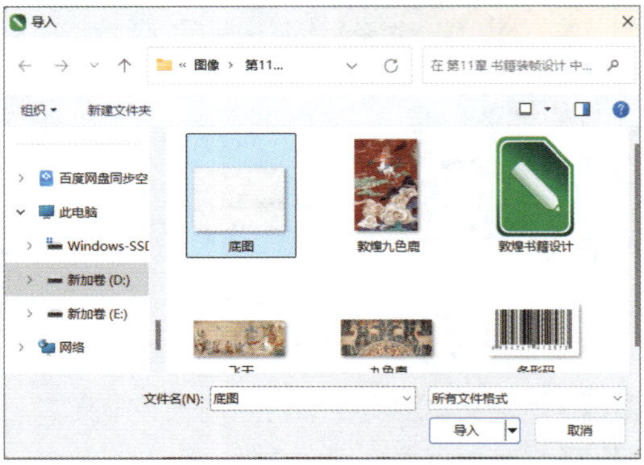

步骤 03 在工作区绘制出底图位置，右边与辅助线对齐，如下左图所示。

步骤 04 在菜单栏中执行“文件＞导入”命令，选择“敦煌九色鹿”图片，单击“导入”按钮，如下右图所示。

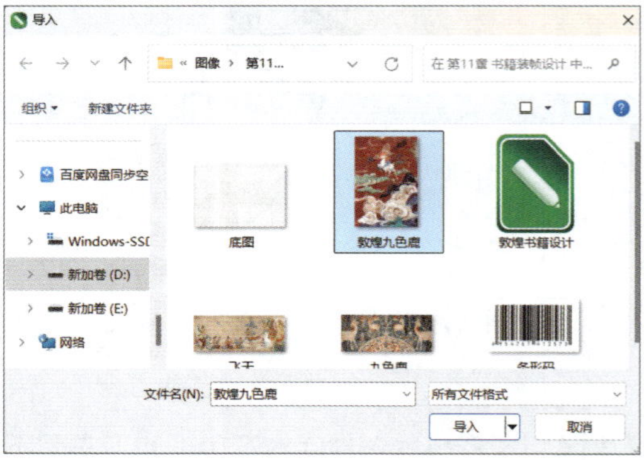

步骤 05 将图片导入工作区的合适位置并调整好位置，如下左图所示。

步骤 06 使用文本工具输入竖排文本，调整字体和大小，如下右图所示。

步骤 07 使用选择工具选中文本，单击鼠标右键，选择“转换为曲线”命令，如下左图所示。

步骤 08 在工具箱中选择矩形工具，沿着辅助线绘制矩形，遮住字体左边部分，如下右图所示。

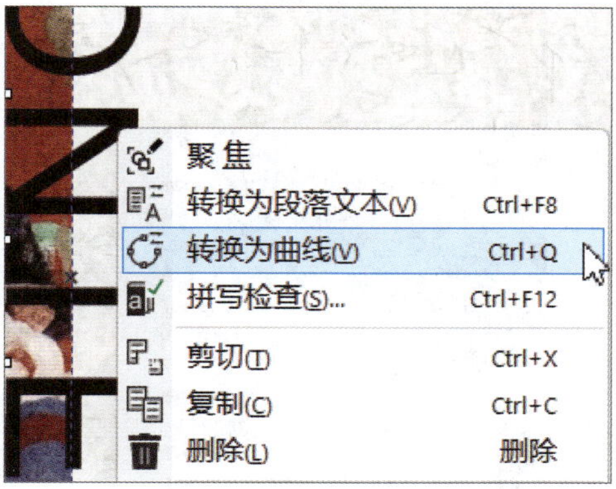

步骤 09 选中矩形，在调色板中任意选择一种颜色进行填充，效果如下左图所示。

步骤 10 选中文字和填充的图形，在选择工具属性栏单击“相交”按钮，如下右图所示。

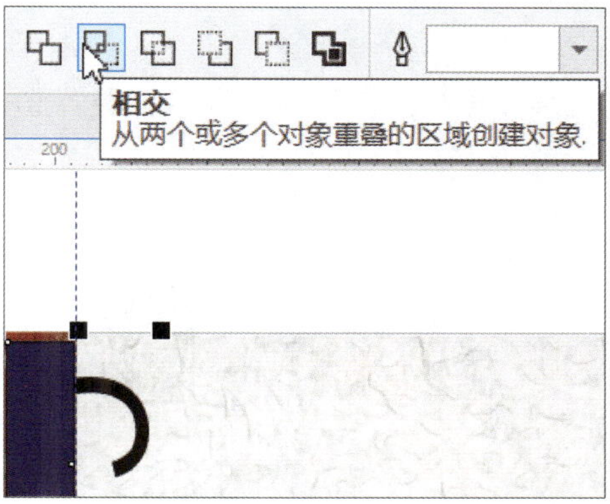

步骤 11 使用选择工具将相交部分拖拽出来，效果如下左图所示。

步骤 12 将填充的矩形移动到文字右侧，使用选择工具调整矩形的大小，使之完全覆盖右侧文字，如下右图所示。

步骤 13 选中文字和图形，在选择工具属性栏中单击“相交”按钮，将多余的图层删除后调整位置，效果如下页左图所示。

步骤 14 选中图形，在“属性”泊坞窗中单击“填充”按钮，为图形填充颜色，效果如下页右图所示。

步骤 15 在菜单栏中执行“文件 > 导入”命令，选择“九色鹿”图片，单击“导入”按钮，如下左图所示。

步骤 16 将图片导入工作区，使用选择工具调整图片的大小和位置，如下右图所示。

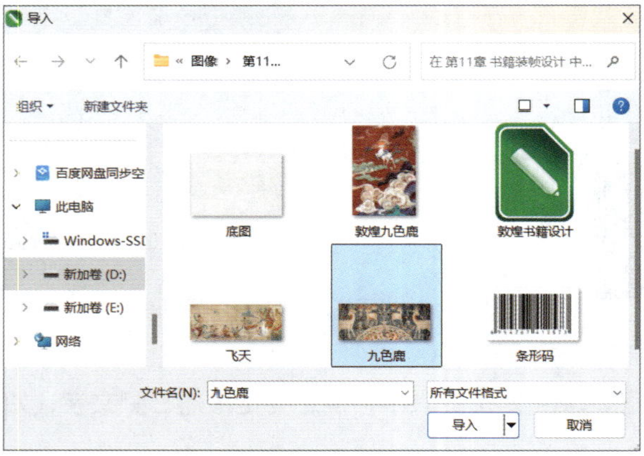

步骤 17 使用文本工具输入“目录”文本，调整字体样式和大小，如下左图所示。

步骤 18 在“属性”泊坞窗中单击“填充”按钮，使用颜色滴管吸取左侧图形的蓝色，效果如下右图所示。

步骤 19 使用文本工具在图片下方输入文字，在属性栏单击“将文本更改为垂直方向”按钮，效果如下左图所示。

步骤 20 选中文本，单击“属性”面板中的“段落”按钮，设置“行间距”为“300%”，如下右图所示。

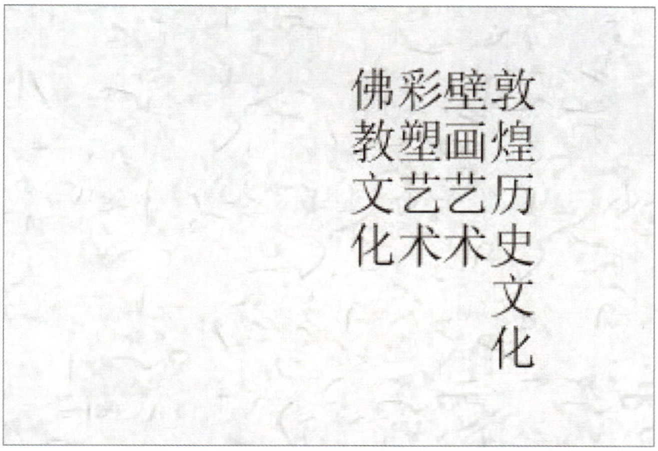

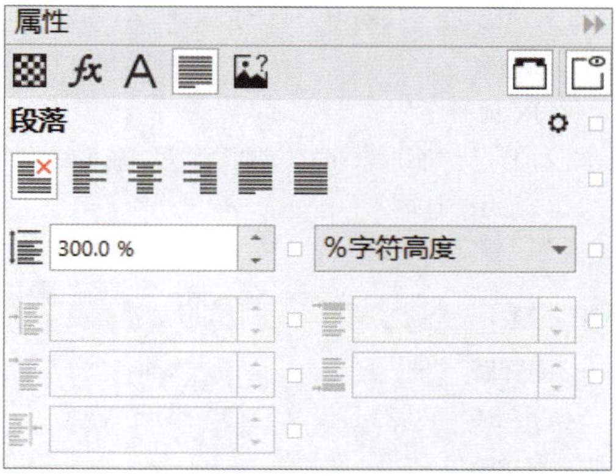

步骤 21 在工作区可以看到设置行间距的效果，如下左图所示。

步骤 22 选中文本，在“属性”面板中单击“字符”按钮，为文本添加下划线，使用文本颜色面板中的颜色滴管吸取图形颜色，效果如下右图所示。

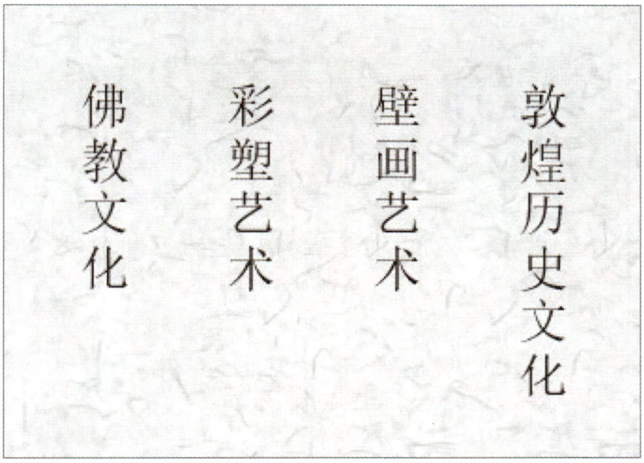

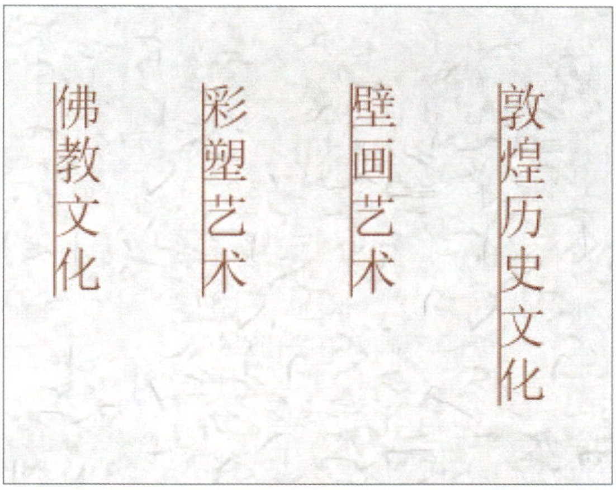

步骤 23 查看关于敦煌书籍的封面和目录页设计效果，下左图为封面设计的效果，下右图为目录页设计的效果。

附录　课后练习答案

第1章

一、选择题

（1）ABCD　（2）B　（3）D　（4）A

二、填空题

（1）Ctrl + E

（2）标尺；辅助线；动态辅助线；对齐辅助线；网格

（3）显示；印刷

第2章

一、选择题

（1）ABC　（2）D　（3）D　（4）A

二、填空题

（1）Ctrl

（2）平行度量；水平或垂直度量；角度尺度；线段度量；2边标注

（3）常见的形状

第3章

一、选择题

（1）C　（2）AB　（3）AD

二、填空题

（1）转换成曲线

（2）裁剪；刻刀；虚拟段删除；橡皮擦

（3）添加图形区域；删减图形区域

第4章

一、选择题

（1）A　（2）ABC　（3）A　（4）AC

二、填空题

（1）无填充；均匀填充；渐变填充；向量图样填充；位图图样填充；双色图样填充；底纹填充；PostScript填充

（2）空白区域单击

（3）将轮廓线转换成曲线

第5章

一、选择题

（1）B　（2）A　（3）ABC

二、填空题

（1）美术文本；段落文本

（2）文本 > 段落文本框 > 使文本适合框架

（3）将文本转换为曲线后

第6章

一、选择题

（1）AC　（2）ABC　（3）D　（4）ABC

二、填空题

（1）Ctrl

（2）垂直或水平箭头

（3）英文半角

第7章

一、选择题

（1）ABD　（2）C　（3）ABCD

二、填空题

（1）直线调和；曲线调和；复合调和

（2）推拉变形；拉链变形；扭曲变形

（3）无透明度；均匀透明度；渐变透明度；向量图样透明度；位图图样透明度；双色图样透明度；底纹透明度